사진 & 일러스트로 보는 꿈의 자동차 기술 Motor Fan illustrated

Motor Fan
illustrated Vol. 42

배터리 주변기술과 전기차의 고찰

GoldenBell

004 도해특집 전기차배터리 어디까지 왔나?
Battery Management System

006 Chapter 1 Introduction **구동용 배터리 잔량은 어떻게 알 수 있나?**
- 009 **Q1** 전기차 주행거리는 어떻게 길어졌나?
- 011 **Q2** 배터리 잔량을 추정하는 핵심 근거는 무엇인가?
- 012 **Q3** 배터리 성능을 좌우하는 요인은 무엇인가?
- 013 **Q4** 점점 중요해지고 있는 BMS란 무엇인가?
- 014 배터리 화학 **NCM계열 배터리 vs LFP 배터리**
- 022 자금력이 모든 것을 말한다 **배터리 경제학의 세계**

030 Chapter 2 최신 주변기술
- 030 **CASE 1** AVL _ 항상 바뀌는 전기의 움직임을 높은 정확도로 파악
- 035 **CASE 2** 일본 카리트 _ 트러블 순간의 Li를 안전하게 모든 사용형태를 감안한 배터리 시험
- 040 **CASE 3** 텍사스 인스트루먼트 _ 셀 모니터 전압을 일제히 동시계측
- 042 **CASE 4** 토요타 / 토요타 자동직기 _ 바이폴라 전극이 만들어내는 임팩트
- 047 **CASE 5** BYD _ 배터리를 차체와 일체화한 BYD 블레이드 배터리
- 053 **CASE 6** 미쓰비시자동차 _ PHEV면서도 모터 주행거리를 추구한 시스템
- 058 **CASE 7** 히오키(日置)전기 _ 플러그인을 통해 배터리 건강상태를 객관적으로 평가

063 Chapter 3 제조사 별 사례
- 063 OEM, 서플라이어의 배터리 공급계획_가격과 생산개수 확보를 둘러싼 전략
  - 063 일본 / 065 미국 / 066 독일 / 068 프랑스 / 069 이탈리아 / 영국
  - 070 스웨덴 / 한국 / 071 중국
- 073 OEM, 서플라이어의 배터리 공급계획_가격과 생산수량 확보를 둘러싼 전략
  - 073 토요타 / 닛산 / 074 혼다 / 파나소닉 / 엔비전 / 075 마쯔다 / 스즈키 / CATL / BYD
  - 076 LG화학 / 노스볼트 / 삼성SDI / 077 폭스바겐 / 메르세데스 벤츠 / BMW
  - 078 스텔란티스 / GM / 포드 / 079 테슬라

CONTENTS

080 도해특집 전기자동차의 정체

082 CHAPTER 1

082 서론 Introduction　BEV를 달리게 하는 자원과 에너지

087 고찰 Foresight　BEV와 전원구성의 이상적 관계

092 검토 Examination　재생에너지가 있으면 BEV는 환경 친화적일까

097 CHAPTER 2　기계구성 Mechanical Configuration

097 전기자동차의 생명선, 배터리

101 작으면서도 고출력·고효율을 발휘하는 모터

106 COLUMN　PART 1　코일을 묶어서 끝부분을 옆으로 휘게 만드는 기술 **작은 것이 상품가치를 높인다**

111 항우를 연상시키는 위대한 파워, 인버터

115 COLUMN　PART 2　아이신의 e액슬 조립라인은 (전자동 + 수작업) × 다품종 혼합

120 CHAPTER 3

120 목록 Catalog　시판 중인 BEV 카탈로그

122 목록 Catalog　일본시장에서 현재 판매 중인 BEV 일본 메이커 편

129 취재 Interview　사쿠라의 정체

134 취재 Interview　아리아의 비결

138 목록 Catalog　일본시장에서 현재 판매 중인 BEV 해외 메이커 편

144 COLUMN　PART 3　전기자동차의 가계부

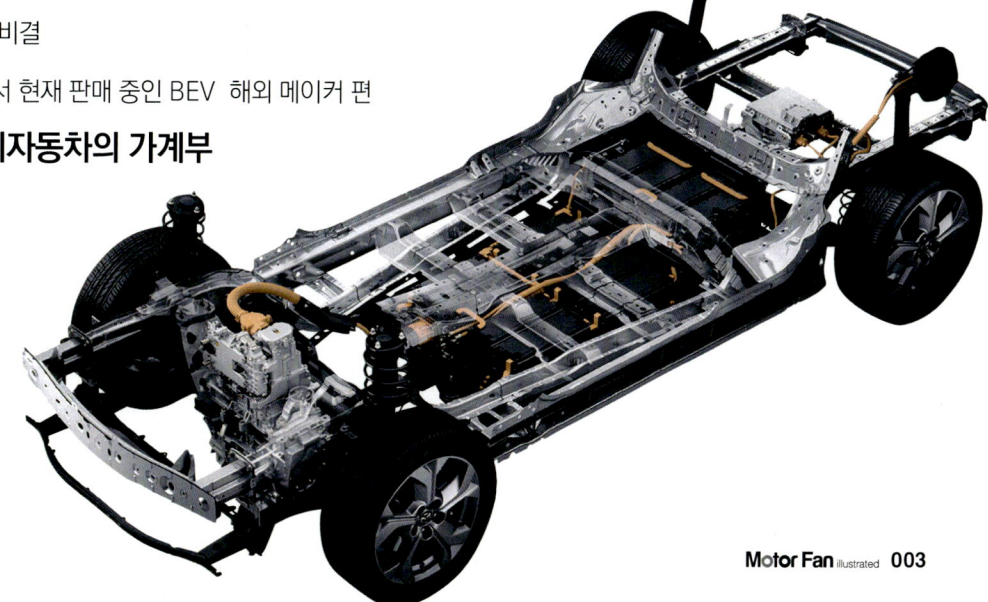

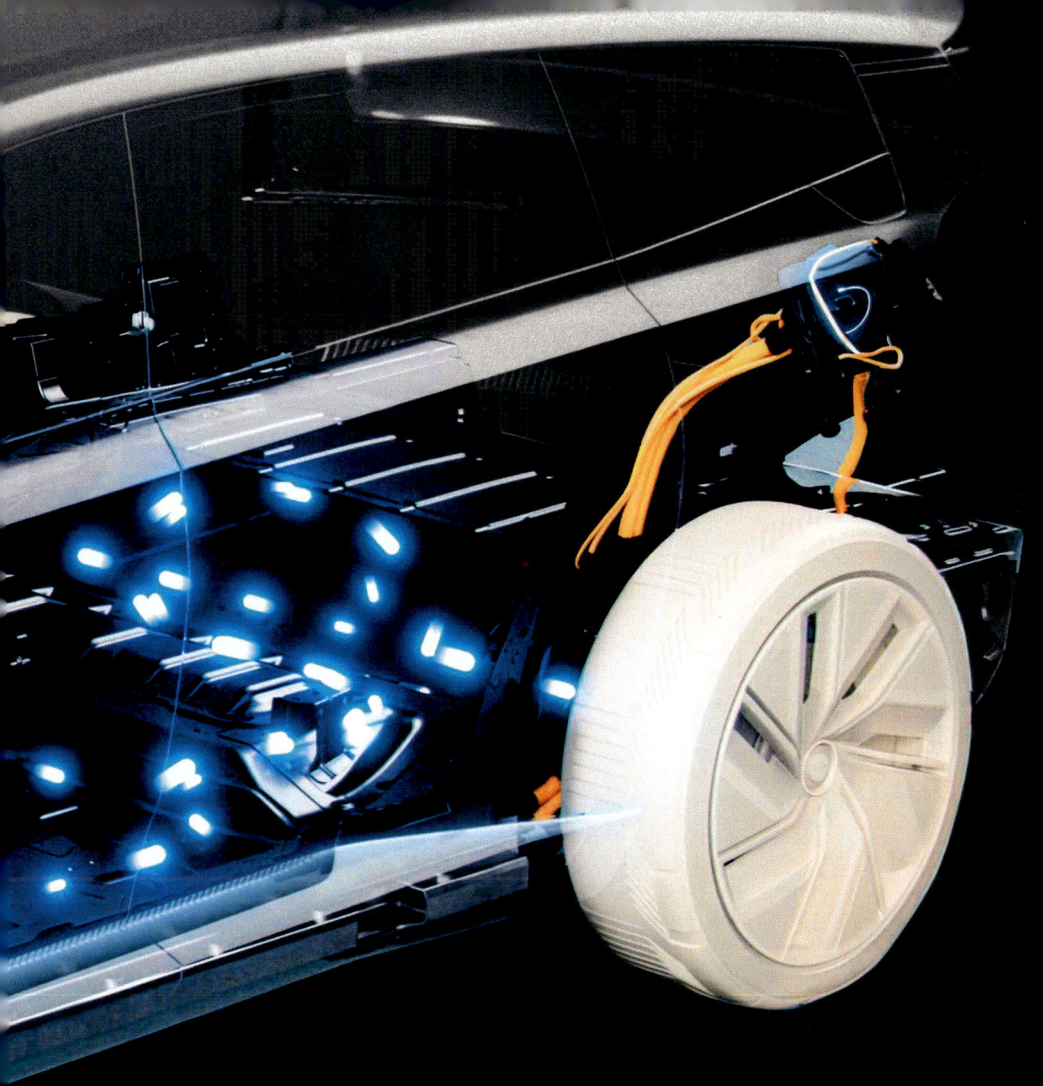

도해특집
전기차 배터리 어디까지 왔나?

the latest studies about Battery Management System

2023년 현재의 최신 배터리 정보

내연기관 자동차의 연료탱크에 주입된 연료와 전기차의 구동용 배터리에
저장된 전력은 언뜻 생각하면 비슷해 보이기도 하지만 매우 큰 차이가 있다.

주유한 액체연료는 주행거리가 길어질수록 엔진 내 연소로 인해 줄어들지만,
전기차는 감속할 때 회생충전을 하기 때문에 마치 전력이 '부활'하는 것처럼
충전상태가 상황에 따라 수시로 바뀐다.
수지나 금속으로 제작된 연료탱크와 달리, 소재나 구조를 개선해
종래와 비슷한 크기라도 배터리 총 전력량은 계속해서 증가할 가능성이 높다.

반면에 가격은 생각한 만큼 떨어지지 않고 차량가격에서 차지하는
비율이 여전히 높다는 점, 배터리 셀의 온도에 따라 충전성능이 좌우된다는 점,
오랜 사용으로 서서히 열화가 진행된다는 점 등
배터리는 자동차 부품치고는 이례적으로 '생물'로 불릴 만큼 특수한 측면이 있는 것
또한 사실이다. 때문에 지금까지와 다른 시각에서 배터리와 사용행태를
바라봐야 배터리 본질을 이해할 수 있다.
어디가 다르고 어떤 점에 유의해서 제어하는지,
배터리와 그와 관련된 기술을 새롭게 들여다보자.

사진 : 볼보

EV
전기자동차

회생을 통해 전력을 회수하는가 하면, 온도나 전기소비 장치의 조건에 따라서 주행가능 거리가 달라진다.

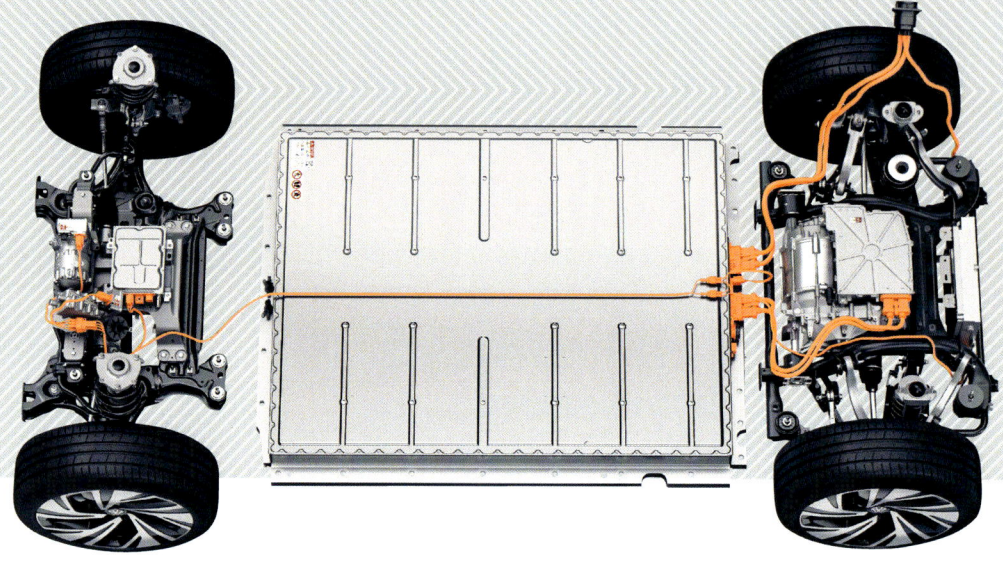

특집 | 전기차 배터리 어디까지 왔나?

Introduction

구동용 배터리
잔량은 어떻게 알 수 있나?

액체연료와 전혀 다른 형태의 '추정'이 중요

전기차는 물론이고 HEV(하이브리드 차) 또한 배터리 성능이 전기차로서의 성능을 크게 좌우한다.
배터리 성능을 끌어내려면 가장 먼저 배터리 상태부터 파악하고 있어야 한다.
그런 대표적인 것이 충전되어 있는 상태, 즉 배터리 잔량이다. 하지만 이 상태를 직접 파악할 수단은 없다는 것이 문제다.

본문 : 다카하시 잇페이 사진 & 그림 : 폭스바겐 / 닛산 / 토요타 / 미쯔비시 / AVL / MFi

Internal Combustion
Engine Vehicle
내연기관 자동차

연료주입 후에 주행하면 가솔린이나 디젤 연료는 사용한 만큼 줄어들기만 한다.

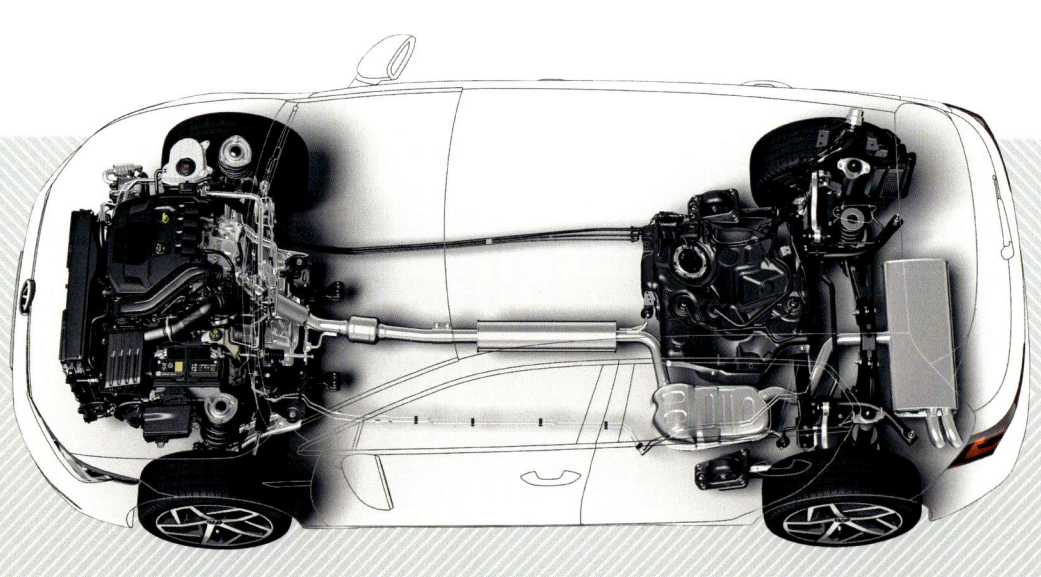

배터리 상태는 추정하는 수밖에 방법이 없다

배터리는 의외로 까다로운 점이 있다. 바로 충전상태. 좀 더 알기 쉽게 표현하면 배터리 잔량을 알 수 있는 방법이 간단하지 않다는 점이다. 가솔린이나 경유 등을 사용해 움직이는 내연기관 자동차에서는 당연했던 것이, 배터리 전력만으로 달리는 전기차에서는 기술적 과제가 되어 장해물로 작용한다. 그리고 그 장해물은 전기차뿐만 아니라 HEV처럼 주행할 때 조금이라도 배터리를 이용하는 차라면 전부다 관련된다.

"아니, 지금 전기차는 분명히 잔량표시가 나오지 않나요?" 하고 생각할 것이다. 그것은 그것대로 맞는 말이다.

분명히 지금 전기차에는 잔량표시가 있어서 일반적으로 사용하는 데는 불편함이 없게 만들어져 있다. 하지만 그것은 엔지니어들이 끊임없이 장해물을 극복한 결과다. 적어도 당연한 거 아니냐고 할 만큼 간단한 결과는 아니었다는 뜻이다.

사실 배터리 충전상태를 직접 그것도 정확하게 파악하는 방법은 아직도 존재하지 않는다. SOC(충전상태, State Of Charge)라고 표현하는 충전상태라는 것이, 전기라고 했을 때 누구나가 먼저 떠올리는 전압에 대해 단순하게 비례하는 건 아니지만, 일단 고민스러운 부분이다. 더구나 최대충전(FULL)이나 최대방전(EMPTY)까지 충·방전하지 않도록 세심한 주의를 기울여 감시할 필요가 있다. 이것을 지키지 않으면 되돌릴 수 없는 손상이 발생할지 모르기 때문이다.

배터리 충전상태를 직접 볼 수는 없다.

배터리에 저장된 전력량을 외부에서 정확히 판단하기는 매우 어렵다. 연료는 사용하면 높이가 줄어드는 것으로 잔량을 알 수 있지만, 배터리는 충전상태가 바뀌었다 하더라도 외부적으로나 무게상으로는 변화가 없기 때문이다. 전기라고 해서 먼저 전압을 떠올리고는 전압을 측정하면 되지 않겠냐고 할지 모르겠지만, 사실 이 전압이 중요한 '단서'인 것은 맞지만, 어디까지나 단서 가운데 하나에 불과하다. 다각적으로 정보를 모아서 '추정'할 필요가 있다.

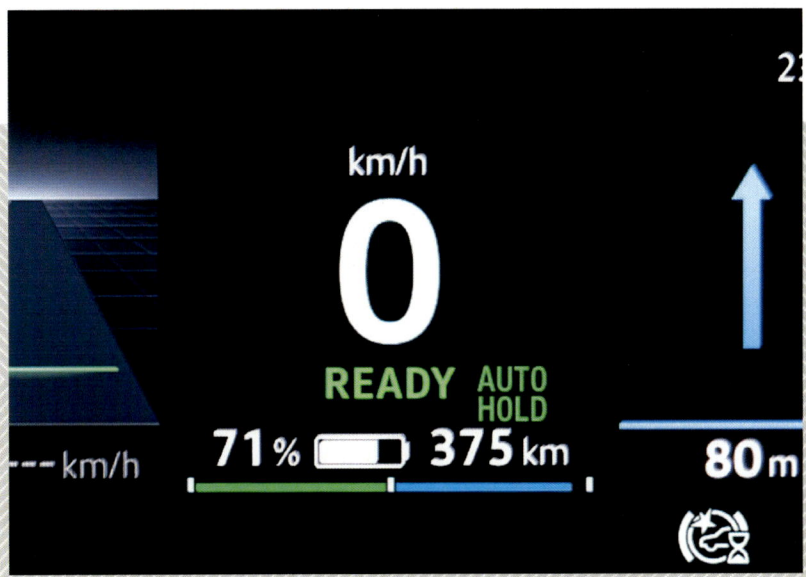

그래서 배터리는 전압 외에 전류 그리고 온도, 더 나아가 이런 것들의 변화과정이나 거동까지 다양한 정보를 모은 다음, 다각적인 분석을 통해 이 SOC를 '추정'한다. 내연기관 자동차 같으면 연료가 가득 차거나 거의 비어도 별로 걱정할 일이 없지만, 배터리는 SOC와 온도 같은 조건 여하에 따라 허용되는 출력이 달라진다. 내연기관 자동차의 SOC 표시에 해당하는 연료 게이지는 단적으로 말하면, 연료가 바닥나는 상황을 피하기 위한 것이 주요 목적이라 정확도가 아주 정밀하지 않아도 된다. 하지만, 배터리로만 달리는 전기차는 사정이 많이 다르다. 기본적으로 전기차를 비롯한 xEV(전기를 사용하는 모든 종류의 자동차)의 SOC 표시는 추정일 뿐이며, 또 배터리에 손상을 줄만한 상황을 피하도록 상한과 하한(FULL과 EMPTY)에 여유를 둔다. 즉 자동차를 개발한 엔지니어의 설정이 기준이 되기 때문에, 거기서부터 내연기관 자동차와는 완전히 개념이 다른 것이다.

충전상태를 추정하고 그에 따른 출력 등을 제어하는 것이 BMS(Battery Management System)라고 하는 제어 시스템이다. 전기차 배터리에는 반드시 세트로 있어야 하는 요소이므로 구성과 관련해서는 뒤에서 자세히 다루겠지만, 먼저 그 역할을 간단히 소개하자면, 배터리를 규정조건 내에서 사용하고 안전하게 운용하는 일이다. 이 BMS라는 존재가 특히 중요한 의미로 다가오는 것이 현재 전기차에서 가장 많이 사용하는 리튬이온 배터리다.

액체연료는 연료 수준을 파악해 잔량 파악이 가능하다.

가솔린이나 경유 심지어는 알코올 계열 같이 내연기관 자동차에 이용되는 액체연료는 그것들이 담겨 있는 연료탱크 안의 연료 표면 높이로 잔량을 알 수 있다. 기본적으로는 광학적 파악이 아니라 액체 위에 뜨는 부표(float) 위치를 미터(potentiometer) 등으로 검출하는 방식이다. 대략적이기는 하지만 정확도가 필요할 때는 보정하는 것도 어렵지 않다.

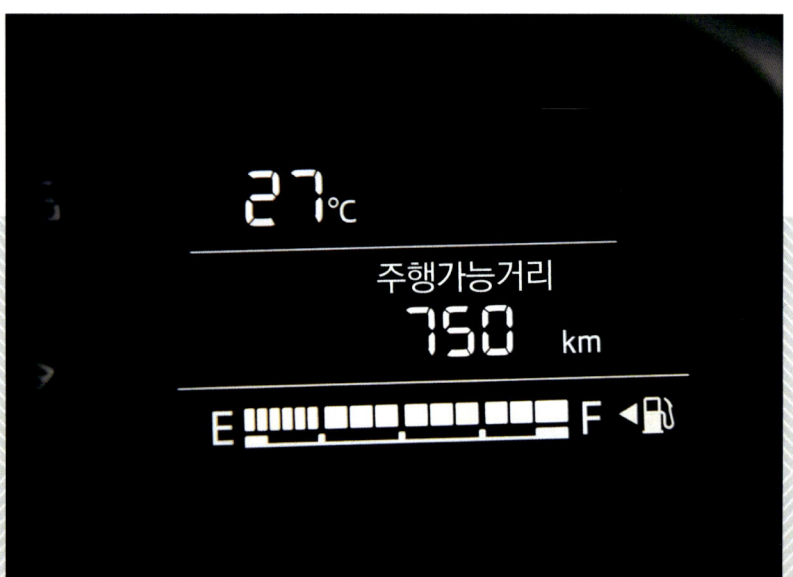

QUESTION Q.1 / 전기차 주행거리는
어떻게 길어졌나?

↑ 1세대 닛산 리프
배터리 : 23kWh

**몇 가지 이유가 있지만
배터리 용량을 확대한 것이 가장 큰 요인이다.**

 전기차가 본격적으로 보급되고 나서 십 몇 년 동안에 크게 바뀐 것 중에 하나가 주행거리(최대충전으로 주행할 수 있는 거리)다. 주행거리가 길어진 과정을 살펴볼 때, 좋은 사례가 닛산 리프다. 등록 자동차로는 세계 최초의 전기차였던 초기 모델의 주행거리는 200km에 불과했다. 하지만 현재 모델 가운데서도 가장 용량이 큰 배터리를 탑재하는 e+ 사양은 무려 550km. 이 차이를 만들어낸 가장 요인은 약 2.5배나 확대된 배터리 용량(총 전력량)이다.

 배터리 용량이 확대된 배경으로 재료 발전에 따른 배터리 셀 당 에너지밀도 향상, 배터리 셀을 패키지로 집적했을 때의 기술발전을 바탕으로 한 체적효율 향상 같은 것들이 크게 기여했지만, 또 하나 잊지 말아야 할 것은 BMS 기술의 향상이다. 용량확대가 가져온 화려한 효과 뒤에 가려서 두드러져 보이지 않지만, 특히 초창기 때 대규모로 차량에 사용했던 경험이 없던 리튬이온 배터리는 시장에서 보내온 피드백이 귀중한 정보였다. 정보를 통해 쌓은 노하우는 BMS 소프트웨어에 그대로 반영되어 주행거리 향상에 이바지했다.

2010년에 등장한 1세대 닛산 리프와 2019년에 등장한 이후 현재 모델 추가된 e+ 사양 배터리 팩. 양쪽 다 플랫폼은 공통이어서 위쪽 면 형상은 바뀌지 않았지만, 팩 외곽 케이스는 상하방향으로 20mm 두꺼워졌다. 또 배터리 셀(내부재료도 변경)을 모은 모듈 구조가 대폭 바뀌면서 배터리 용량은 약 2.5배, 주행거리는 1세대 200km에서 550km(모두 일본 JC08모드 기준)로 크게 향상되었다.

↑ 현재 리프 e+
 배터리 : 60kWh

QUESTION Q.2 / 배터리 잔량을 추정하는 핵심 근거는 무엇인가?

오른쪽 그림은 토요타가 2021년에 배터리 전략을 발표할 때 사용했던 그림으로, 배터리 내부반응을 그림으로 나타낸 것이다. 이 구조는 리튬이온과 니켈수소 배터리 모두 공통이다(양극·음극 소재와 전해액은 다르다). 배터리에 충전된 전력은 이온 형태로 모습을 바꿔 저장된다. 이 이온 입자 하나하나의 상태를 전부 파악할 수 있다면 진정한 의미에서의 충전상태를 파악할 수 있지만, 그건 불가능에 가깝다.

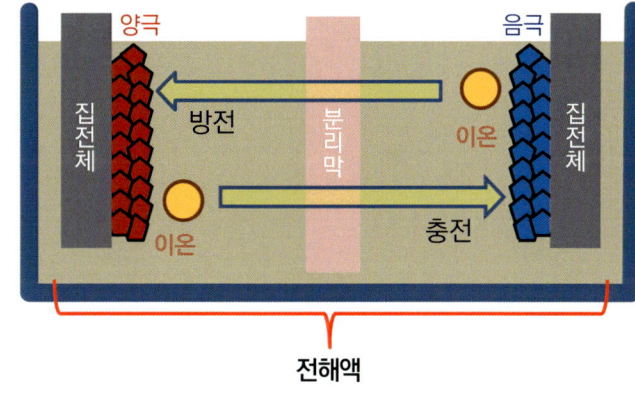

배터리는 화학반응을 이용해 전기에너지를 이온 상태로 저장한다.

차량의 BMS 정보도 표시되는 급속충전기 화면

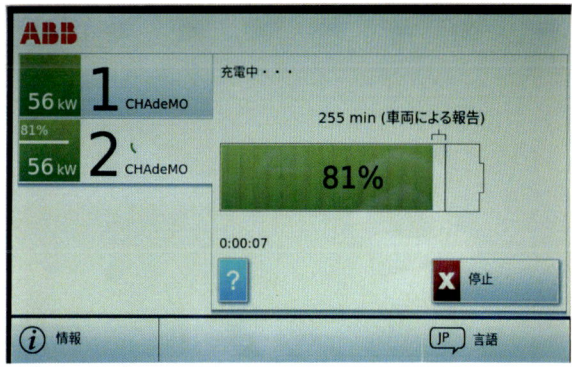

A. 출입하는 전력량 측정과 적산이 기본이다.

배터리는 잔량을 파악할 수단이 없다. 만약에 배터리 셀 안의 이온 움직임을 전부 파악할 수 있다면 진정한 의미의 잔량과 충전상태를 알 수 있지만, 그런 일은 도저히 불가능하다.

충전상태는 여러 가지 정보를 취합해 다각도로 추정하는데, 그 중에서도 핵심 정보를 한 가지 든다면 바로 전류값이다. 배터리에서 인버터로 향하는 고압 케이블에는 전류센서가 장착되어 있다. 정확하게 말하면, 배터리 모듈에서 선이나 버스-바(bus-bar)가 모이는 배터리 정션박스 안에 있다.

전류값 변화를 연속적으로 파악하고 그것을 누적해서 계산하면, 이 부분(전류센서)을 통과해 왔다 갔다 하는 전력량을 산출할 수 있다. 전류값은 내연기관 자동차의 인젝터 분사량에 해당하는데, 분사량에서 연비를 산출하는 기술하고도 비슷하다.

이런 용도를 배경으로 전류센서는 응답성과 정확성이 모두 향상되면서 충전상태를 추정하는 정확도가 높아졌다. 배터리 기전력이나 충전능력은 온도는 물론이고 SOH(State Of Health, 건강상태, 즉 열화상태)에 따라서도 바뀌기 때문에, 다양한 정보를 바탕으로 확인과 보정이 이루어진다.

QUESTION Q.3 배터리 성능을 좌우하는 요인은 무엇인가?

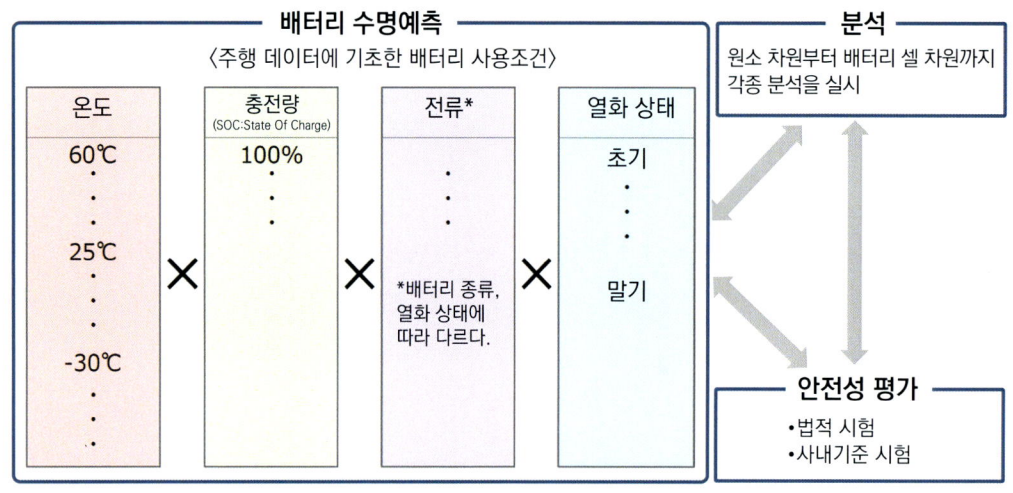

스마트폰에도 SOH 기준이 있다.

전기차에서 필수적으로 이루어지는 방수시험

위 그림도 2021년에 발표된 토요타 자료다. 배터리 수명은 여러 가지 조건이 조합되기 때문에 바뀔 수밖에 없다. BMS는 스마트폰에도 들어가 있다. iOS나 안드로이드에는 배터리 최대용량이 %로 표시되는데(좌측 사진), 이것이 말하자면 SOH인 셈이다. 우측 사진은 미쓰비시 i-MiEV 개발 당시 사진으로, 배터리가 물에 잠겼을 때나 그로 인한 누전 등이 없는지 검증하는 모습이다.

A. 충·방전 상태와 횟수 그리고 온도가 중요하다.

배터리는 사용하면 할수록 열화가 진행되는 것은 물론이고, 보관해 두기만 해도 느리긴 하지만 열화가 멈추지 않고 진행된다. 주요 원인은 전극재의 팽창·수축에 따른 손상이지만, 어떻게 사용하느냐에 따라서도 진행상태가 많이 달라진다. 반복적으로 급속충전을 하지 않는 것이 좋다는 말이 맞기는 하지만, 그렇게 단순하지 않다는 점이 배터리에서 어려운 부분이다.

열화라는 현상에 폭넓게 관여하는 요인이 온도다. 화학반응을 이용하는 배터리는 온도가 부반응(원래 일어나야 할 반응 외의 반응)을 일으키는 원인으로 작용하는데, 온도가 너무 낮으면 음극재에서 덴드라이트(점점 커지면서 충·방전 효율을 악화시키는 돌출물)가 만들어질 확률이 높다. 반대로 온도가 너무 올라가면 전해액이 전기분해를 일으켜 가스로 바뀐다. 이것도 리튬이온 배터리한테는 치명적인 현상이기 때문에 발생해서는 안 되는 사태라고 할 수 있다.

그리고 열화가 진행되는 배터리는 내부저항이 커지는 경향을 보인다. 저항이 커지면, 같은 출력에서 발열이 많아진다. 앞서 언급했듯이 일정 수준을 넘어선 고온화는 절대로 피해야 하기 때문에 출력을 낮춰야 하는 상황으로 이어진다. 이 내부저항은 배터리의 열화상태를 나타내는 SOH 지표이기도 한데, 이것을 더 정확하게 파악하는 것도 이어서 설명할 BMS의 중요한 역할 가운데 하나이다.

QUESTION Q.4 / 점점 중요해지고 있는 BMS란 무엇인가?

다양한 정보를 정확하게 수집해야 더 효율적으로 제어할 수 있다.

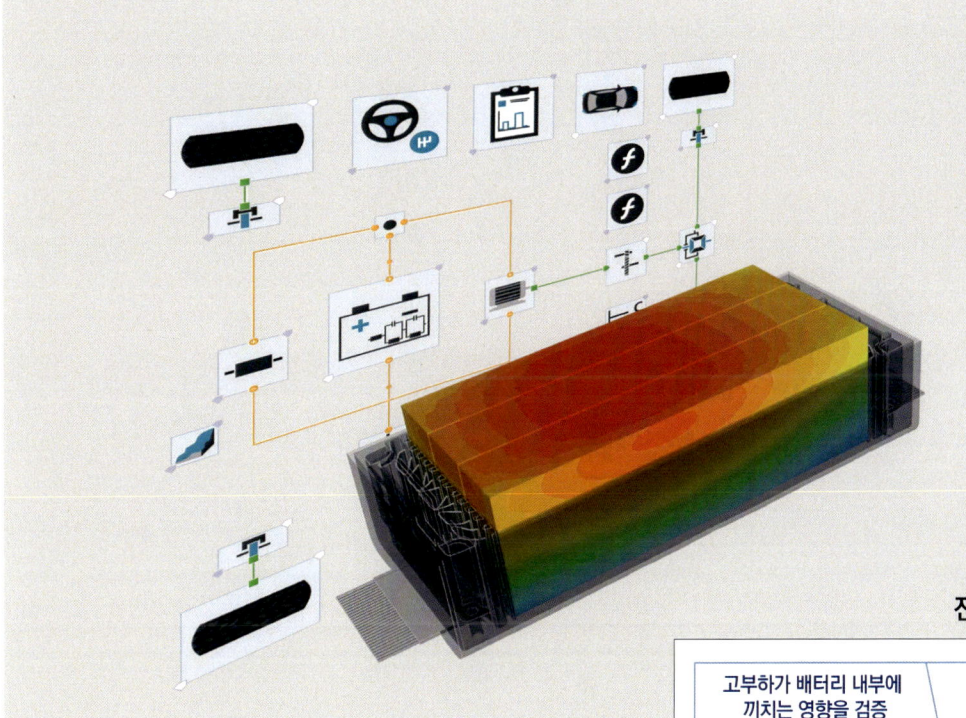

BMS를 통한 제어는 하드웨어와 소프트웨어 양쪽으로 발전해 왔다. 전기차가 등장했던 초기 단계 때는 시장에서 피드백되는 정보가 발전의 원동력이었다면, 근래에는 시뮬레이션 기술이 발전했을 뿐만 아니라, 배터리를 모델화하는 정확도가 향상되었다. BMS를 구성하는 하드웨어 성능도 좋아지면서 더 고도의 모델 제어나 고속 데이터 수집도 가능해졌다. 왼쪽 그림은 AVL이 만든 시뮬레이션을 이미지로 만든 모습이다. 아래 그림은 토요타가 안전성을 확보하기 위해서 제어 시스템에서 이용하는 주요 지표다.

전압·전류·온도 등을 감시해 이상 징후를 파악

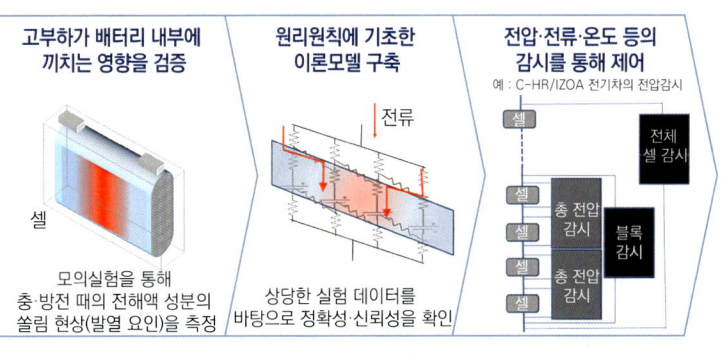

A. 성능을 향상시키는 중요한 요소이기 때문에 중요성이 높아지고 있다.

전기차의 주류인 리튬이온 배터리를 비롯해 xEV에서 없어서는 안 되는 것이 BMS(Battery Management System)다. 앞에서도 언급했듯이 온도가 너무 높거나 낮으면, 치명적인 손상을 입을 확률이 크다. 그런 사태를 피하기 위해서 위험도가 높은 운전조건에서는 출력을 낮추고, 때로는 그런 영역에 들어가는 것 자체를 피하도록 하는 제어가 이루어진다. 이런 일들을 실제로 하는 것은 부하(즉 모터)를 직접 제어하는 인버터나 파워트레인의 컨트롤러 등이지만, 그런 판단의 기초 정보는 BMS가 제공한다.

즉 BMS가 배터리를 어떻게 파악하느냐에 따라서 배터리 성능이 달라진다. 결과적으로 보면, BMS가 출력한도를 결정할 수도 있다는 의미다. 몇 년 전만 해도 마진을 약간 많이 두었지만, 요즘은 시장에서의 사용방법이나 노하우가 축적되면서 예전보다 가혹한 조건까지 감안해서 배터리를 사용하게 만든다. 이런 것이 주행거리 연장과도 관련되어 있다. 리튬이온 배터리 본체의 성능향상이 한계상황에 도달하고 있는 요즘, BMS에 대한 기대는 점점 높아지고 있다.

CHAPTER 1 — 배터리 이야기 ····· In the first place the battery

배터리 화학
NCM계열 배터리 vs LFP 배터리

리튬이온 배터리 특성을 전력공급 지속성에 둘 것인가 아니면 순발력에 둘 것인가, 그도 아니면 급속충전 내구성에 둘 것인가.
2차 배터리 특성은 그대로 전기차 성능과 직결될 뿐만 아니라 사용방법까지 제한한다.
또 배터리 성능은 양·음극 소재로 사용하는 금속의 물리적 성질로부터 영향을 받는다.

본문 : 마키노 시게오　사진 : 만자와 고토미

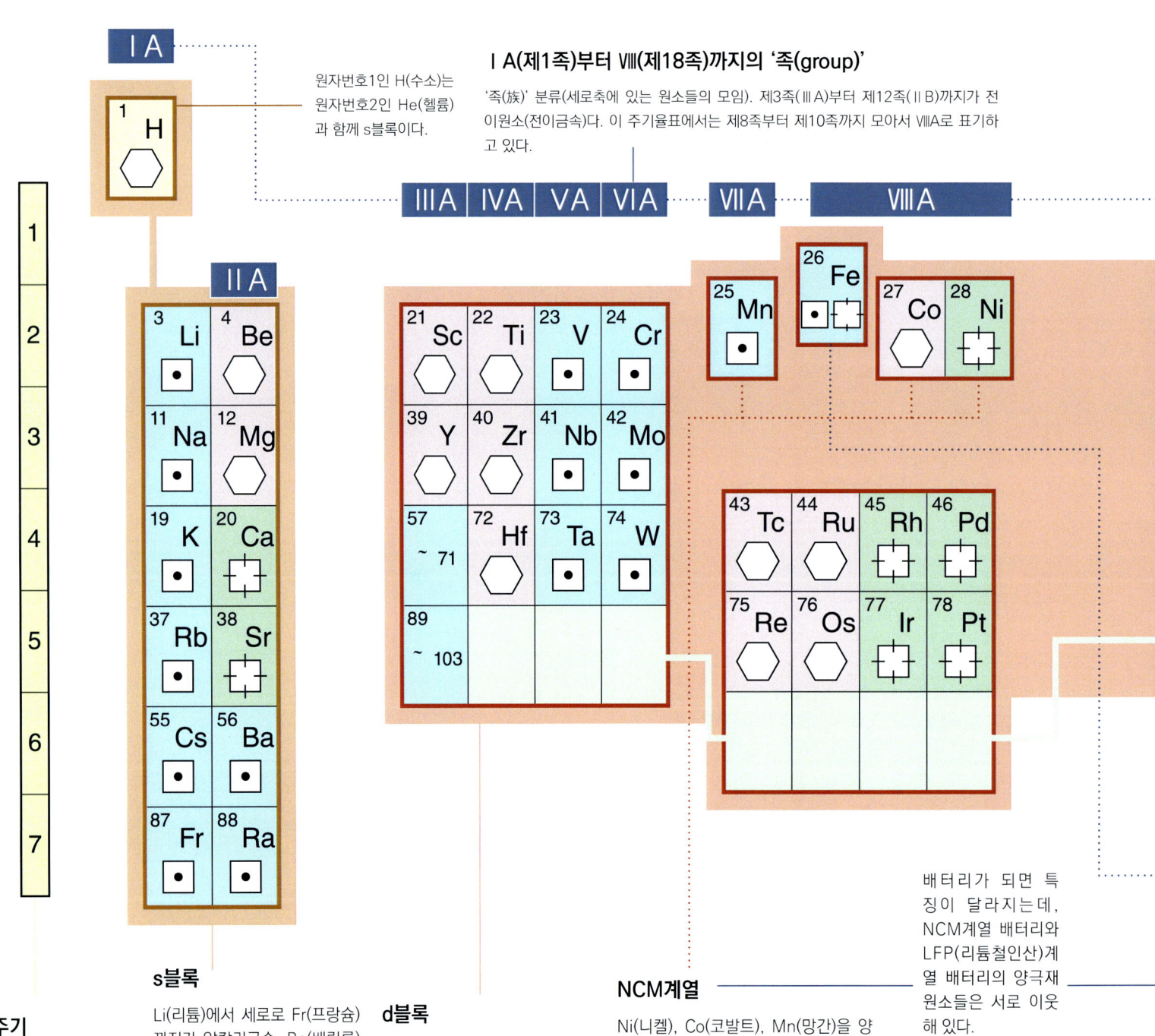

주기

1~7까지의 행(가로열)은 전자각(원자핵 주변의 같은 에너지를 가지는 전자 궤도) 수가 같다.

s블록

Li(리튬)에서 세로로 Fr(프랑슘)까지가 알칼리금속, Be(베릴륨)부터 세로로 Ra(라듐)까지는 알칼리 토금속. 이 s블록 전체를 s 메탈(알칼리금속)이라고 하고, 그 안에 금속이 아닌 H(수소)와 He(헬륨)이 있다.

d블록

전이원소 또는 전이금속으로 불리는 블록. 전반적으로 융점(액체가 되는 온도)이 높고 단단한 금속으로 구성되어 있다.

NCM계열

Ni(니켈), Co(코발트), Mn(망간)을 양극(+) 소재로 사용하는 리튬이온 2차 배터리를 NCM계열(NCM 외에 NCA, NCMA 등이 있다) 배터리라고 한다. 각각의 혼합비율은 요구하는 성능 등에 따라 결정한다.

배터리가 되면 특징이 달라지는데, NCM계열 배터리와 LFP(리튬철인산)계열 배터리의 양극재 원소들은 서로 이웃해 있다.

※ 일반적인 원소 주기율표를 구분한 그림이지만, 원소번호를 번호 순서대로 따라가면 주기율표 배치와 똑같다.

014

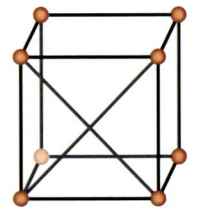 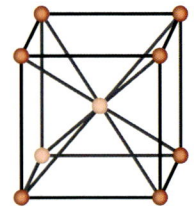 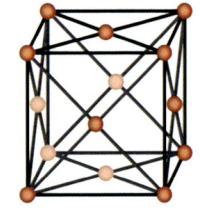 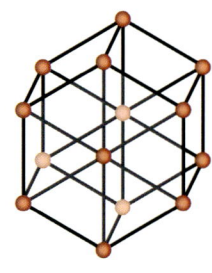

왼쪽에서부터 입방격자, 체심입방격자, 면심입방격자 순이다. 옆으로 갈수록 일정 용적에 대한 원자 충전도가 높다. 충전율(결정구조 체적 안에서 원자가 차지하는 비율)은 체심입방격자가 68%, 면심입방격자와 육방최밀격자(우측끝)가 74%다. 원자핵에서 가장 먼 전자궤도까지를 공을 넣어서 표현하면 체심입방격자는 아래 같이 전자가 가득 찬 모습이다.

공간 내의 원자 충전도를 나타내는 충전율을 보면 면심입방격자와 육방최밀격자가 똑같이 74%다. 하지만 육방최밀(우측)은 육각기둥이라, 이것이 몇 개 모이면 벌집(허니콤) 상태가 되면서 상당히 강한 구조로 바뀐다.

리튬이온 배터리의 양극은 '선반'과 같다.

벽은 집전판인 알루미늄. 선반은 리튬을 함유한 화학물질. 그런 '선반'이 리튬이온 배터리(LiB) 양극 쪽에 있다. 음극 쪽에도 선반이 있지만, 선반을 만드는 소재가 다르다. 선반에서 받침대는 리튬이온(Li+)을 보관한다. 받침대를 튼튼하게 만들면 리튬이온을 보관할 수 있는 수량이 줄어들고, 간소하게 만들면 리튬이온 보관수량이 증가한다.

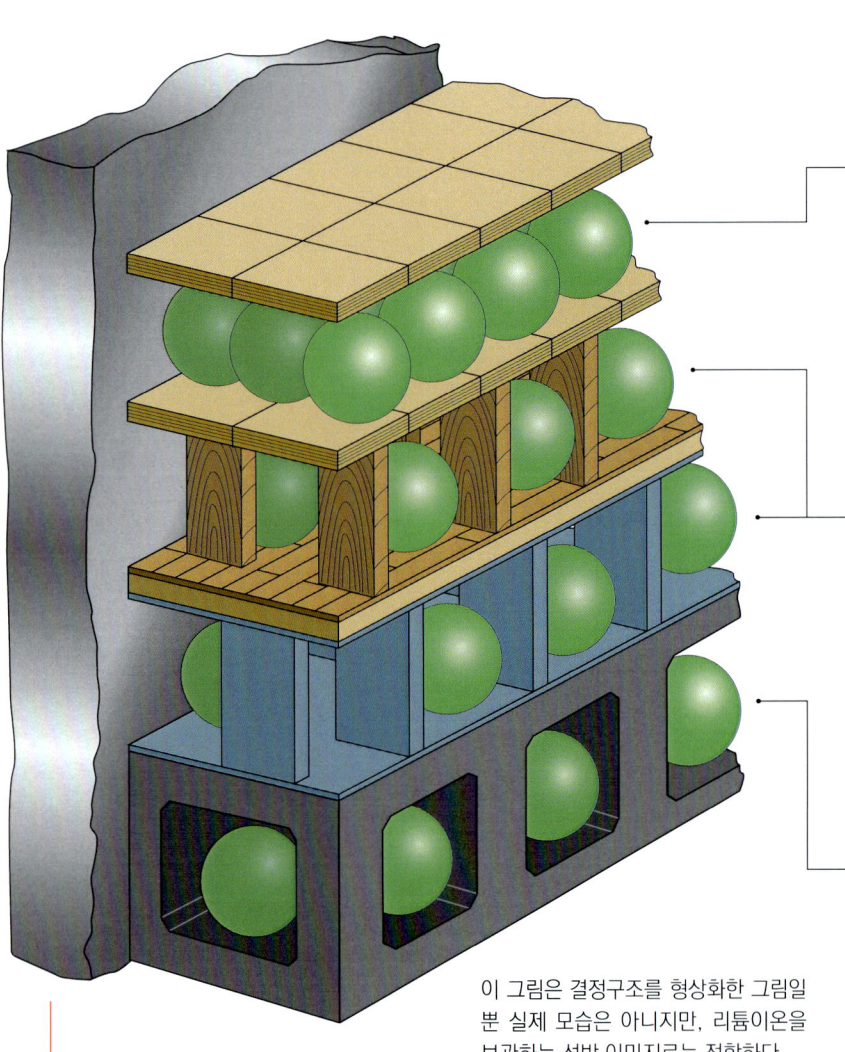

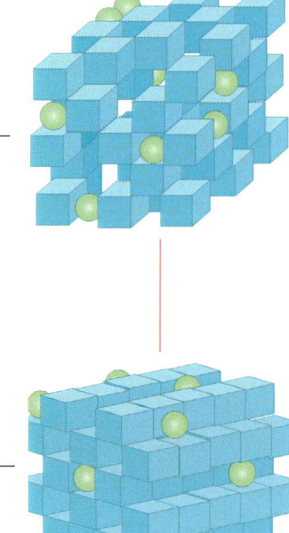

층상암염 타입

밀푀유 형상에 얇은 선반 받침대가 겹쳐진 구조. 음극 쪽 흑연(graphite)도 이런 선반 받침대로 되어 있다. 받침대가 차지하는 체적이 작기 때문에 리튬이온을 보관하는 효율이 매우 뛰어나다. 다만 쉽게 깨진다. 급속충전에는 적합하지 않은 구조다.

스피넬(Spinel) 타입

결정끼리 세로로 늘어서고 부분적으로 벽을 만든다. 금속 종류와 조합비율에 따라 구조가 달라지는데, 우측 그림이 한 가지 사례다. 가장 튼튼하게 세로 벽을 형성하는 스피넬 타입도 있다. 리튬이온 보관능력이 층상암염 구조보다 떨어진다.

올리빈(Olivine) 타입

마치 철큰 콘크리트로 만든 것 같이 튼튼한 벽을 하고 있어서 충·방전이 반복돼도 웬만해서는 선반이 무너지지 않는다. LFP계열 배터리의 양극이나 LTO계열 배터리의 음극은 이런 튼튼한 선반을 갖고 있다.

이 그림은 결정구조를 형상화한 그림일 뿐 실제 모습은 아니지만, 리튬이온을 보관하는 선반 이미지로는 적합하다.

양극 집전판

LiB 양극은 일반적으로 얇은 막으로 된 알루미늄이다. 여기에 금속을 혼합한 활물질을 칠하고, 활물질 속의 선반을 리튬이온 보관 공간으로 이용하기 때문에 집전판과의 밀착이 중요하다. 양극활물질을 구성하는 것은 18쪽 상단의 그림과 같이 리튬을 함유한 산화물이다.

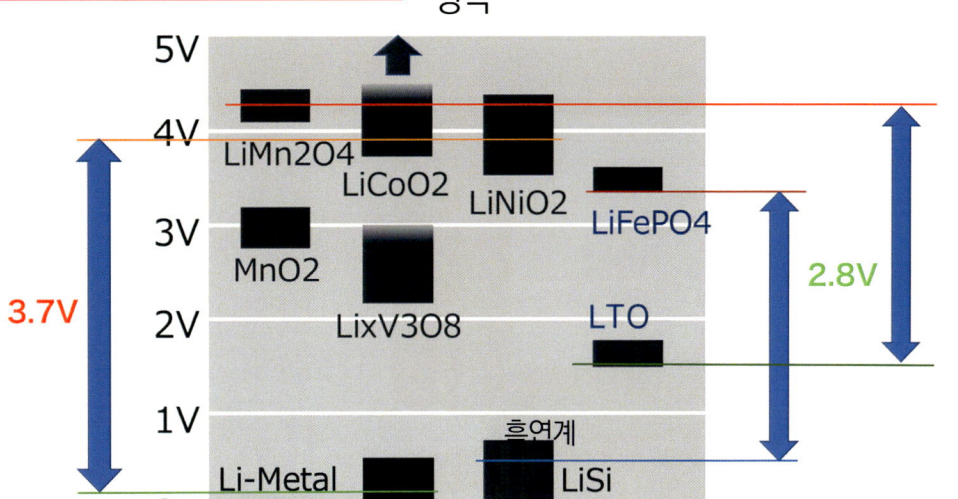

전압은 활물질이 결정

양극과 음극에 사용하는 활물질 사이의 전위차가 그 LiB의 셀 당 전압을 결정한다. 전위차는 조합에 따라 달라지는데, 전압을 우선시할지 내구성·안전성을 중시할 지는 어떤 성격의 배터리를 만들 것이냐에 달려 있다. 이 그림은 몇 가지 활물질이고 종류는 더 다양하다. 예전의 배터리 개발은 이 활물질 조합을 찾아내는 작업이었다고 해도 과언이 아니다. 현재도 다양한 활물질 조합의 연구를 통해 새로운 배터리 후보를 찾고 있다.

음극에는 이런 물질을 사용한다. 탄소계 대표 물질이 흑연이라 흑연계라고 부른다. 충전 때는 흑연표면에 SEI(Solid Electrolyte Interphase, 고체 전해질 계면)라고 하는 피막이 생긴다. SEI는 이온 전도성만 있고 전자 전도성은 없어서 리튬이온이 부드럽게 이동한다. 동시에 전해액의 환원반응으로 인해 흑연분자 분해가 억제된다. 티탄산 리튬(LTO) 음극재는 양극재에 가까운 스피넬 타입의 튼튼한 구조다. 작동전압이 높아서 배터리 전압은 벌지 못하지만 내구성이나 리튬이온의 입출력 특성이 뛰어나다.

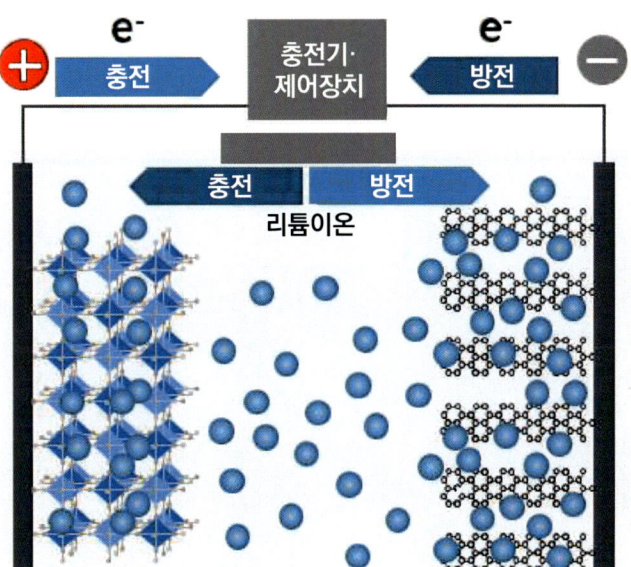

충전과 방전

좌측 그림은 LiB의 충전과 방전을 형상화한 그림이다. 리튬이온은 양극과 음극 사이에 있는 전해질 속을 이동하고, 전자 e-는 전극에서 회로 쪽으로 이동한다. 양쪽 극에는 리튬이온을 보관하는 선반이 있다.

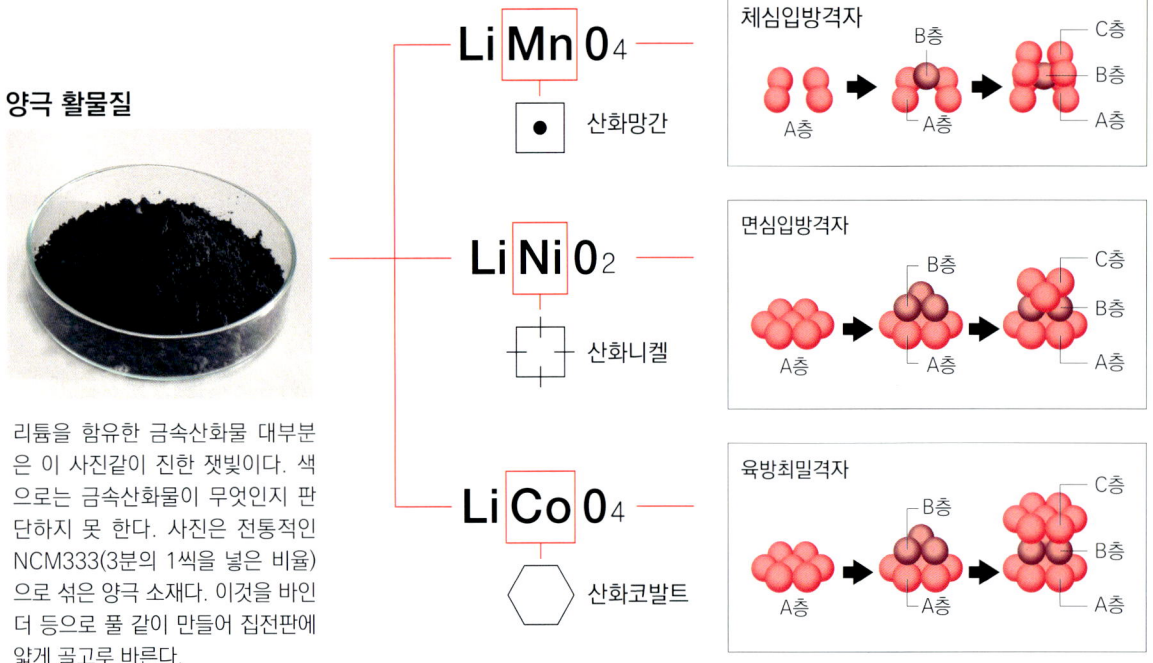

양극 활물질

리튬을 함유한 금속산화물 대부분은 이 사진같이 진한 잿빛이다. 색으로는 금속산화물이 무엇인지 판단하지 못 한다. 사진은 전통적인 NCM333(3분의 1씩을 넣은 비율)으로 섞은 양극 소재. 이것을 바인더 등으로 풀 같이 만들어 집전판에 얇게 골고루 바른다.

둥글게 그린 것이 각각의 금속원자다. 결정구조 차이가 어떤 집단 덩어리인지를 형상화한 것이다. 16쪽의 결정구조 그림하고 같이 보면 좋다. 체심입방보다 면심입방이 원자 결합이 강하고, 육방최밀은 그보다 더 강하다. 양·음극 소재가 어떤 결정구조냐에 따라 선반 형상이 바뀐다. NCM계열에 코발트(Co)를 넣는 이유는 튼튼한 선반을 만들기 위해서다. 또 이 결정구조 그림에서는 코발트를 빼고 니켈(Ni)의 튼튼한 구조를 선반으로 사용하는 방법도 가능하다는 것을 알 수 있다.

주위에서 흔히 사용하는 배터리는 거의가 화학 배터리다. 양극(+)과 음극(-)에 각각 금속을 사용하고, 양쪽 금속은 똑같은 전해질(액체 같은 경우는 전해액) 속에 들어 있다. 전위가 높은 쪽이 양극, 낮은 쪽이 음극이 된다. 또 양극과 음극에는 전기가 빠져나오는 전극이 장착되어 있다.

이 양쪽 전극 사이에 어떤 회로(전구라도 상관없다)를 연결하면 양극전극~회로~음극전극이 연결되고, 양극과 음극이 같이 있는 전해질 속에서 플러스 이온이 이동한다. 충전이 됐든 방전이 됐든지 간에 이온을 방출한 쪽의 극 소재에 있는 원자에는 마이너스 전자가 남게 되는데, 그 전자가 전극에서 회로로 방출되어 반대쪽 전극으로 이동한다. 그때의 전자 에너지로 인해 회로가 작동(전구라면 불이 들어온다)한다.

보통 건전지처럼 1번 사용하고 버리는 1차 배터리에서는 양극에서 음극으로 전자가 이동하는 방전만 일어난다. 전해질 속에 있던 물질이 이동해 온 이온을 포착하고 거기서 화학반응은 끝난다. 회로 속을 흐르던 전자는 회로를 작동시킨 다음에 전해질 속으로 사라진다. 배터리 완전방전이란 건전지 안에 준비된 화학반응 총량이 다 사용된 상태다.

한편 반복적으로 사용할 수 있는 2차 배터리는 충전과 방전이 모두 가능하다(17쪽 이온 그림 참조). 이온이 전해질 속에서 음극 → 양극으로 이동하면, 남겨진 전자도 음극에서 양극으로 흘러, 그 중간에 있는 부하(예를 들면, 모터)를 작동시킨다. 그리고 회로를 충전으로 전환하면(외부 충전기로 충전을 하면) 양극 쪽으로 이동했던 이온이 음극 쪽으로 되돌아가고 전자도 마찬가지로 음극 쪽으로 되돌아간다.

전기차의 동력용 리튬이온 배터리(LiB)가 이렇게 반복적으로 사용할 수 있는 2차 배터리다. 여기서 배터리 구조는 자세히 설명하지 않지만, 화학배터리에서 방출되는 전류는 모든 물질이 가진 전자이며, 전자를 방출시키는 화학변화가 거기서 일어난다. 앞서 언급했듯이 양극과 음극 사이의 전자 및 이온의 이동이 방전과 충전을 일으킨다. LiB는 리튬이온(Li^+)이 전자를 이동시키는 캐리어(반송자) 역할을 한다.

LiB에서 양극재와 음극재로 사용하는 금속에는 반드시 리튬이 들어간다. 리튬은 원자번호 3인 2주기 1족(IA)에 속하는 s블록의 금속으로, 원자 사이 거리가 길고 결합력이 약해서 이온이 대량으로 이동한다. 리튬과 결합하는 물질을 보면 양극에서는 망간(Mn), 니켈(Ni), 코발트(Co), 철(Fe) 등이고, 음극에서는 탄소(C), 실리콘(Si), 란타넘(La), 주석(Sn), 티타늄(Ti) 등이다. 리튬과 이들 물질을 섞는 이유는 선반을 만들기 위해서다. 그 모습을 형상화한 것이 다음 페이지 그림이다.

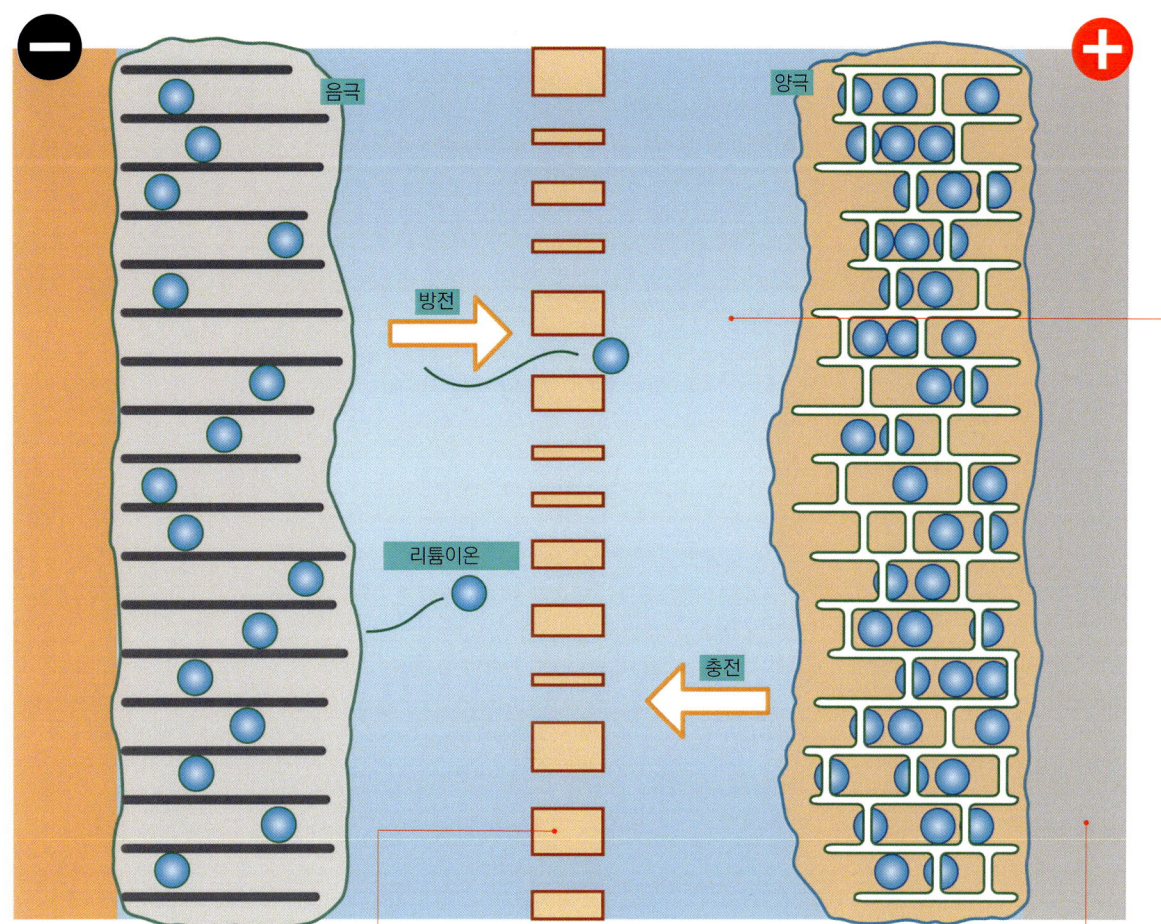

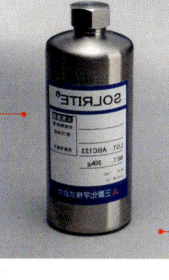

전해액

병에 담겨 있는 전해액. 이것이 없으면 배터리는 작동하지 않는다. 현재의 LiB는 액체에 첨가물을 녹인 전해액을 사용하지만, 이것을 고체 상태로 만든 고체 전해질을 사용하는 배터리가 전고체 배터리이다. 하단 우측은 전고체 배터리 시제품.

외관은 달라도 속은 거의 똑같다

아래 사진은 원통형과 각형, 파우치형 배터리 셀 모습이다. 이 셀을 여러 개 사용해 모듈을 만들고, 모듈 몇 개로 팩을 만든다. 어떤 모습을 선택할 지는 배터리 장착요건에 따라 다르지만 배터리 구조는 거의 똑같다.

분리막

⬆ 분리막은 양극과 음극을 분리하는 전기적 절연성이 있으면서 물리적으로도 충분한 강도(리튬금속 가시에 견딜 수 있을 정도로)를 갖는다. 나아가 리튬이온의 침투성을 확보하고 있다. 현재는 폴리에틸렌이나 폴리프로필렌을 사용해 표면에 내열 폴리머를 코팅하는 경우가 많다. 분리막 두께를 확보해 안정성을 높이면, 리튬이온의 투과성이 떨어지기 때문에 균형 잡힌 설계가 필요하다.

LiB는 충전상태일 때는 리튬이온이 음극 쪽 선반에 저장되어 있다. LiB 용량은 리튬이온을 얼마나 선반에 보관하느냐로 결정된다. 방전이 시작되면, 음극 쪽 선반에서 리튬이온이 방출되어 분리막 구멍을 통과한 다음, 양극 쪽으로 이동한다. 분리막은 음극 쪽과 양극 쪽 선반이 접촉하지 않도록 떨어뜨려 놓는 벽으로, 벽 여기저기에 작은 구멍이 무수히 뚫려 있기 때문에 전해질은 양극재와 음극재가 공용이다. 현재의 LiB는 액체상태 전해액을 사용하는데, 그 안에서 리튬이온이 헤엄쳐 다니면서 분리막 구멍을 통해 왔다 갔다 한다.

한편 양극과 음극 선반을 얇게 만들면, 리튬이온 양을 더 많이 보관할 수 있다. 용량을 중시하면 선반 받침대가 얇아야 한다. 하지만 얇으면 망가지기도 쉽다. 두꺼운 받침대를 사용하고 선반이 찌그러지지 않게 수직 방향으로 지탱하는 벽을 만들어 주면, 선반은 튼튼해지지만, 리튬이온을 보관할 수 있는 양은 줄어든다. 이 부분이 중요하다.

예를 들면 NCM계열 LiB는 양극 선반을 강하게 하는 원소로 코발트(Co)를 사용한다. 코발트는 육방최밀이라는 결정구조를 하고 있어서, 철근 콘크리트 같이 벽이 있는 튼튼한 선반을 만든다. 코발트에 체심입방 결정의 망간(Mn)과 면심입방 결정의 니켈(Ni)을 조합한 양극재가 바로 삼원계, 즉 NCM 배터리다.

이 NCM과 달리 철(Fe)을 사용해 선반을 튼튼하게 만든 것이 LFP계열의 리튬.철.인산. LiB다. 코발트나 니켈은 소재가 비싸서 이것을 사용하는 LiB 가격은 비쌀 수밖에 없다. 철은 가격도 싸고 여러 가지 원소 가운데 유일하게 체심입방과 면심입방 양쪽 성질을 다 갖고 있다. 이 철에 단사격자라고 하는 특이한 결정구조를 가진 원자번호15 인(P)을 조합해 선반을 튼튼하게 만든 것이 LFP계열의 LiB다.

원자번호 상으로 코발트는 27, 철은 26으로 바로 옆에 있다. 코발트는 결합하는 상대를 약간 배타적으로 고르지만, 철은 어떤 원소하고도 사이좋은 친화성이 있다. 덧붙이자면 자동차 차체에 사용하는 초고장력 강판을 만들 때는 철에 니켈과 망간, 코발트

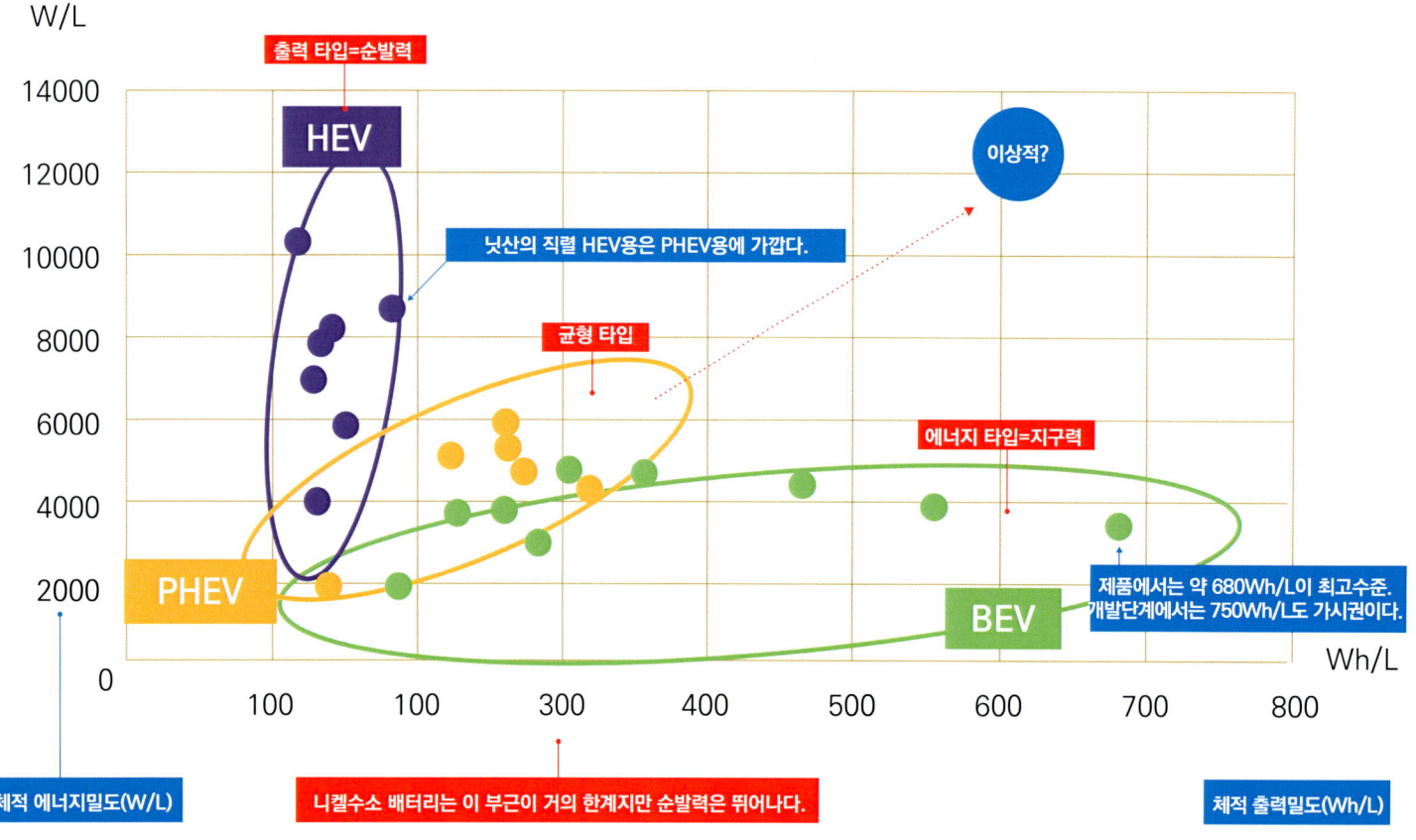

LiB의 특성

같은 활물질을 사용한 LiB라도 설계를 바꾸면 특성도 바뀐다. 이 그래프는 닛산이 발표한 자료로, 닛산의 e파워용 배터리는 HEV 타입 중에서도 PHEV 타입에 가깝다. 배터리 개발 추세는 체적 에너지밀도와 체적 출력밀도 양쪽을 높은 차원에서 양립하는 것이지만, 이것은 상당히 어렵다.

외에 극히 소량이지만 밀도가 매우 높은 몰리브덴(Mo)이나 텅스텐(T) 또는 크롬(Cr)을 첨가한다. 주기율표에서 보면 크롬과 몰리브덴, 텅스텐은 같은 족이고 주기만 다른 친척으로, 세로로 배치되어 있다. 참고로 구리(Cu), 은(Ag), 금(Au)도 주기율표에서는 같은 족에 세로로 늘어서 있다.

LFP계열 배터리는 양극재로 리튬철인산($LiFePO_4$)을 소재로 하는 올리빈산철 리튬을 사용하는 배터리다. NCM계열 배터리의 양극재에는 니켈산 리튬($LiNiO_2$)과 코발트산 리튬($LiCoO_2$), 망간산 리튬($LiMn_2O_4$) 3가지(삼원계 배터리) 소재를 사용하고, 경우에 따라서 망간 산화물을 빼고 알루미늄 산화물을 넣은 NCA배터리, NCM에 알루미늄을 추가로 넣은 NCMA(사원계) 배터리로 만들기도 한다. 근래에는 NCM계열에서 비싼 코발트를 빼고, 대신 니켈 비율을 높인 하이니켈 배터리를 많이 사용하고 있다.

원래 NCM계열은 니켈, 코발트, 망간을 각각 1:1:1 비율로 넣어 사용했다가, 비싼 코발트 가격과 공급불안 등의 이유로 근래의 하이니켈 NCM은 6:2:2 비율로 만든 NCM622, 8:1:1 비율로 만든 NCM811, 경우에 따라서는 코발트를 넣지 않고 9.5:0.5 비율로 만든 NM9.55 배터리로 만들고 있다. 다만 NM9.55 배터리는 연구실 단계에서 입증된 단계이고 아직 실용화까지는 이르지 못한 상태다.

LFP 배터리의 결점은 짧은 주행거리와 낮은 에너지밀도로 알려져 있다. 선반이 두껍고 매우 튼튼하기 때문에 리튬이온을 보관할 수 있는 장소가 적다는 이유다. 하지만 선반이 튼튼하기 때문에 급속충전 같이 선반을 약화시키는 상태를 견딜 수 있는 내구성이 강하다. 급속충전은 양극 쪽에 있는 리튬이온을 짧은 시간에 음극 쪽 선반으로 옮기는 행위이지만, 다른 시각으로 보면 리튬이온을 보관하는데 리튬을 부딪히게 해 선반을 파괴하는 측면도 있다.

일반적으로 음극 쪽에는 흑연을 사용하지만, 셀 당 전압을 높이기 위해서 리튬금속을 사용해 음극 소재의 잠재력을 최대로 끌어내는 배터리도 있다. 리튬금속을 사용하면 리튬이온 선반이 증가해 보관 리튬이온 수를 늘릴 수 있기 때문에 결과적으로 전압을 높일 수 있다. 반면에 전해액 속에서 리튬이온이 쉽게 석출된다.

앞 페이지 그림에서 음극에서 리튬금속이 석출되기 시작하면, 음극 쪽 선반에서 리튬금속 결정이 가시처럼 돌출된다. 급속충전으로 배터리를 혹사해 리튬금속 가시가 점점 커지면, 결국 분리막을 뚫는다. 그러면 단락(쇼트)이 쉽게 일어나게 되고, 단락이 일어나면 최악의 경우에는 발화로 이어진다.

NCM계열 배터리는 셀 당 전압을 높일 수 있는 반면에, 급속충전에 대한 내구성이 떨어진다. LFP계열 배터리는 이와 정반대로, 전압은 낮지만 급속충전에 대한 내구성이 강하고 단락 위험성도 낮다. NCM계열 배터리에서는 이 결점을 보완해 급속충전 내구성을 높이기 위해서 극 소재의 성분을 개량하는 연구가 진행 중이다. 또 보통은 배터리 능력의 일부만 사용하고 나머지는 열화된 다음을 위해서 남겨두는 충·방전 제어는 대부분 LiB에서 당연히 이루어진다. 그런데도 불구하고 배터리 설계자들은 NCM계열 배터리는 가능한 급속충전을 하지 않는 것이 좋다고 말한다.

음극에 티탄산 리튬(LTO)을 사용하면, LFP처럼 에너지밀도는 높지 않지만 급속충전에 대한 내구성이 높고, 안전성도 향상된다. 19쪽 그림은 그에 관한 구조를 나타낸 것이다. 0V에 가까워지면 음극재가 붕괴되기 시작하는데, 리튬금속을 사용하는 경우는 그 0V까지의 마진이 매우 작다. 흑연을 사용하면 마진은 약간 커지지만, 그만큼 전압이 낮기 때문에 양극재 쪽에서 전압을 확보할 대책이 필요하다. LTO 음극은 0V 마진이 가장 높고 급속충전 내구성도 상당히 뛰어나다. 대신에 에너지밀도는 높지 않다.

LiB는 이렇게 양·음극 소재로 사용하는 금속에 따라 성능이 크게 달라진다. 현재의 주력은 NCM계열이지만 중국에서는 LFP계열을 크게 개선해 사용하는 사례가 늘고 있다. LTO계열은 도시바의 SCiB가 가장 유명하다. 어떤 배터리를 사용할지는 어떤 배터리 성능을 원하느냐에 달려 있다.

또 한 가지, 전기차나 HEV는 배터리 성격이 다르다. 같은 금속이라도 극 소재로 사용했을 때의 두께나 베이스로 사용하는 집진판과 극 소재의 밀착도, 전해질 특성 등에 따라 전기차에 잘 맞는지 HEV에 적합한지가 다르다. 일반적으로 HEV용 배터리는 전기의 순발력이 요구된다. 대신에 전기를 강력하게 방출하는 시간은 짧아도 된다. 반대로 전기차용 배터리는 순발력보다 지구력이 요구된다. 일정한 전압을 오랫동안 계속해서 방출하는 성능이 요구되기 때문이다.

물론 이상적인 것은 순발력도 좋고 지구력도 좋은 배터리다. 배터리 개발 방향은 그런 식으로 나아간다. 전기차는 전기모터와 배터리가 엔진 역할을 한다. 응답성 좋은 전기차를 만들려면 화학반응이 빠른 배터리가 필요하다. 못할 거야 없지만 화학반응을 빨리하면 급속충전처럼 배터리의 '선반'을 열화시킬 수밖에 없다는 점을 감내해야 한다.

CHAPTER 1 — 배터리 이야기 ····· In the first place the battery

자금력이 모든 것을 말한다
배터리 경제학의 세계

2022년도의 저탄소 에너지 분야 투자는 전 세계적으로 1조 달러(1300조 원)를 넘은 것으로 추산되었다.
차량 전동화와 2차 배터리 및 인프라 구축 등, 자동차 수송 분야에서만 4500억 달러나 되었다.
그 중에서도 차량동력용 배터리는 지금 거대한 투자대상이다.

본문 : 마키노 시게오
그림 : 블룸버그 / BMW / IEA / 매킨지&컴퍼니 / 만자와 고토미 / 마키노 시게오 / 폭스바겐

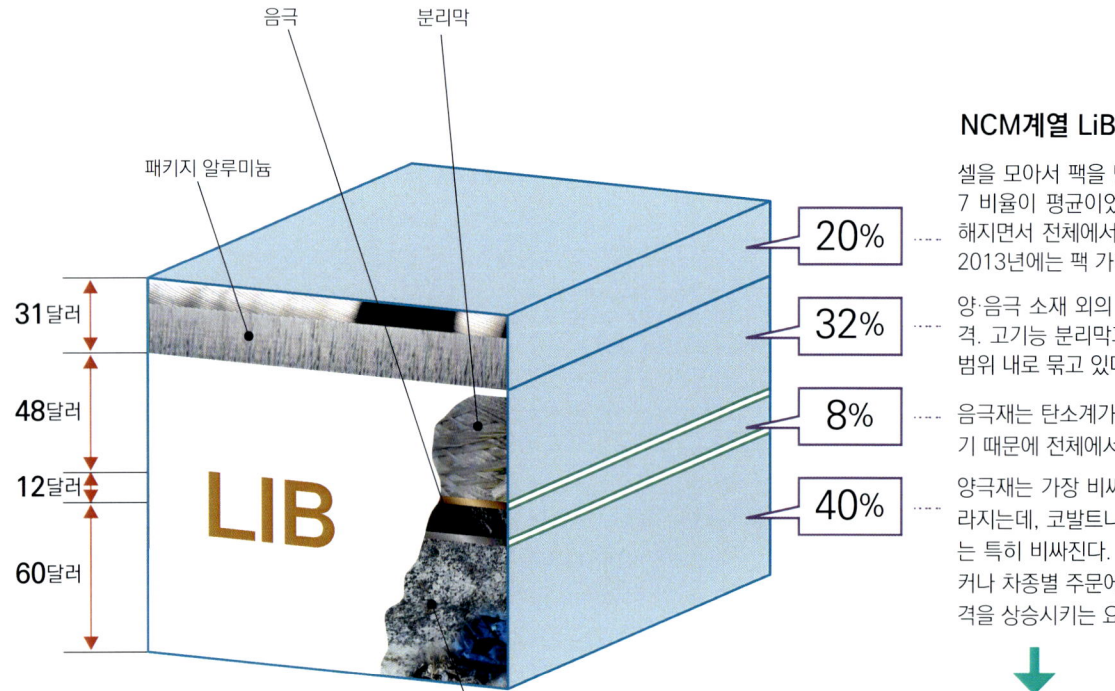

NCM계열 LiB의 가격구성

20% ···· 셀을 모아서 팩을 만들 경우의 팩 가격. 기존에는 팩3 : 셀7 비율이 평균이었지만 팩 방식과 차량 장착방법이 다양해지면서 전체에서 차지하는 가격이 내려갔다. 10년 전인 2013년에는 팩 가격이 전체에서 약 30%를 차지했다.

32% ···· 양·음극 소재 외의 분리막, 전해질, 집전판 등을 종합한 가격. 고기능 분리막과 전해질 개량이 전체 비율을 15~25% 범위 내로 묶고 있다.

8% ···· 음극재는 탄소계가 중심이고, 생산·기술적으로도 안정적이기 때문에 전체에서 차지하는 비율도 6~12% 수준이다.

40% ···· 양극재는 가장 비싸다. 차량 용도에 따라서 LiB 특성이 달라지는데, 코발트나 리튬 같은 고가의 재료를 필요로 할 때는 특히 비싸진다. 활물질 종류와 배합비율은 자동차 메이커나 차종별 주문에 따라 달라지는 경우가 많다. 이것도 가격을 상승시키는 요인이다.

배터리 팩만으로는 사용하지 못한다. 전기동력 시스템 전체에서 차지하는 배터리 팩 비율은 60% 정도로 알려져 있다. 나머지 40%에 전력 입·출입을 관리하는 BMS(배터리 매니지먼트 시스템), 파워 일렉트로닉스 등의 소프트웨어, 배선, 커넥터, 온도제어 시스템 등의 가격이 포함된다. 셀 자체는 박리다매라 건전지처럼 무인공장에서 끊임없이 생산하는 방법이 이상적이다.

배터리는 돈이 될까.

대답은 NO에 가깝다.

그렇다면 배터리를 만들어서 이익을 확보하려면 어떻게 해야 할까.

해답은 건전지 비즈니스 모델에 있다. 무인공장을 항상 24시간 가동시켜 같은 제품을 계속해서 만들어야 숙련도는 향상되고 제조비용은 조금씩 떨어진다. 그렇게 설비투자비를 회수한 다음에는 설비유지비와 원재료 비용, 설비에 필요한 수도난방비를 뺀 것이 거의 이익으로 남는다. 다만 원재료 가격이 급격히 상승하거나 하면 이익은 줄어든다.

전기차 LiB는 제조설비 투자가 많이 들어간다. 어느 정도 양을 제조하려면 사전에 수주물량을 확보해야 한다. 예전에 GS유아사가 미쓰비시 자동차로부터 아이미브용 LiB를 수주했을 때 설비투자가 2천억 원에 가까웠다. 하지만 당시에는 계획만큼 차가 팔리지 않으면서 공장 가동률은 낮은 상태여서 GS유아사는 이 부문에서 적자만 냈다.

한국의 LG화학이 2020년 상반기에 동력용 LiB로 세계 점유율 톱에 올랐을 때의 매출액이 약 1조 3천억 원이나 됐지만, 미국 테슬라용 배터리가 호조였음에도 불구하고 LiB는 겨우 흑자를 유지하는 수준이었다. 흑자로 돌아서기 까지는 11년이나 걸렸다. 그리고 그 해 LG화학은 테슬라용 원통형 LiB 생산능력을 8GWh 끌어올리기 위해서 약 6,500억 원의 추가투자를 결정했다.

GWh(G=기가는 10억)는 1,000MWh, 즉 100만kWh다. 전기차 1대에 50kWh의 LiB를 얹는다고 치면, 1GWh는 2만대 분량

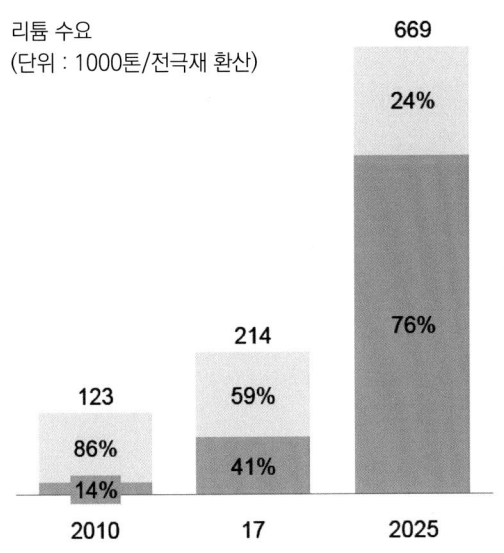
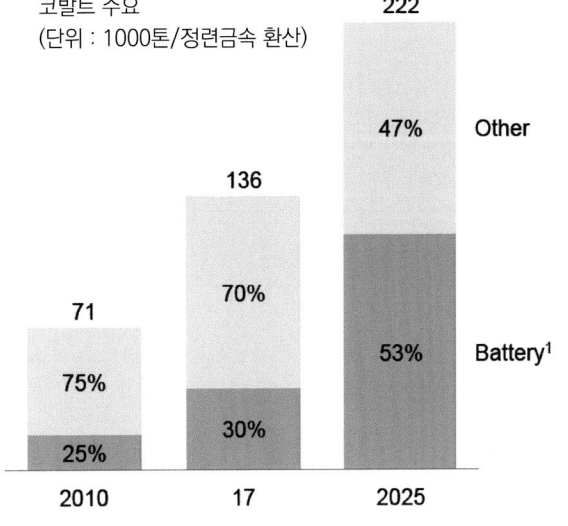

리튬과 코발트의 수요예측 (2018년)

그래프는 아직 LiB 수요가 지금만큼 높지 않았던 2017년 실적을 바탕으로 한 미래예측으로, 이미 이 시점에서 2025년 예측이 2022년도에 달성되었다. 이것을 갖고 예측은 믿을 수 없다고 말하기는 쉽지만, 지금 그렇게 이야기할 수 있는 것은 결과론이고 당시에는 나름의 프로세스를 거쳐 계산된 예측이었음을 강조하고 싶다. 여기에 자원가격이 결부되면 예측은 정말 어렵다.

※ 배터리에는 전기차와 PHEV, HEV 등과 같은 모든 전기차 외에 트럭과 버스, 2륜차, 건설장비 등 모든 범주가 포함될 뿐만 아니라, 고정형과 산업용, 가전제품 등도 포함된다(데이터는 매킨지&컴퍼니)

이다. 그러면 8GWh는 16만대가 되는 셈이다. 1대분인 50kWh를 증산하기 위한 설비투자가 이때의 LG화학 경우에는 3,125달러였다. 이것은 공장건물 건축비와 설비도입 비용이고 운영비용은 포함되지 않은 것이다.

2015년에 파나소닉이 중국에 LiB공장을 건설한다고 발표했을 때의 투자액이 약 5천억 원이었다. 테슬라 요청으로 파나소닉이 미국 텍사스주에 있는 기가 팩토리에 출자했을 때가 약 2조 1천억 원(필자 조사)이었다. 이미 그때까지 파나소닉의 테슬라용 LiB관련 투자는 약 2조 원을 넘어선 상태였다. 그 후 파나소닉의 LiB부문은 단일 연도 흑자를 달성하지만 흑자로 돌아서기까지 무려 13년이나 걸렸다.

계속해서 만들다 보면 LiB 단가는 떨어질 거라고 말해왔다. 하지만 그렇게 간단한 문제가 아니다.

OEM(자동차 메이커)로부터 차량용 LiB를 수주한 배터리 메이커는 생산설비를 갖춘다. 이때 투자가 발생한다. 생산설비는 양산 규모로 결정된다. 가령 1대분을 50kWh로 치고 연간 1만대를 생산하려면 500MWh다. 이 생산능력으로 공장을 만들고 설비가동률 85% 정도로 원가를 계산했을 때, 자동차가 팔리지 않으면 이익을 줄어든다.

LiB 같은 경우는 예전이나 지금도 매수자 중심인 시장이다. 특히 중국세가 정부보조금을 앞세워 가격파괴에 나선 2016년 무렵부터는 경쟁사보다 싼 납품가격으로 계약하려는 각 배터리 메이커의 경쟁이 심화되고, 그 결과 LiB 단가는 점점 떨어졌다.

또 자원가격이 있다. LiB는 원재료 가격이 비싸다. 특히 NCM계열에 사용하는 코발트는 2023년 3월 기준으로 선물시장에서 1톤 당 약 5천만 원까지 떨어졌지만, 1년 전만 해도 1억 원이 넘기도 했다. 탄산리튬도 1년 만에 가격이 떨어져 1톤 당 약 8천만 원. 가장 비쌌던 작년 11월이 1억 2천만 원이었다. 2005년 2월에는 630만원이었다. LiB에 사용하는 자원에는 희귀한 것들이 많아서 가격이 안정적이지 않다. 배터리 메이커로부터 의뢰 받은 종합상사는 시장을 예측해 미리 사주기도 하지만 그 예측이 좀처럼 쉽지 않다.

LiB 생산이 증가하면(즉 전기차가 늘어나면) 리튬 수요도 늘어난다. 또 새로운 리튬광산 개발에 나서기도 한다. 전 세계 리튬 매장량은 8500만 톤으로 추정되고 있다. 리튬 수요 전체 가운데 여러 가지 LiB에 사용되는 양이 약 반 정도이고, 30~40%는 유리·도자기 첨가제로 사용된다. 나머지가 금속 그리스(LiOH), 철강 연속단조용인 플럭스(flux), 냉동기 흡수제(LiBr), 1차 배터리(리튬금속) 등으로 소비된다. 차량용 LiB 수요가 높을수록 리튬 정련회사는 양을 늘릴 수밖에 없다.

리튬은 주로 소금호수(염호)에 녹아 있는 리튬을 햇빛으로 증발시켜 농축하는 방법으로 채취한다. 영국 BBC는 아르헨티나에서 연간 1.4만 톤의 리튬을 정제하는데 4.2억 리터의 담수가 사용되었을 가능성이 있다고 보도한바 있는데, 리튬 1톤을 얻기 위해서 3만 리터의 담수를 사용하는 셈이다. 일반적으로 염수 속 리튬 농도가 1g/리터라고 하면, 리튬 제품인 탄산리튬(Li_2CO_3) 1톤을 얻으려면 189.3m^3의 염수가 필요하다.

리튬 자원은 풍부한 편이지만…

광대한 칠레의 리튬 염호에는 사진처럼 리튬 원재료가 노출되어 있다. 갈색 원재료는 정제하면 하얗게 변한다. 염호 속 리튬을 정제하는 데는 많은 담수가 필요한데, 지역에 따라서는 주민이 마실 물이 고갈될 위험이 있을 정도다. 리튬도 지하자원으로, 전 세계 추정 매장량은 8500만 톤이다. 철이나 알루미늄처럼 거의 무한대의 매장량은 아니다.

생산량으로 보면, 2020년의 전 세계 리튬 생산량 174만 톤 가운데 82%가 호주, 7%가 칠레였다. 유럽에서는 포르투갈의 리튬 광산 채굴권을 포르투갈 정부가 호주 기업에 매각했는데, 정제비용이 칠레의 염호보다 2.4배나 더 들어간다.

코발트는 2019년 기준으로 세계 생산량이 14.4만 톤. 이 가운데 콩고민주공화국(CDR)이 70%를 차지한다. 이전에 한 인권단체가 유럽 완성차 업체들에게 아동노동으로 채굴되는 CDR의 코발트를 어느 정도 사용하는지 밝히라고 요구한 적이 있었는데, 현실적으로 봤을 때 CDR산을 사용하는 것 말고는 다른 방법이 없다. 이 아동노동 문제가 LiB의 '탈코발트'를 재촉한 것은 사실이다. 하지만 그로 인해 이번에는 니켈 가격이 폭등하면서 코발트 대신에 니켈 생산을 늘리는 방법도 비용 측면에서 어려워졌다.

가격이 요동치지 않는 자원을 사용해 고성능 배터리를 만드는 개발도 진행 중이다. 자원가격이라는 불확정 요소로부터 해방되면 이산화망간 건전지처럼 가격을 낮출 수 있다. 일본 NEDO(신에너지&산업기술 개발기구)는 아연 음극재 배터리와 불소화합물 배터리 양쪽 다 리튬이나 코발트를 사용하지 않는다. 불소화합물 배터리는 도쿄대학 등에서 연구 중으로, 몇 가지 유력한 조합을 찾아내 자원빈국인 일본으로서는 기대가 크다.

배터리 개발의 반 이상은 양극재와 음극재에 쓰는 최적의 물질 조합을 찾아내는 일이다. 유력한 조합의 양·음극 소재를 활용하는 방법을 찾는 일에 대부분의 자금과 시간이 소요된다.

미국에서는 1989년에 시작된 차세대 배터리를 위한 USABC(미국 차세대 배터리 컨소시엄)와 소재연구 학회를 발전시킨 USCAR(미국 자동차연구 위원회)가 1992년에 발족되었고, 여기에 정부예산이 투입되어 차세대 배터리 개발을 진행해 왔다. 하지만 전기차 배터리 연구는 돈 먹는 하마라고 취급되면서 결국 포드는 이곳에서의 성과를 포기하고 일본 아이신으로부터 전기차 시스템을 구입하는 방법으로 선회했다. 당연히 업계 내에서는 포드를 성토하는 목소리가 높았다.

USABC와 USCAR에서는 배터리 분야에서만 누적액으로 약 2조원을 사용하고 있다. 대부분이 세금이었기 때문에 포드의 배신이 비난 받은 것이었지만, 거기에 비하면 일본 배터리 연구에 대한 정부자금 지원은 매우 빈약하다. 게다가 일본 학술회의는 배터리 분야나 자동차 분야에서 아무런 연구도 진행하지 않고 있다. 현재 이 영역에서는 중국이 가장 활발하다. 자동차 강국이 되겠다는 국가목표를 내세워 연간 약 10조 원 규모로 지원하고 있다. 배터리 개발은 돈 먹는 하마다. 그렇기 때문에 부자가 이긴다.

그렇다면 일본에서 새로운 배터리가 나올 가능성은 없을까.

지금 화제가 되고 있는 전고체 배터리는 액체 전해질을 고체로 바꾼 배터리로, 안전성이 향상된다. 양·음극 소재도 다양하게 연구 중이다. 연구소 단계에서는 실용화라고 할 수 있지만, 세상에 나오려면 아직 시간이 더 필요하다. 닛산은 전고체 배터리를 빨리 실용화하기 위해서 배터리 개발과 생산설비 개발을 동시에 진행하고 있다. 2028년 내에 양산에 착수할 수만 있어도 대성공이라고 할 정도로, 통상적인 프로세스로 진행한다면 잘 해야 2032년이나 가능하다는 전망이었다.

전고체 배터리에 관해서는 중국정부도 자국 내 배터리 메이커에 자금을 지원하고 있다. 다른 나라의 정부지원금에 대해 공평하지 않다고 비판해온 EU도 전기 메이커에게 보조금을 주고 있다. 이런 정책에서 일본은 완전히 열세다. 중국은 전기차에 필요한 전력을 원자력 발전소의 대량건설로 충당하면서, 국가 부담이 되고 있는 원유수입량을 줄이는 동시에 동력용 LiB와 고정형 ESS(에너지 저장 장치) 분야에서 치고 나가고 있다.

중국정부는 NEV(신에너지 자동차=전기차, PHEV, FCEV) 규제를 도입하는 동시에 차량용 2차 배터리 제조를 국가 허가를 받도록 함으로써 화이트 리스트로 불리는, 정부 지정 기업목록에 있는 기업이 2차 배터리를 독점적으로 공급할 수 있는 체제를 만들었다. 화이트 리스트에 없는 메이커의 LiB를 사용하는 NEV에는 보조금을 지불하지 않겠다는 차별정책을 펼친 것이다.

이 화이트 리스트 제도는 이후 아무런 예고도 없이 폐지되기는 하지만, 그때는 이미 CATL(세계 1위 배터리 메이커)이나 BYD 같은 중국 대형 배터리가 정보 보조금을 발판으로 충분히 생산설비를 갖추고 배터리를 싸게 공급할 수 있는 체제를 갖춘 뒤였다. 그 결과가 현재의 차량용 LiB 공급망 체제다.

현재 중국정부는 NEV 50%, HEV 등 저연비 차 50%가 바람직하다고 밝히고 있다. HEV를 잘 만드는 일본 입장에서는 기회이지만 중국이 원하는 HEV는 일본 같은 정

LiB용 자원가격 추이

자원가격은 거래 데이터가 있어서 거의 정확하다. 반면에 LiB 거래가격은 경향을 보는 정도로 삼으면 된다. 양·음극 소재나 사양 차이에 따라 가격은 천차만별이다. LiB 가격은 수요증가로 인해 하락했다는 측면 외에, 2016년 이후 중소기업의 가격공세와 2017년 화이트 리스트 규제에 따른 덤핑도 고려해야 한다.

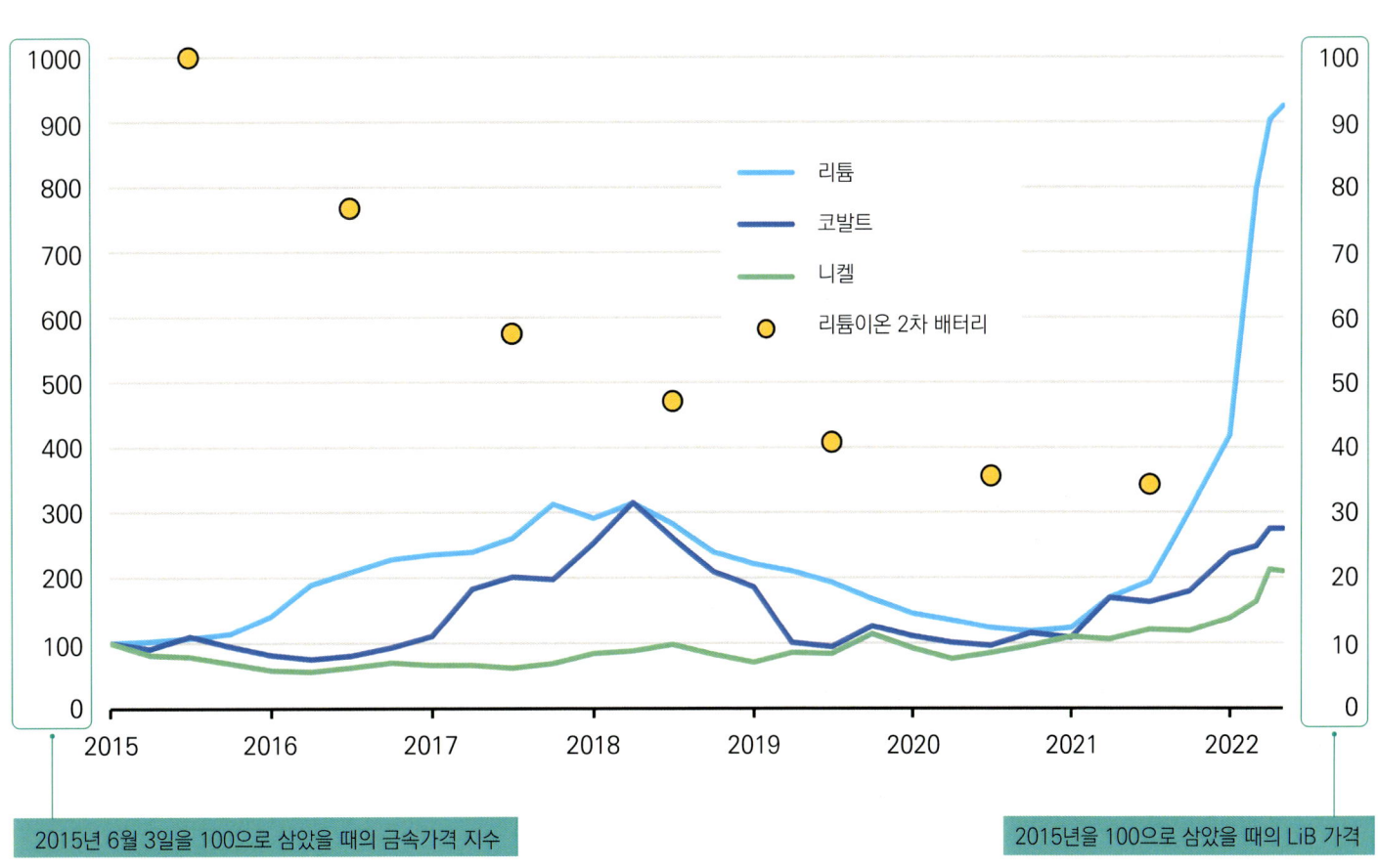

2015년 6월 3일을 100으로 삼았을 때의 금속가격 지수

2015년을 100으로 삼았을 때의 LiB 가격

밀한 제어의 풀 HEV가 아니다. DHE(HEV 전용 ICE)나 DHT(HEV전용 변속기)를 간편히 장착할 수 있는 저렴한 HEV다. 또 정부가 HEV를 인정한 배경에는 전기차와 PHEV 배터리 다음의 HEV 배터리도 독점하겠다는 의도가 숨어 있다.

앞으로 동력용 LiB 세계에서 중국의 존재감은 점점 더 커질 것이다. 생산을 포함한 기술 측면에서 대항할 수 있는 나라는 일본밖에 없을 것으로 보이지만, 애석하게 투자할 돈이 없다. 정부가 10조 원 규모로 다른 차원의 배터리 대책이라도 세우면 좋겠지만 전혀 기대할 상황이 아니다.

희귀자원을 사용하는 현재의 배터리는 당분간 왕좌에서 내려오지 않을 것이다. 새로운 배터리가 나온다 하더라도 연구실을 나와 여러 가지 시험을 거친 후에 양산궤도까지 오르려면 7~10년은 걸린다. 일반 미디어는 연구실 단계의 성과를 내일이라도 양산할 듯이 전하고 있지만 그렇지 않다. 또 앞서도 언급했듯이 현재의 동력 배터리 사업은 박리다매로 그나마 존재하고 있다.

완성차 업체도 전기차를 만드는 것으로는 이익을 내지 못하고 있다. 생산 볼륨을 높이면 싸진다는 말은 착각이다. 볼륨을 높이기 위해서는 그 나름의 설비투자가 필수다. 미국 테슬라만 하더라도 CO_2 크레딧 판매로 거둔 매출이 없었다면 2019년까지 적자였다. 전기차가 전문이 테슬라조차도 본업인 전기차 생산·판매를 통해 이익을 내기까지는 10년 이상이 걸렸다. 이것이 전기차이고 전기차를 달리게 하는데 필수인 LiB 비즈니스의 현실이다. 이런데도 환경에 대한 공헌까지 미미하다면, 면목이 안 설 수밖에 없다.

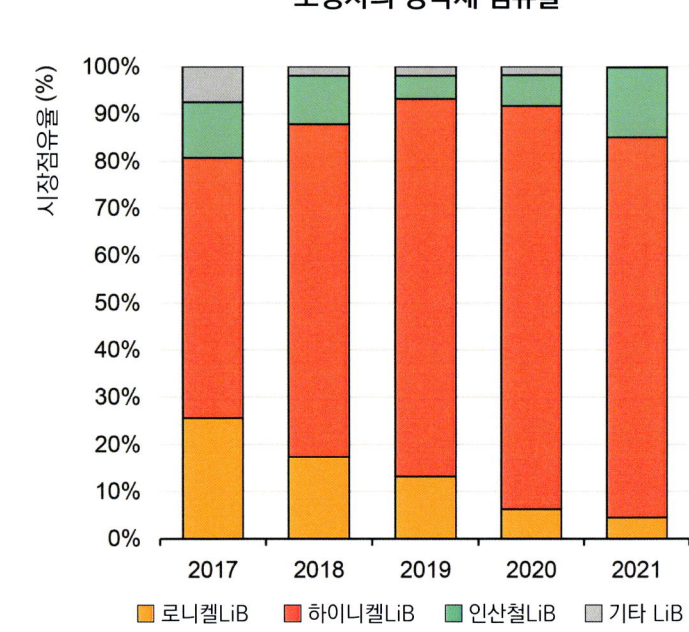

초기 NCM계열인 NCM333와 비교하면 코발트 비율이 점점 줄고 있다. LFP계열은 인산철이 대부분을 차지하고 있어서 제조비용이 저렴하다. 배터리의 희귀자원 부담문제는 항상 고려되어 왔지만, 자원층이 어떻게 움직일지 예측하는 일은 매우 어렵다. LiB는 가장 불확실한 요소가 크다. 그래서 자원부담이 적은, 원재료 가격변동에 좌우되지 않는 배터리가 요구된다.

근래의 트렌드는 하이니켈 강세와 LFP 회복

왼쪽 그래프에서 적색 부분이 하이니켈 LiB다. 여기서 말하는 하이니켈 기준은 NCM333이다. 아직까지는 NCM622도 일정한 점유율을 갖고 있다. 근래의 하이니켈로 인해 LFP계열의 점유율이 높아진 것은 확실하다. 중국정부는 2015년부터 중국 내에서 생산되는 희귀자원 유출을 억제하기 위해서 LFP계열 위주의 전략적 정책을 펼쳐왔다.

LiB 팩 가격추이(1kW 당 달러 환산)

승용차, 트럭·버스, 고정형 등 다양한 용도와 양·음극 소재의 LiB 가중평균(카테고리 별로 가산점을 준 평균치)으로, 데이터는 블룸버그에서 발췌한 것이다. LiB 가격 전체로 보면 10년 동안 80%가 떨어진 셈이다. 만들면 만들수록 싸진다는 말은 착각이다. 중국이 NEV(신에너지 차) 규제에 벌칙을 도입한 2018년에도, 유럽이 코로나 경제대책으로 ECV(외부충전 차량) 우대정책을 펼친 2020년에도, 심지어 ECV 판매가 늘어난 2021년에도 예전만큼 가격은 떨어지지 않았다.

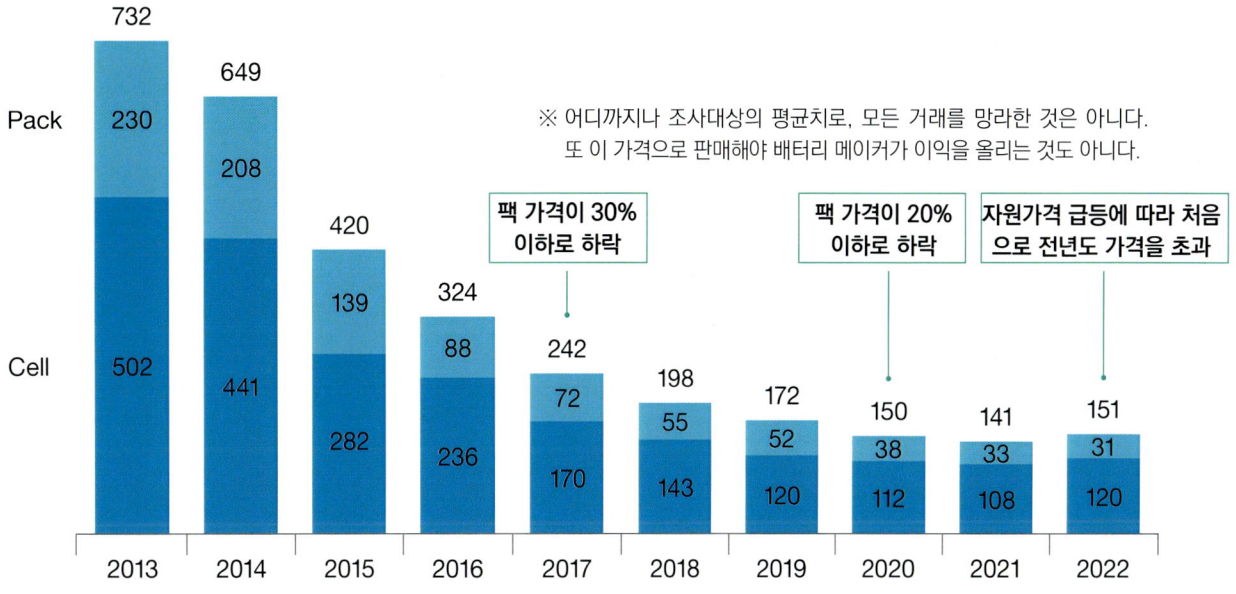

※ 어디까지나 조사대상의 평균치로, 모든 거래를 망라한 것은 아니다. 또 이 가격으로 판매해야 배터리 메이커가 이익을 올리는 것도 아니다.

- 팩 가격이 30% 이하로 하락
- 팩 가격이 20% 이하로 하락
- 자원가격 급등에 따라 처음으로 전년도 가격을 초과

ECV 세계 보유대수 추이

ECV(Electric Chargeable Vehicle)이란 외부충전으로 달리는 전기차를 말한다. 즉 전기차와 PHEV다. ECV 보유대수가 2020년부터 급증했는데, 대부분은 중국에서 판매되었다. 중국정부는 작년 말에 NEV 보조금을 없애고 자동차 구입세 면제(2023년 말까지)만 남겨 놓았다. NEV 보조금 누적액만 30조원 이상인데도 배터리 기업과 관련된 보조금이나 가솔린 가격 유지를 위한 석유회사 보조금은 계속해서 지원하고 있다. 2023년에 들어와서는 NEV 판매가 줄어들고 있다.

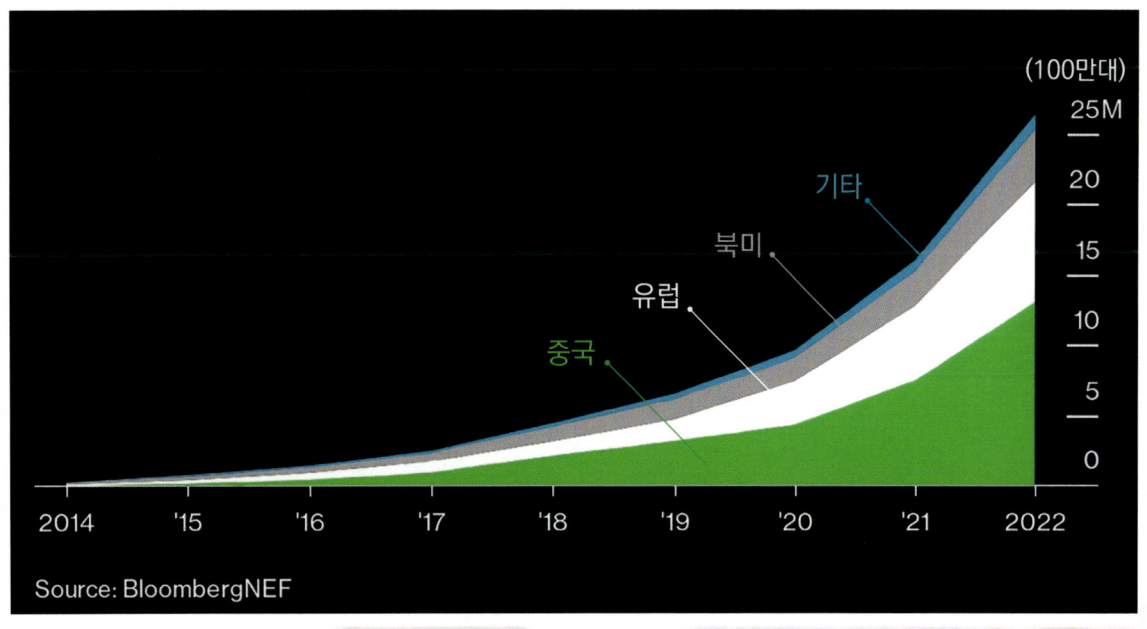

LiB의 하류를 지배하는 중국의 존재감

IEA가 발표한 데이터이다. 리튬과 니켈, 코발트, 흑연 채굴은 USGS의 광물자원 데이터, 재료가공 이후는 각 생산국의 데이터에 기초한다. 인도네시아는 니켈 세계최대 생산국으로 점유율이 40%나 되지만, 2022년 시점에서는 LiB용으로 거의 사용되지 않는다. 재료가공 이후에는 중국의 존재감이 두드러진다.

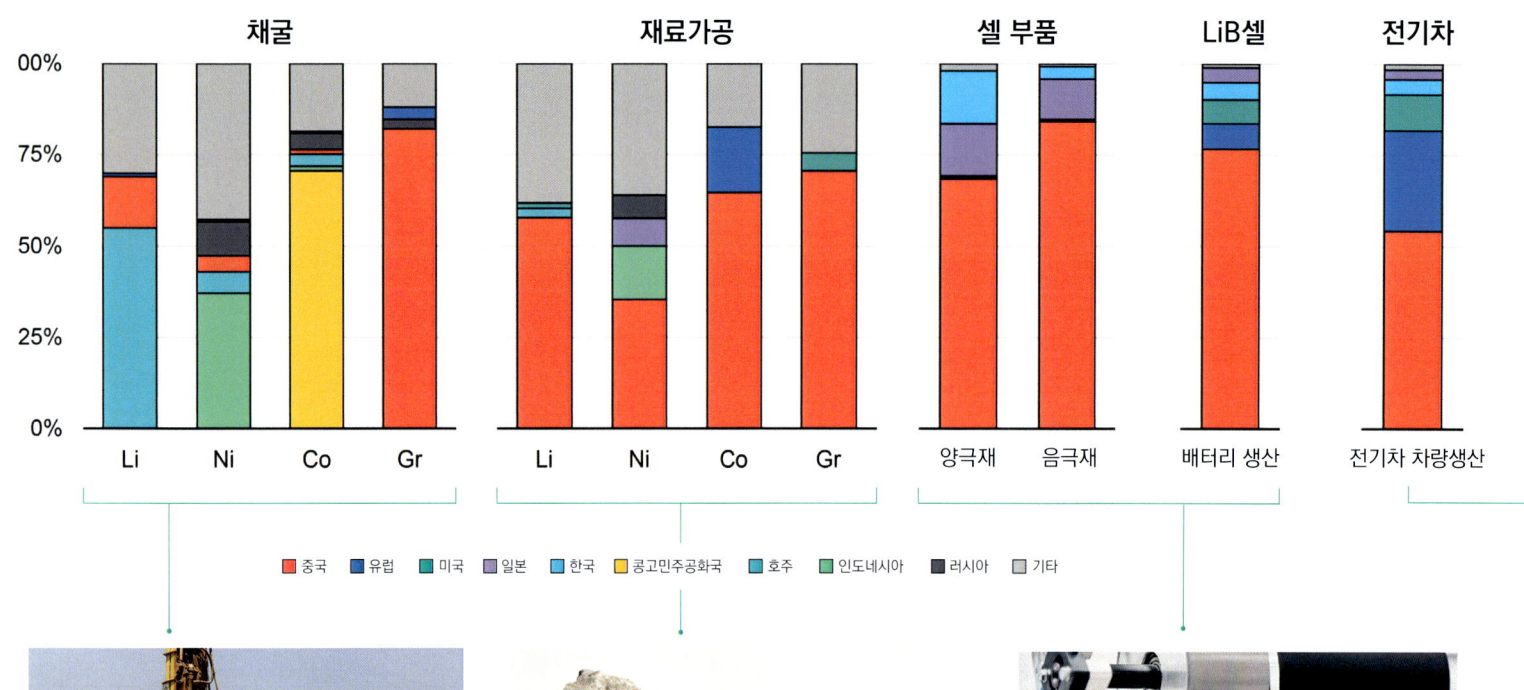

LiB의 하류를 지배하는 중국의 존재감

LiB용 자원을 확보하기 위해서 배터리 메이커나 완성차 제조사도 광산회사나 상사, 펀드 등과 협력해 광산을 개발한다. 얼마만큼 자원을 확보했느냐는 측면에서는 토요타가 세계 완성차 제조사 중에서는 앞서 있는 편이다.

채굴한 광석은 광석에 알맞은 방법으로 정제하면서 필요한 자원을 추출한다. 이 영역은 재료가공 사업자가 담당해 제품등급의 자원을 화학품 메이커나 LiB 메이커에게 판매한다. 이 조달경로 속에서도 중국기업의 존재감이 커졌다.

필요한 활물질을 LiB에 적용하는 단계에서는, 얇은 집전판에 균일한 두께로 바른 다음 그것을 배터리 크기에 맞춰 재단하는 작업이 필요하다. 이 부분을 예전에는 소재 메이커가 담당했지만 현재는 배터리 메이커의 영역으로 들어갔다.

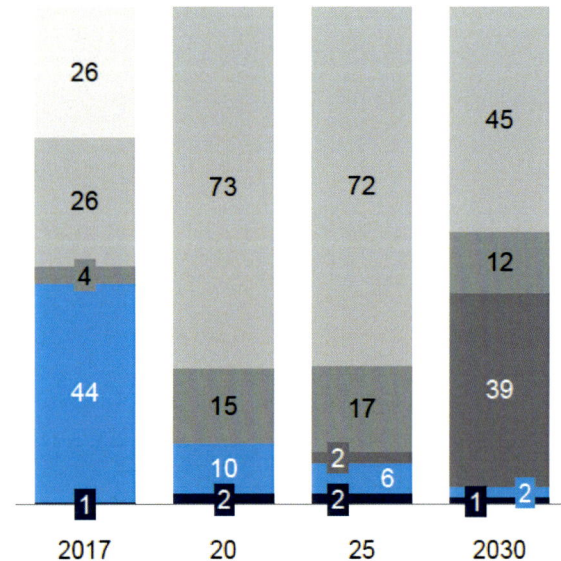

2018년에 예측할 때는…

2017년 실적을 보면 중국 내 LiB생산에서 LFP가 44%, NCM811이 4%, NCM622이 26%, NCM111이 26%였다. 중국정부는 전기차 크레딧에 주행거리와 전비를 반영했기 때문에 LFP계가 줄어들 것으로 예상됐다. 하지만 2022년 실적을 보면 표와 같이 예상을 뒤집었다. 2018년 매킨지&컴퍼니의 예측은 2030년에 NCM9.55의 초 하이니켈 LiB가 39%에 이를 거라고 했지만 그렇게 될지는 의문이다.

	동력용 LiB전체 (GWh)		삼원계 LiB (GWh)		LFP계 LiB (GWh)		삼원계 비율(%)		LFP계 비율(%)	
	당월	누적	당월	누적	당월	누적	당월	누적	당월	누적
2022년 12월	38	297	12	111	26	185	32	37	68	63
2022년 11월	34	259	11	99	23	159	32	38	67	62
2022년 10월	31	224	11	88	20	136	35	39	65	61
2022년 9월	32	194	11	77	20	115	35	40	65	60
2022년 8월	28	162	11	66	17	96	38	41	62	59
2022년 7월	24	134	10	55	14	79	40	41	59	59
2022년 6월	27	110	12	46	15	64	43	41	57	58
2022년 5월	19	83	8	34	10	49	45	41	55	59
2022년 4월	13	65	4	26	9	39	33	40	67	60
2022년 3월	21	51	8	21	13	30	38	42	62	58
2022년 2월	14	30	6	13	8	17	42	44	57	56
2022년 1월	16	16	7	7	9	9	45	45	55	55
2021년 12월	26	155	11	74	15	80	42	48	58	52
2020년 12월	13	64	6	39	7	24	46	61	53	38

전기차 생산에서도 중국은 세계 점유율의 반 이상을 차지한다. 유럽의 존재감도 나름 크지만 배터리는 중국과 한국, 일본에 뒤처져 있다. 이런 상황은 아마도 3~4년 동안 바뀌지 않을 것이다. 중국산 배터리에 대한 의존도는 세계적으로 높다.

중국에서는 LFP 배터리가 증가 추세

중국 업계단체(승련회)에서 정리한 2022년도 중국 내 배터리 점유율은 LFP계가 63%로, NCM계를 크게 웃돌았다. 승련회 데이터는 중국공업정보화부 차량 배터리 실용부회에서 발표하는 배터리 실적과 약간 다르긴 하지만, 경향은 비슷해서 확실히 LFP계가 증가한다는 사실을 뒷받침한다. 그 배경에는 니켈 가격의 급등뿐만 아니라 LFP계 배터리 성능이 개선되면서 NCM계와 비교되던 낮은 에너지밀도라는 약점(주행거리가 짧다)이 개선되었다는 것도 큰 요인이다. 2023년에는 LFP계가 70%나 차지할 거라는 전망도 있다.

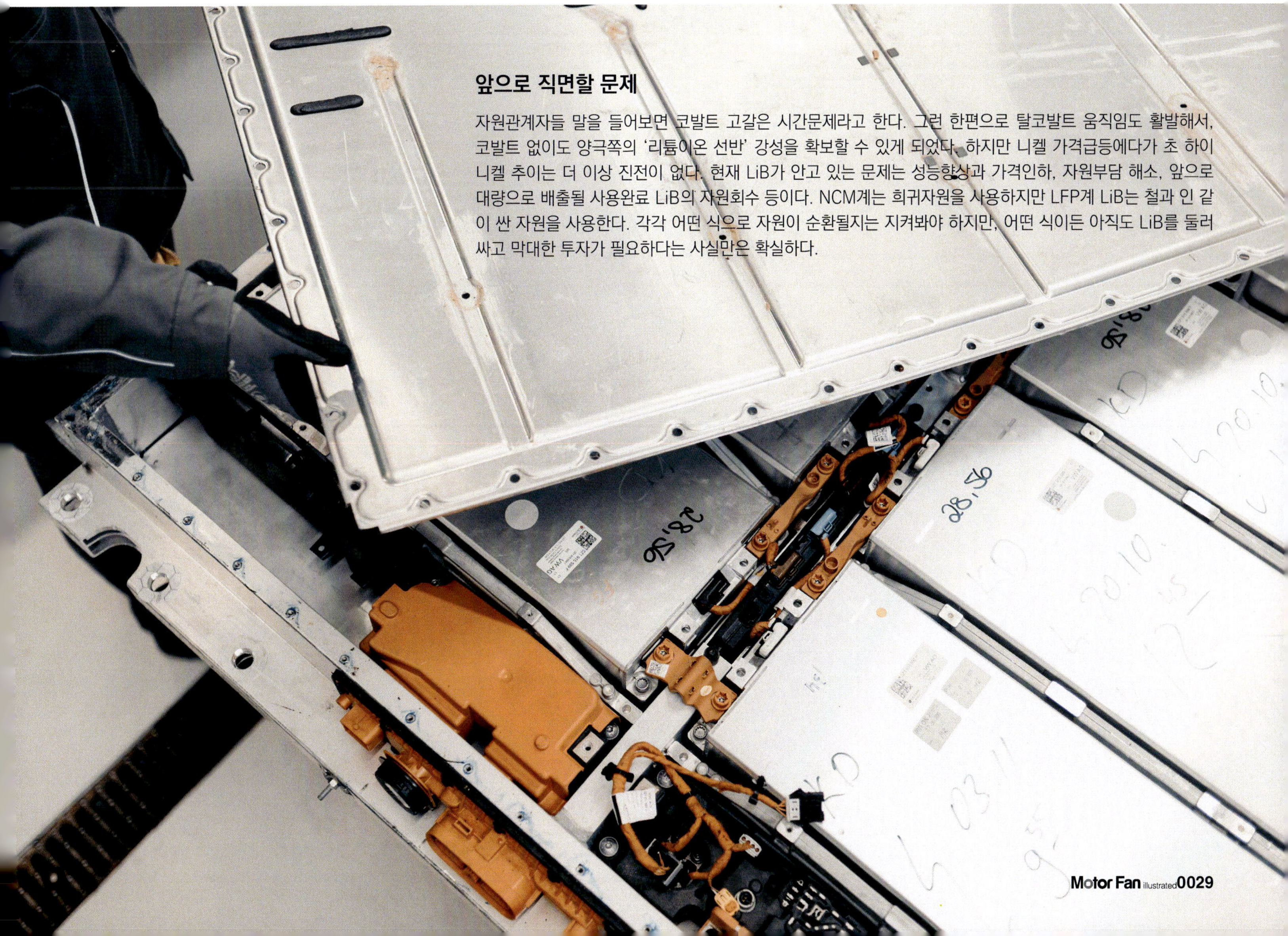

앞으로 직면할 문제

자원관계자들 말을 들어보면 코발트 고갈은 시간문제라고 한다. 그런 한편으로 탈코발트 움직임도 활발해서, 코발트 없이도 양극쪽의 '리튬이온 선반' 강성을 확보할 수 있게 되었다. 하지만 니켈 가격급등에다가 초 하이니켈 추이는 더 이상 진전이 없다. 현재 LiB가 안고 있는 문제는 성능향상과 가격인하, 자원부담 해소, 앞으로 대량으로 배출될 사용완료 LiB의 자원회수 등이다. NCM계는 희귀자원을 사용하지만 LFP계 LiB는 철과 인 같이 싼 자원을 사용한다. 각각 어떤 식으로 자원이 순환될지는 지켜봐야 하지만, 어떤 식이든 아직도 LiB를 둘러싸고 막대한 투자가 필요하다는 사실만은 확실하다.

특집 | 전기차 배터리 어디까지 왔나?

최신 주변기술

| Case 1 ▶ AVL |

항상 바뀌는 전기의 움직임을 높은 정확도로 파악
〚 배터리와 BMS 개발효율을 비약적으로 높이는 툴 〛

내연기관 개발이 그렇듯이 지금의 전기 파워트레인은 모델 베이스 개발이 중요한 의미를 갖는다.
거기서 중요한 것이 가상과 현실을 이어주는 인터페이스로, 이 부분을 전문으로 하는 곳이 AVL이다.

본문 : 다카하시 잇페이 사진 : MFi 그림 : AVL

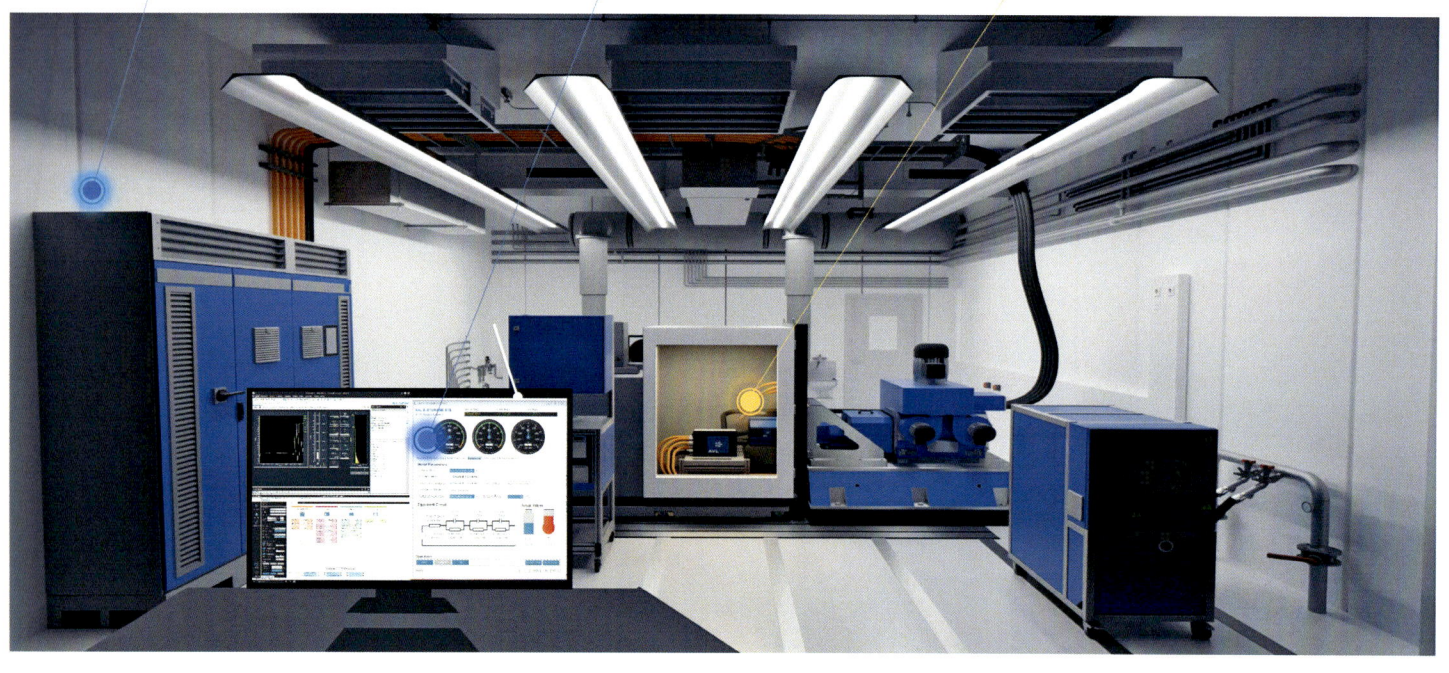

전기 파워트레인 개발용 HILS 환경 AVL의 전기 파워트레인 개발시설 구성. 내연기관 개발로 따지면 섀시 다이나모실에 해당하는 곳으로, 가운데에 모터와 인버터 그리고 BMS가 놓여 있다. 내연기관 개발실과 크게 다른 것이 좌측 벽쪽에 있는 전원장치 'AVL E스토리지'다. 'AVL 모뱃(MOBAT)'으로 불리는 배터리 시뮬레이터(소프트웨어)를 통해 제어하면서 배터리를 실험한다. 즉 가상환경 속에서 배터리로 전기 파워트레인을 작동시킨다. 'AVL 푸마(PUMA)'를 사용하면, 자동적인 시험도 가능하다.

현재 차량 구동용 배터리의 주류는 리튬이온 배터리나 니켈수소 배터리다. 이 두 가지 배터리는 생물 같은 측면이 있다. 사용할수록 열화가 진행된다는 점은 물론이고 사용하지 않고 놔둬도 배터리 안에서 열화 상태로 이어지는 부반응(충·방전에 기여하지 않거나 심지어 방해하는 치명적 화학반응)이 시시각각 진행된다. 조금 과도하게 표현하면 지금 이 순간의 배터리는 유일무이한 상태로서, 두 번 다시 같은 순간(상태)은 찾아오지 않는다고 말해도 무방하다.

이것이 전기 파워트레인 개발을 어렵게 하는 요인 가운데 하나다. 모터 출력은 배터리에서 공급되는 전력에 의해 결정되는데, 그 전력이 배터리 상태에 따라 바뀐다는 것을 의미하기 때문이다. 즉 계속해서 상태가 바뀌는 배터리를 사용하면 다양한 운전조건을 종합적으로 감안해서 하는 개발·실험 데

회생전력을 적절히 이용해 시설의 에너지 절약에도 공헌

E스토리지는 배터리나 모터에서 생기는 전류·전압 변화 같은 전기적 움직임을 시뮬레이션하는 전원장치다. 조합하는 모듈 수에 따라 광범위한 전력 대처가 가능하다. 회생전력을 그냥 버리는 것이 아니라 저장이 가능하기 때문에 다른 장치를 구동하는데 이용할 수도 있다. 이런 시설의 파워 매니지먼트는 AVL이 전문으로 하는 분야다.

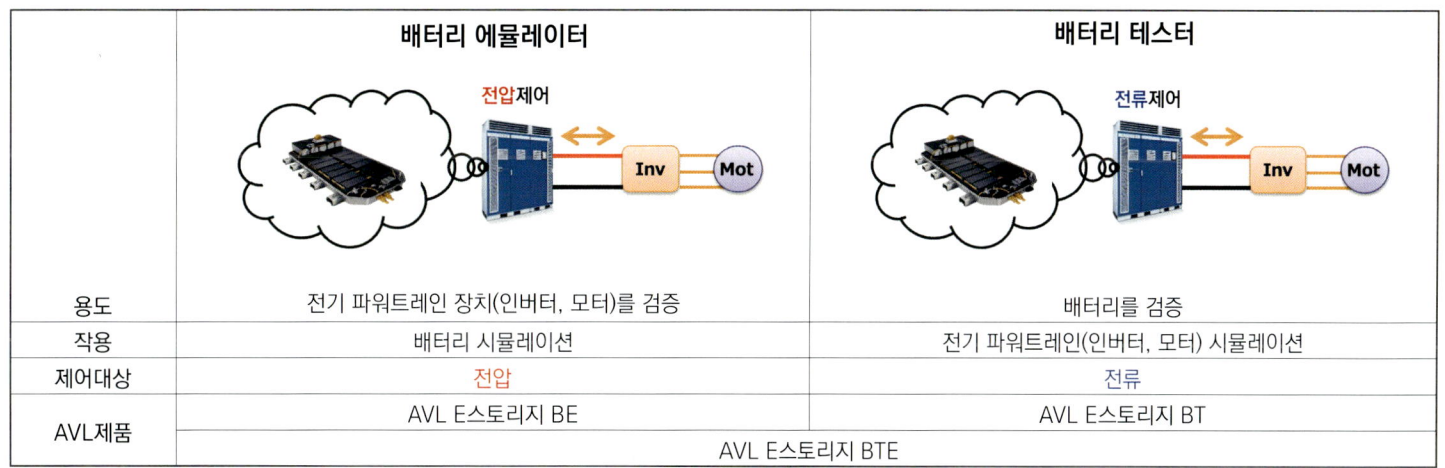

	배터리 에뮬레이터	배터리 테스터
용도	전기 파워트레인 장치(인버터, 모터)를 검증	배터리를 검증
작용	배터리 시뮬레이션	전기 파워트레인(인버터, 모터) 시뮬레이션
제어대상	전압	전류
AVL제품	AVL E스토리지 BE	AVL E스토리지 BT
	AVL E스토리지 BTE	

에뮬레이터와 테스터 2종류의 E스토리지

배터리 에뮬레이터는 배터리 대신에 움직임을 시뮬레이션하는 형태로 전기 파워트레인을 구동하는 장치다. 테스트(개발) 대상은 모터와 인버터 그리고 BMS. 한편 배터리 테스터의 대상은 배터리로, 테스터 쪽이 전기 파워트레인을 시뮬레이션한다. E스토리지의 2가지 라인업은 높은 응답성의 입출력 제어가 가능하고, 전류·전압의 파문이나 스파이크는 물론이고 짧은 시간단위(전류·전압 파형)의 위상 지체까지 정확하게 시뮬레이션할 수 있다.

이터를 비교하기 어렵다.

모터의 순수한 출력, 특히 주행특성만 평가한다면 배터리 대신에 항상 안정적인 전력을 공급할 수 있는 전원장치를 사용하는 등의 나름 유효한 방법도 있지만, 전기차 특성인 회생까지 고려하면 상황은 훨씬 복잡해진다. 모터를 발전기로 사용해 감속할 때의 에너지를 전력으로 바꿔서 배터리로 되돌리는 '회생'은 배터리가 그 전력을 수용하는 능력이 중요한 요소이고, 그 능력은 배터리 상태가 좌우한다. 회생전력을 단순히 받아들이기만 한다면 전기적 부하를 접속시켜서 배터리로 간주하게 할 수도 있지만, 계속적으로 바뀌는 배터리 상태와 전력 수용능력까지 재현해야 한다면 그 부하 상태도 가변적이게 할 필요가 있다.

이런 요구에 대처하는 것이 AVL의 E스토리지(E-STORAGE)로, 전기 파워트레인과 배터리 사이를 왕래하는 kW급 전력을 다루면서 각각의 전기적 움직임을 모사(시뮬레이션)하는 연구개발용 장치다. 앞서 언급한 전기 파워트레인 테스트에 이용하는 E스토리지 BE(BE : Battery Emulator)와 배터리를 테스트하는 E스토리지 BT(Battery

배터리 개발 시 장벽을 극복

현실의 실물 배터리를 사용한 시험은 운전조건이나 온도 그리고 열화 진행 상태에 따라 재현성을 확보하기 어렵다는 문제 외에도, 만에 하나 발화나 파열했을 때의 안전성을 확보하기 위한 설비를 갖춰야 하는 등 넘어야 할 장벽이 적지 않다. 의외의 장벽으로는 충전을 위한 시간과 에너지 비용 같은 문제도 있다. 가상의 배터리와 실물 파워트레인 조합(또는 반대도)을 가능하게 해주는 E스토리지를 이용해 HILS를 구축하면 많은 문제를 해결할 수 있다. 개발효율을 향상시키고 기간도 단축할 수 있다.

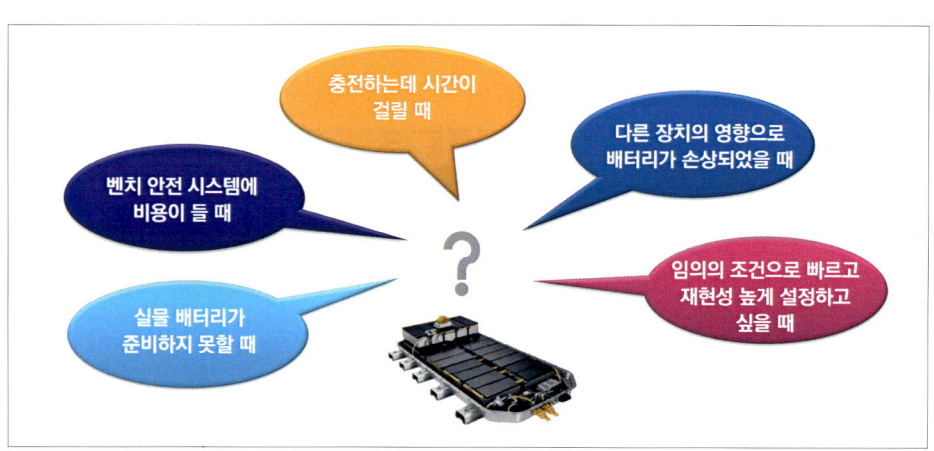

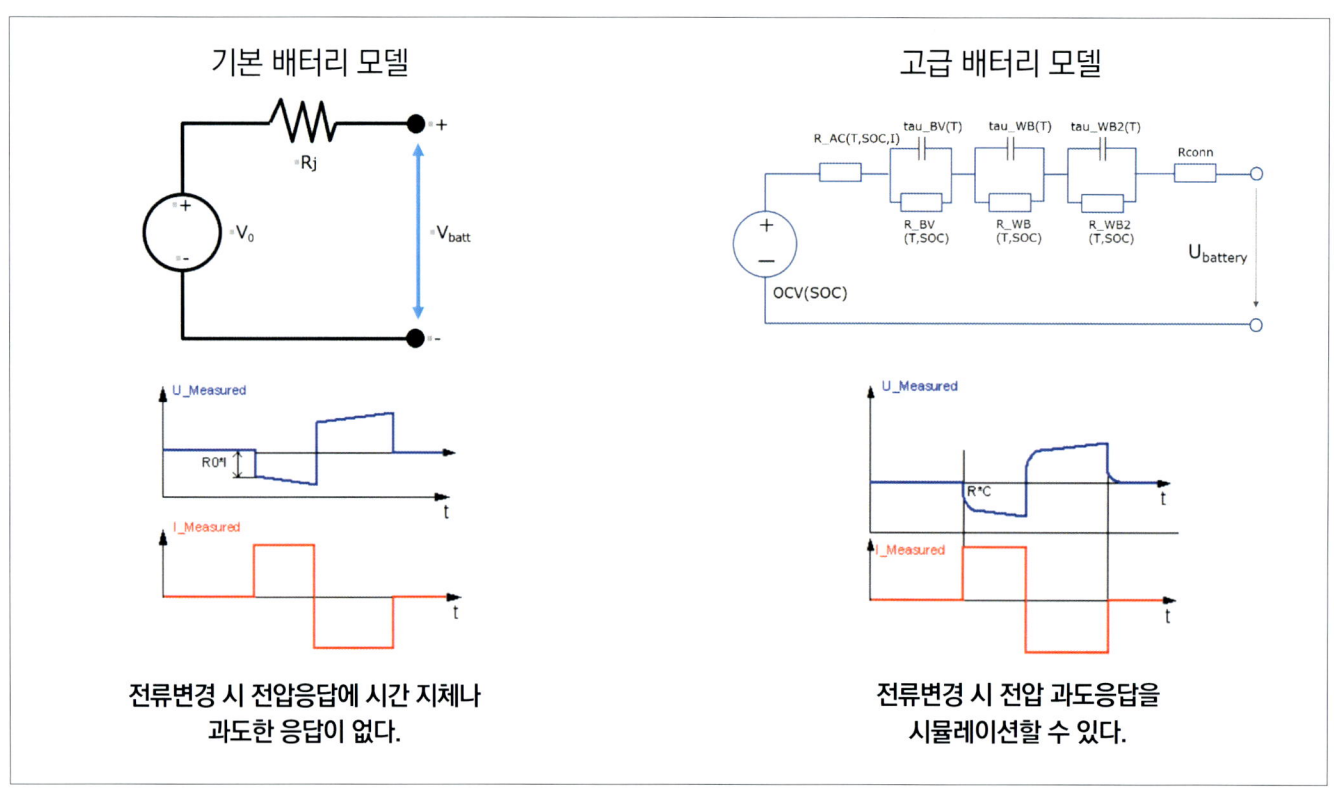

전류·전압 사이에 생기는 응답지체를 재현

전류와 전압은 배터리 안에 존재하는 저항성분에 의해 변화할 때 응답이 느려진다. 배터리 모델(주로 방정식으로 기술되는 시뮬레이션 상의 프로그램)은 일반적으로 단순한 저항으로 다루지만 이것은 지체에 따른 과도응답이 드러나지 않는다. 반면에 AVL의 모뱃은 병렬로 접속된 커패시터와 저항을 여러 개 배치하는 방법을 사용한다. 배터리의 저항성분을 더 정확히 기술함으로써 과도응답까지 충실하게 드러낸다. 물론 이 과도응답을 실물로 정확하게 출력하려면 제어 응답성이 뛰어난 E스토리지 같은 인터페이스가 필수다. 이를 통해 BMS가 SOH를 판정하는 정확도도 검증이 가능하다.

Tester) 2종류가 있다. 후자는 전기 파워트레인에서 생기는 부하나 회생전력을 시뮬레이션한다. 배터리 시뮬레이터의 주요 제어 대상이 전압인데 반해 배터리 테스터는 전류라는 차이가 있다. 이 양쪽 기능을 하나로 합친 E스토리지 BTE(이하 E스토리지)도 따로 있다.

E스토리지는 말하자면 고도의 제어가 가능한 전원장치다. 이것을 통해, 예를 들어 BE는 운전(주행)에 따라 바뀌는 배터리 충전상태(SOC) 그리고 셀 온도에 따른 전압의 미세한 변화, 나아가 열화(배터리 건강상태 : SOH)나 부하, 온도상태에 따라 움직임이 달라지는 전압과 전류의 위상 차이까지 재현이 가능하다. 이런 것들은 그냥 안정적으로 전력만 공급하면 되는 단순 전원장치에는 없는 능력이고 기능이지만, 전기 파워트레인 개발에 있어서는 비약적이라고 할 만큼 상당한 효과를 가져다준다.

E스토리지는 고도의 제어를 통해 이런 전기적 변화를 일으키는데, 그 바탕은 당연하

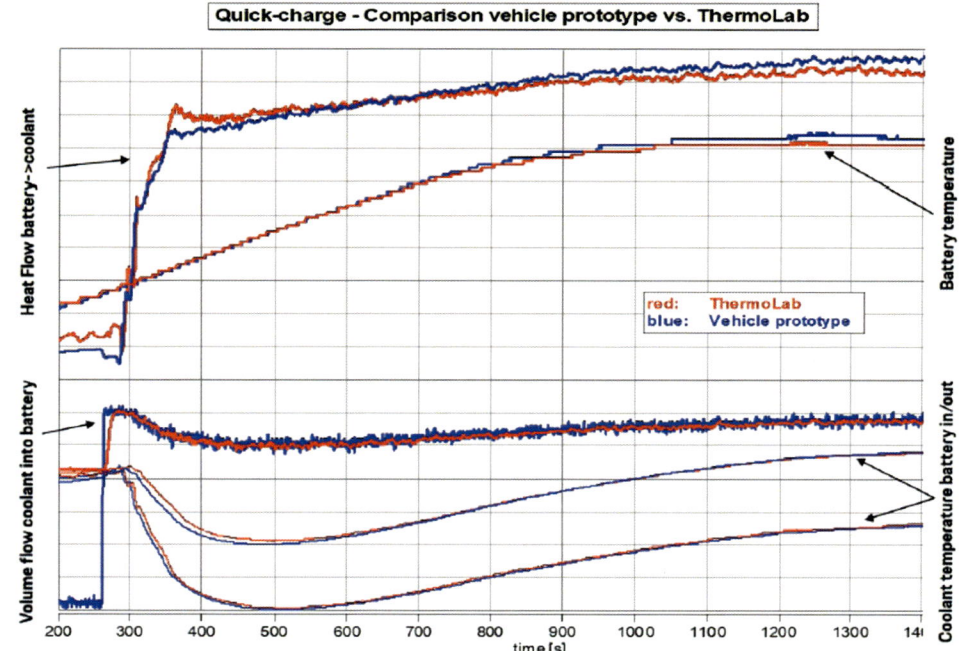

온도관리도 시뮬레이션 상에서 재현

AVL 서모랩(Thermolab)으로 불리는 온도 관리 시스템 검증용 시스템을 이용한 시뮬레이션 결과(적색 선)와 실물 측정치(청색 선)를 비교한 그래프. 위는 배터리 셀 온도와 배터리에서 냉각 시스템 안의 냉각액으로 열이 전달되는 그래프이고, 아래는 냉각액 유량과 배터리의 냉각액 출입구 온도 등을 나타낸 그래프다. 시뮬레이션 값과 실물 측정치, 양쪽 사이에 큰 편차 없이 대부분 겹치는 것을 보면 시뮬레이션 정확도가 상당히 높다는 것을 알 수 있다.

게 컴퓨터상에서 작동하는 소프트웨어다. 현대식으로 표현하자면 버추얼(가상) 환경 상에서 시뮬레이션할 수 있는 배터리 테스트인 셈이다. 즉 E스토리지는 단순한 전원 장치가 아닌 가상과 현실(실물)의 가교역할이 가능한 인터페이스로서, 요즘의 모델 베이스 개발에 있어서 중요 요소 가운데 하나인 HILS(Hardware In the Loop Simulation)을 가능하게 하는 장치다.

HILS를 통한 전기 파워트레인 개발이 앞서도 언급한 생물 같은 배터리를 정량적으로 다룰 수 있다는 장점은 물론이고, 그밖에도 여러 가지 이점이 있다. 구체적인 사례를 하나 들자면, 아직 실물이 없는, 즉 아직 만들어지지 않고 개발예정인 배터리를 설계단계 또는 기획단계에서 선행적으로 검토할 수 있다는 점이다. 소프트웨어로 실행할 수 있는 배터리 모델을 준비하면 높은 정확도의 검토와 검증이 가능하다.

엔진이 존재하지 않는 아니 엔진을 탑재했다 하더라도, 자주 정지했다가 움직이는 경우가 많은 전기 파워트레인 차는 에너지 효율 향상 외에 소음 감축도 중요하다. 거기에 적지 않게 영향을 끼치는 배터리 상태 변화까지 검증할 수 있다는 점은 품질향상에도 크게 공헌하지만, E스토리지 그 중에서도 배터리 에뮬레이터의 가져다주는 가장 큰 장점은 BMS 개발이다. BMS는 배터리에 출입하는 전력은 관리하는 역할을 하는데, 배터리 상태 변화는 인터나 인버터가 아니라 BMS가 직접적으로 또 가장 먼저 받는다.

BMS의 역할은 인버터 등과 같은 전기 파워트레인 시스템이 지금 현재 배터리를 어떻게 사용할 수 있는지를 판단하기 위한 정보 공급이다. 전기 파워트레인은 성능이나 효율을 확보하기 위해서 배터리에 높은 출력(또는 회생 시 입력)이 요구되는 동시에 열화를 최소한으로 억제하는 특성도 요구된다. 그러기 위해서는 매우 치밀한 제어가 필요하다. 특히 현재의 주류인 리튬이온 배터리는 안전성 담보라는 의미에서도 중요하기 때문에, BMS가 수집하는 배터리 정보의 질(정확도)과 속도는 중요한 요소다.

BMS 성능과 능력의 향상에는 전기제어 기판이나 센서 등과 같은 하드웨어, 나아가 거기에 사용되는 소프트웨어까지 포괄적인 접근이 필요하다. 그리고 근래에 BMS기술의 발전과 더불어 배터리 성능과 능력은 크게 향상되었지만 다른 한편으로 복잡해지면서 더 고도의 검증을 필요로 하고 있다. 당연히 공정수도 많아졌을 뿐만 아니라 앞서 언급했듯이 요구되는 정확도도 높아져서 이미 실물 배터리만 이용해서는 검증하기 어려운 영역에 들어섰다. 물론 최종적으로는 실물 배터리로 검증해야 하지만, 반복적 검증에 있어서 똑같은 배터리 상태를 몇 번이고 재현할 수 있는 배터리 에뮬레이터가 없으면 현재의 전기 파워트레인 개발에서 요구되는 신속함 속에서 충분한 성능을 향상하기는 결코 쉬운 일이 아니다.

덧붙이자면 잘 알려졌듯이 AVL은 완성차 업체로부터 개발을 의뢰받는 엔지니어링 업무가 본업이다. E스토리지도 그런 업무 속에서 개발된 것이기 때문에 당연히 BMS도 개발하고 있다.

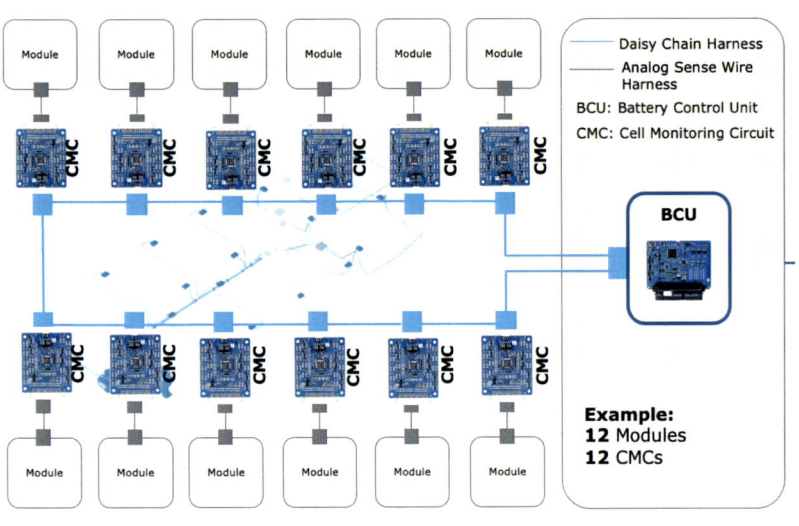
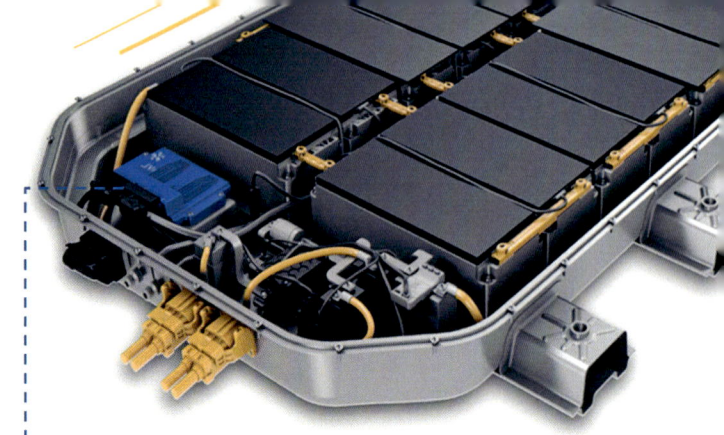

AVL이 개발한 BMS 시스템 구성

AVL은 엔지니어링 업무로 완성차 업체 대상의 전기 파워트레인 개발도 대행한다. 때문에 BMS에서도 풍부한 경험을 갖고 있다. 좌측 회로도는 한 가지 사례로서, BCU(Battery Control Unit)라고 해서 배터리 전체를 총괄하는 제어장치 밑에 CMC(Cell Monitoring Circuit)라고 하는 셀 감시용 기판을 모듈마다 배치한다. CMC의 주요 목적은 모듈 안에 들어있는 배터리 셀 전압과 온도 감시다. 데이지 체인(daisy chain)으로 불리는 네트워크를 매개로 정보를 보낸다.

모듈 속의 셀 전압과 온도를 수집

모듈 속에 들어간 배터리 셀의 전압계측과 셀 온도 수집을 목적으로 하는 기판. 1개 당 6~18개의 셀을 감시할 수 있다. 기판중앙의 ASIC(주문제작 IC)를 중심으로 많은 전압계측용 회로가 나란히 배치되어 있다(온도 센서는 최대 6개까지 대응). 셀 밸런스 기능에 대한 대응도 가능하다.

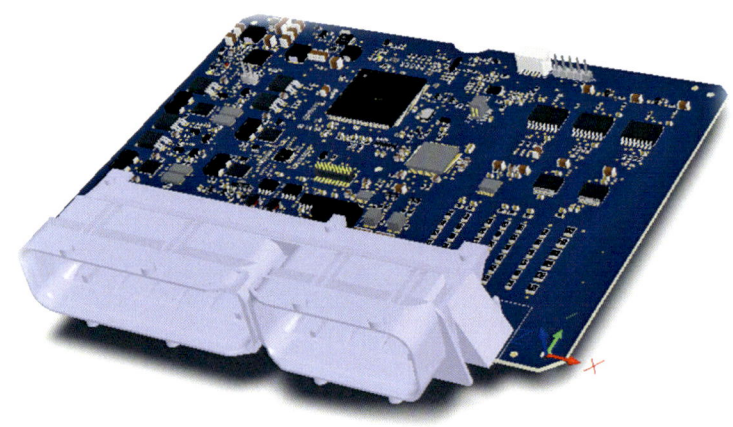

멀티코어 프로세서를 갖춘 강력한 컨트롤러

BCU의 중심은 멀티코어 구성의 인피니온 AURIX TC275를 베이스로 하는 마이크로프로세서. CMC에서 받는 셀 전압 정보에는 타임스탬프에 해당하는 시간정보가 있어서, 이것을 이용해 BCU에서 계측하는 전류(인버터로 가는 부분에서 계측)와 동기하면서 비교·참조한다. 강력한 프로세서를 탑재하는 이유는 이렇게 치밀한 처리에 수반되는 부하에 대처하기 위해서다.

현재의 BMS는 정보수집과 상태를 추측하는 속도가 중요하기 때문에 AVL이 개발한 장치에서도 주요 마이크로컨트롤러에는 멀티 코어를 적용한다. 흥미로운 점은 SOH 지표로도 중요한 역할을 하는 전류와 전압 계측 및 그 방법이다. 전류와 전압을 수집하는 데는 몇 가지 방법과 개념이 있는데, AVL이 선택한 것은 수집한 정보를 타임스탬프(시간정보) 같은 방법을 이용해 전류와 전압을 동기시킨 상태로 파악한다는 점이다. 어떤 의미에서는 가장 합리적인 방법이기도 하다. 강력한 마이크로컨트롤러가 그것을 위한 것이기는 하지만, 그래도 연구 없이 실현하기는 어려운 방법이다. E스토리지 같은 개발 툴까지 만드는 회사다운 접근방식이 아닐 수 없다.

PROFILE

데구치 마사야
Masaya DEGUCHI

AVL일본 주식회사
비즈니스 개발 매니저
테스트 시스템 사업부
ITS사업본부

아이키 고스케
Kosuka AIKI

AVL일본 주식회사
스킬 팀리더
일렉트리피케이션 기술부
파워트레인 엔지니어링 사업부

SIDE POLE 97% 32 km/h EURO NCAP

특집 | 전기차 배터리 어디까지 왔나?

CHAPTER 2 ─ 최신 주변기술

| Case 2 ▶ 일본 카리트 |

트러블 순간의 Li를 안전하게
모든 사용형태를 감안한 배터리 시험

배터리 메이커는 배터리에 부하를 어느 정도 가했을 때 단락(쇼트)이 일어나고 발화하는지 반드시 확인한다.
그러면서 셀뿐만 아니라 배터리 모듈이나 탑재용 팩 상태에서도 여러 가지 시험을 가혹하게 실행함으로써 안전성을 담보한다.

본문&사진 : 마키노 시게오   그림 : 유로NCAP / 일본 카리트 / 마키노 시게오

자동차의 충돌안전기준은 실제 도로에서 발생할 수 있는 사고형태를 반영하다. 그 때문에 나라 또는 지역마다 특징이 있다. 예를 들면 미국에서는 중량급 SUV가 뒤에서 노브레이크로 추돌하는 사고를 감안해 후방충돌기준이 유럽·일본보다 강한데, 추돌로 인해 연료탱크가 손상되지 않도록 보호기준을 강화하는 식이다. 동시에 뒷좌석보다 더 뒤로 2차 배터리를 배치하는 HEV(하이브리드 차)는 배터리 보호가 필수이다.

위 사진은 유로NCAP 충돌시험에 제공된 테슬라의 모델Y다. 나무를 감안한 직경 254mm(10인치) 철제 봉을 향해 15° 비스듬하게(차량 중심선에 대해서는 75°) 해서, 차대에 실은 상태의 시험차량을 32km/h로 부딪치는 시험이다. 충돌직후에 바로 찍은 사진이라 아직 유리도 날아가지 않았다. 시험목적은 탑승객 보호공간이 있는지 여부를 확인하는 것으로, 바닥아래에 위치한 배터리 입장에서도 혹독한 시험이다. 이 시험에서 모델Y는 우수한 탑승객 보호성능을 발휘했다. 또 배터리 팩 파손도 없었다.

그럼 만약에 실제 도로에서 나무 같은 물체와 충돌하기 직전 속도가 50km/h라면

혹독한 시험은 필수

발화나 파열같이 위험상황을 일으키는 것은 위험성 평가시험장에서 시험한다. 안전하게 사용할 수 있는지 여부를 나타내는 특성은, 일본 카리트가 오랫동안 만들어온 화약재료처럼 위험물을 다루는 시험환경이나 기술을 갖고 평가한다. 시험 설비가 야외와 실내에 있는데, 실내 시험장은 자동차 1대를 넣어놓고 시험할 수 있는 설비다. 강력한 부하를 걸었을 때 거의 모든 배터리가 파열하면서 발화하는 모습은 언제 봐도 놀랍다.

→ 송곳 시험

18650 타입 같이 일반적인 소형 LiB를 송곳으로 찔러서 어떤 변화를 보이는지 관찰한다. 가전제품 등에서 사용하는 소형 배터리지만 단 한 개인데도 이런 폭발 모습을 보인다.

← 압력파괴 시험

배터리 모듈에 기계적인 압력을 서서히 가해 찌그러트린다. 배터리 강도보다 강하면 배터리 내부가 기계적으로 파괴되면서 최종적으로 불이 난다. 배터리 모듈이 불과 몇 초 만에 다 타버린다.

↓ 화형 시험

실내 시험. 이 화염 속에 배터리를 노출시키는데, LiB 속 여러 가지 물질의 열분해 반응이 연쇄적이고 급격히 진행되면서 최종적으로 알루미늄 테르밋(thermite) 반응 등이 일어나 1000℃ 이상 고온까지 올라간다.

어떨까. 자동차는 도로에서 'く'자 모양처럼 꺾이는 사고도 발생한다. 배터리를 바닥 아래로 쭉 배치한 전기차는 외부로부터 큰 힘이 가해지는 사고발생 시 배터리의 파열·발화를 불러온다. 배터리 위탁시험을 하고 있는 일본 카리트는 이렇게 말한다.

"연소는 불에 타는 물질(가연성 물질), 산소(산소공급원), 불씨(점화원) 3가지 요소가 갖춰져야 일어나지만, LiB는 단독적으로 이 3요소를 갖고 있습니다. 양극과 음극이 단락(쇼트) 했을 때 일어나는 불씨가 점화원이고, 배터리를 구성하는 재료 안에 가연성 물질이 포함되어 있으며, 양극재 대부분은 열분해나 결정구조 붕괴로 인해 산소를 방출하죠. 그래서 LiB의 관리와 취급이 어렵다는 겁니다"

일반적으로 배터리 시험은 크게 배터리의 기본동작인 충전과 방전과 직결된 특성이나 장기간의 내구성을 보여주는 수명특성 등을 평가하는 성능시험, 전기적·환경적·기계적 부하를 걸었을 때 어떤 움직임을 보이는지에 관한 안전성 시험으로 나뉜다. 그 중에서도 기계적 부하는 외부충격에 의해 배터리가 물리적으로 파괴될 경우에 어떤 움직임을 보이는가 하는, 배터리를 배터리로서 사용하지 않는 극한상태의 시험이다.

"전기적안 안전성을 시험할 때는 과충전이나 과방전 등과 같이 전기적인 오버 스펙 부하나 더 큰 전류·전압을 겁니다. 환경적인 안전성을 시험할 때는 온도·습도·기압 등과 같이 배터리가 노출되는 보존환경을 강하게 하죠. 이 두 가지를 성능시험의 연장선상으로 생각할 수도 있지만 기계적 부하를 거는 시험은 있을 만한 모든 과격한 것들을 시험합니다. 항공기에 탑재된 배터리에서 사고가 발생하는 상황, 몇 개월 동안 적도부근을 운항하는 배에서 사용하는 배터리가 예상 이상으로 고온이 되는 상황, 전기차의 충돌·차량화재 상황 등등, 수많은 상황을 상정합니다"

앞 페이지에 실제로 시험하는 사진을 올리기도 했지만, LiB가 가진 폭발·화염 에너지는 상상 이상으로 크다. 하지만 배터리가 되기 전인 재료단계에서의 시험, 배터리 단독 시험, 배터리 팩 상태에서의 시험, 배터리를 장착한 뒤의 충돌시험 등, 몇 가지 단계에서 안전성이 확인된 배터리는 앞 페이지 같은 실제 차량 충돌시험의 파손→단락→발화를 상당히 가혹한 상황까지 피할 수 있다.

⬆ 배터리 성능 시험

용량, 충·방전 레이트, 내부저항 등과 같이 비교적 짧게 평가하는 배터리 자체의 기본성능, 충·방전을 반복하는 사이클 시험이나 배터리를 일정한 환경에 보존하는 시험 같이 좀 더 장기적으로 평가하는 항목 양쪽을 시험한다.

위 사진은 전기차 LiB 팩을 통째로 환경시험하는 장치다. 일본 카리트가 위탁받는 배터리 시험은 매우 다양하다. LiB 팩을 고온다습한 환경 상태로 장시간 방치한 다음에 충·방전 특성 변화를 검증하는 시험도 있다.

"전기차 LiB는 셀이나 모듈, 팩 단위로도 시험이 가능합니다. 일반적으로 충·방전을 반복하는 사이클 시험이 많지만요. LiB가 갖고 있는 능력에서 어느 정도 범위를 사용할지(즉 SOC=State Of Charge)도 시험 목적에 따라 달라집니다. 어느 정도 범위를 사용했을 때 배터리에 어떤 부하가 걸리는

지를 보는 시험에서도 몇 가지 SOC 패턴을 사용하죠"

그런 시험을 하는 것이 38~39쪽 장치다. 충·방전을 반복해 배터리 특성 변화나 한계 사이클 회수 등을 파악하는 것이다. 배터리 특성을 파악하는 시험이 있는가 하면 배터리가 사용되는 제품의 사용 행태를 파악하는 시험도 있다.

"주로 두 가지를 집중해서 보는데, 전기화학적 특성과 수명특성이죠. 전자는 용량, 충·방전율, 내부저항 등과 같이 비교적 단기적으로 평가하는 배터리 자체의 기본성능이죠. 대개는 사양서에 기록된 스펙 평가입니다. 후자는 방전 사이클 시험·보존시험 같이 전기화학적 특성과 달리 장기적으로 평가하는 항목을 보고 배터리 용량이 얼마만큼 열화하는지 평가합니다"

여기서 의문 한 가지. 배터리는 왜 열화하는 것일까.

"첫 번째는 통전(通電) 열화 때문인데, 배터리를 사용하다가 충·방전을 반복하면 진행되는 열화입니다. 또 하나는 노화인데, 배터리를 사용하지 않고 놔둬도 시간이 지나면서 진행되는 열화를 말합니다. 어떤 전류값이나 전압범위에서 사용되어 통전열화했는지, 얼마만큼의 시간이나 외부환경을 거쳐 노화했는지에 따라 같은 배터리라도 열화 진행정도나 배터리 내부 상태가 다르죠. 따라서 배터리 열화를 평가할 때는 상정되는 열화 종류에 맞춰서 수명특성 평가방법도 달라집니다"

실제 전기차 LiB는 이 양쪽 열화가 복잡하게 얽혀 있어서 수명이나 성능이 미묘하게 바뀐다. 배터리가 생물로 불리는 이유이다.

"통전 열화 평가는 실제로 전류를 흘려서 충·방전을 몇 번이고 반복하는 사이클 시험 중심으로 이뤄집니다. 노화 평가는 배터리가 노출되는 온도·습도 등과 같이 환경영향을 평가합니다. 특히 온도환경 영향이 큰데, 고온 환경에서 보존하면 배터리 내부의 화학반응을 가속시켜 열화를 진행시키는 요인으로 작용하죠. 그런 영향까지 고려해서 보존시험을 합니다"

꼭 물어보고 싶었던 질문 한 가지. 이상한 배터리 시험을 위탁 받은 적은 없는지?

"어디서 만들었는지 모르는 배터리를 갖고 와서 가전제품에 사용하고 싶으니까 시험해 달라는 경우도 있었습니다. 그럴 때는 대부분 위탁시험을 하지 않습니다. 요즘은 그런 경우가 거의 없지만요. 중국에도 배터리 관련 법령이 많이 있기 때문에, 그런 시험에 합격했다는 데이터가 있으면 위탁시험을 받을 수는 있겠죠. 중국은 국가적으로 배터리 비즈니스를 펼치고 있어서 신뢰성 속도도 빠른 것 같습니다"

일본 카리트는 원래 화약 취급과 평가기술에 관여해온 회사다. 1983년에 민간업체로는 처음으로 위험성 평가위탁 시험기관으로 선정되어, 화학물질이 각종 법령이나 규칙에 적합한지 여부를 평가하는 일반시험과 프로세스나 제품이 가진 위험성 및 안전성 평가, 실제규모의 검증실험을 하는 특별시험을 실시해 왔다. 배터리 평가도 그런 일환이다. 시험설비를 취재하면서 느낀 점은 현재의 전기차 LiB는 안전성이 상당히 높다는 것이었다.

이 사진처럼 사이클 시험을 하는 시험기. 같은 기능이지만 여러 회사의 장치들을 갖추고 있다. 시험기 메이커마다 노하우가 있어서 전류범위나 전압범위가 미세하게 다르기 때문이라고 한다. 장치에도 고유의 특성이 있다고 한다.

배터리를 일정한 온도·습도에서 보관하는 보존시험기. 부엌에 있는 대형 냉장고 같은 크기로, 정밀한 관리가 가능하다.

모든 시험기 문은 닫은 다음에 네 귀퉁이를 볼트로 단단히 조이도록 되어 있다. 만에 하나 안에서 폭발했을 경우, 시험기 위쪽에 있는 뚜껑이 열리면서 폭풍을 위로 방출시키는 구조다. 통로 쪽에 있는 관리자한테는 위험이 미치지 않도록 되어 있다.

배터리를 방전시킨 다음, 방전시킨 양만큼 회생시키고 다시 방전하는 시험을 반복하는 시험기. 오랫동안 자동으로 회생을 반복한다. 우측의 깨끗한 시험기에 시험용 배터리를 넣는다. 컴퓨터 모니터는 설치되어 있지만 시험은 무인으로 이루어진다.

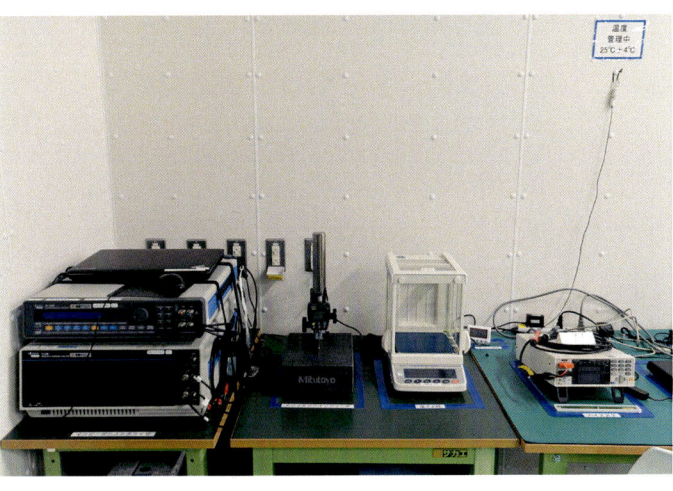

셀·모듈의 치수나 무게를 재는 장치들. LiB는 혹독한 조건에서 사용하면 팽창한다. 어느 정도 팽창했는지를 여기서 측정한다. 아주 일반적인 계측기지만 시험 전에 치수와 무게를 잰다는 점에서 인간의 건강진단하고 똑같다.

PROFILE

이치바 히로유키
Hiroyuki ICHIBA

일본 카리트 주식회사
생산본부 위탁시험부장 겸
배터리시험소 소장

오카다 미노루
Minoru OKADA

일본 카리트 주식회사
생산본부 위탁시험부
배터리시험소 부소장

가와베 유
Yu KAWABE

일본 카리트 주식회사
생산본부 위탁시험부
배터리시험소 부소장

특집 | 전기차 배터리 어디까지 왔나?

CHAPTER 2 ── 최신 주변기술

| Case 3 ▶ 텍사스 인스트루먼트 |

셀 모니터 전압을 일제히 동시계측

【 텍사스 인스트루먼트의 최신 세대 칩셋 】

몇 백 개를 넘어가는 배터리 셀의 전압 취합은 지금도 어려운 과제다.
이 취합을 위해서 텍사스 인스트루먼트가 이용한 방법은 흥미로울만큼 독특하다.

본문 : 다카하시 잇페이 사진&그림 : 텍사스 인스트루먼트

AM2634-Q1 Sistara Microcontroller(MCU)

TI가 BMS용으로 만드는 최신 세대 마이크로컨트롤러 AM263x 시리즈의 최상위 모델(ASIL-D 기준). 실시간 제어용도에 맞춘 Arm Cortex-R5F(최고 400MHz 작동)를 쿼드코어 구성으로 탑재해 풍부한 입출력(I/O) 포트나 인터페이스와 조합한다. 강력한 처리능력을 통해 셀 감시에서 집약되는 방대한 전압정보를 고속으로 분석할 수 있다. 아래 기판은 동일한 마이크로컨트롤러의 평가용 보드.

"셀 감시(모니터링)가 동기 명령을 받으면 동결되는 형태로 작동을 멈춥니다. 셀 모니터는 수많은 셀 전압정보를 항상 감시하면서 그때마다 갱신해 레지스터(※)에 저장하는데, 명령을 받으면 이 전압정보 갱신이 일제히 멈춘다는 겁니다. 그러면서 정보 전체는 정지직전 값으로 같아지는, 즉 동기된 상태로 전압정보를 얻게 되죠(※레지스터 : 데이터를 일시적으로 정장하는 마이크로컨트롤러 내 영역)(매튜 씨옹씨)

반도체 부품의 선구적 존재로 알려진 텍사스 인스트루먼트(Texas Instruments, 이하 TI)는 2020년 말에 차량용IC 부품 두 가지를 라인업에 추가했다. 하나는 배터리 셀 모니터 BQ79718-Q1, 다른 하나는 배터리 팩 모니터 BQ79731-Q1이다. 둘 다 BMS용도의 IC부품으로, 정확하게는 소형인데도 CPU 코어를 갖춘 마이크로컨트롤러다. BMS(Battery Management System)의 MCU(Motor Control Unit)로서 전체적인 제어로 두뇌 역할을 하는 AM263x 시리즈(싱글코어부터 쿼드코어까지 라인업. 2021년에 등장)의 마이크로컨트롤러와 함께 BMS용 칩셋으로 자리매김 된다.

TI에서는 이 칩셋을 통해 지금까지보다 높은 정확도의 제어를 가능하게 하는 새로운 BMS 아키텍처를 제시하고 있다. 그 중에서도 크게 어필하는 것이 +/-1mV의 매우 뛰어난 정확도의 셀 전압측정 능력과 전압정보를 완전 동기에 가까운 형태로 전류정보와 비교·참고하는 기술이다. 동기오차는 불과 64마이크로초로, 상상할 수 없을 만큼의 짧은 시간단위이다. 몇 백 개가 넘는 배터리 셀의 전압정보를 모으기에는 고속화된 현재의 컴퓨터 기술로도 쉬운 일이 아니다. 가령 그것이 데이터 교환 같이 단순한 일이라도 거

BQ79718-Q1 Battery cell monitor

최대 18개의 배터리 셀 전압을 파악할 수 있는 셀 감시용 마이크로컨트롤러. 배터리 모듈 안에 들어가는 컨트롤 기판에 장착하기 위한 것으로, 매우 뛰어난 전압측정 정확도 (+/-mV)를 자랑한다. 더불어 다른 배터리 모듈에 탑재되는 동일 컨트롤러와 동기시키는 방식으로 작동을 정지시킨 다음, 취합한 전압정보를 홀딩이라는 기능으로 대처. 아래 기판은 그 평가용 보드다.

BQ79731-Q1 Battery pack monitor

모든 배터리 모듈을 집약해 전체 전압이나 전류값, 심지어 절연저항 측정을 주요 목적으로 하는 마이크로컨트롤러. 배터리 정션박스(BJB) 내 기판에 실장하는 것을 전제로 MCU와 통신하기 위한 인터페이스를 갖추고 있다. 전류측정은 홀 센서용 드라이버 회로가 있어서 +/-0.05%의 높은 정확도(세계 최고)로 측정이 가능하다.

PROFILE

매튜 씨옹
Mattew Xiong

텍사스 인스투르먼트
배터리 매니지먼트 솔루션 사업부
프로덕트라인 매니저

기에 필요한 시간은 몇 백 개의 셀 수만큼 길어지기 때문이다. 모듈마다 제어기판을 배치해 각각의 셀 전압을 감시하는 일은 여기서 생기는 방대한 처리의 부담을 줄이기 위한 것이기는 하지만, 그래도 몇 백 개의 셀 전압정보를 긁어모으는 처리 부담 대처는 지금도 쉬운 일이 아니어서 메이커 각각의 노하우나 방법 및 역량 등을 엿볼 수 있는 부분이다.

이 동기에 있어서 정공법은 전압정보에 타임스탬프라고 하는 시간정보를 추가하는 것이지만, 앞에서 매튜씨가 말했듯이 TI가 이용한 것은 콜럼부스의 달걀처럼 매우 독특한 방법이었다. 모듈 내에 배치한 배터리 셀 모니터를 동결시켜 셀 전압정보 갱신이 정지된 동안에 전압정보를 회수하는 방법이다. 예를 들자면 시간이 정지된 세계를 돌아다니는 슈퍼히어로 같은 것이다. 물론 실제로는 정보만 갱신되지 않을 뿐 시간이 멈추는 것은 아니기 때문에 정보를 수집하는 동안에 일정한 시간은 흐르지만, 동결시킨 순간의 시간을 알기 때문에 나중에 천천히 보정해주면 된다.

전류와 전압을 동기 참조하는 일은 앞에 글에서도 언급했듯이 배터리의 SOH를 추정하는데 유용하기 때문에 BMS에서는 필수 요소 가운데 하나이다. 그럼에도 흥미로운 것은 마이크로컨트롤러를 동결시킨다는 발상이다. 추측컨대 소프트웨어만으로는 이런 기능은 어렵기 때문에 전용 하드웨어 설계가 필요하다고 생각한다. 어떤 식이든 하드웨어에 기대는 발상인 것만은 틀림없다. 제어의 기반인 반도체 하드웨어부터 만드는 TI다운 제품이 아닐 수 없다.

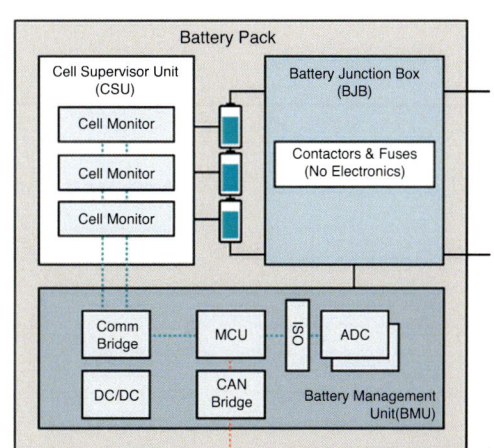
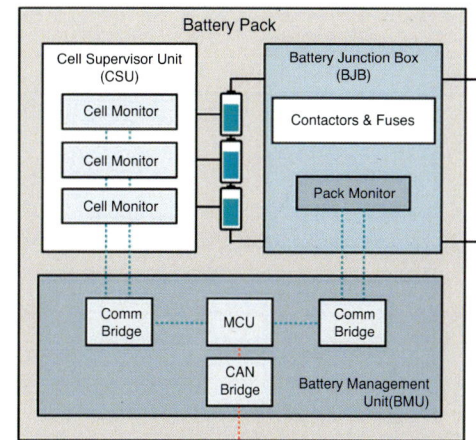

BMS 아키텍처 신구 비교

TI가 최신 세대 BMS용 칩셋을 통해 제시하는 것이 BJB의 인텔리전트 변화다. 지금까지 배선이나 컨덕터(접속기), 퓨즈 그리고 전류 센서 등과 같은 기계적 요소로만 구성되었던 BJB에 마이크로컨트롤러를 사용한다는 것이다(위 우측 그림. 좌측은 지금까지의 일반적인 아키텍처). 지금까지 BJB 내의 제어요소(센서나 컨덕터 등)는 MCU 기판이 제어나 신호처리 등을 맡았는데, 그를 위해 많은 배선이 사용되었다. 신세대 아키텍처는 그런 선들이 통신선 하나면 끝나기 때문에 제조단가 인하나 경량화를 불러온다.

특집 | 전기차 배터리 어디까지 왔나?

CHAPTER 2 ── 최신 주변기술

| Case 4 ▶ 토요타 / 토요타 자동직기 |

바이폴라 전극이 만들어내는 임팩트
〚 니켈수소 배터리를 작게 만들면서 큰 전류는 흘릴 수 있게 〛

신형 아쿠아에 처음 탑재된 바이폴라 타입 배터리는 크기를 줄이면서 내부저항은 낮추었고, 나아가 큰 전력을 공급할 수 있는 능력을 갖추었다.
스트롱 하이브리드(장거리 하이브리드) 성능을 더 뒷받침하는 구조적 장점을 살펴본다.

본문 : 세라 고타 사진&그림 : 토요타 / 렉서스 / 토요타자동직기

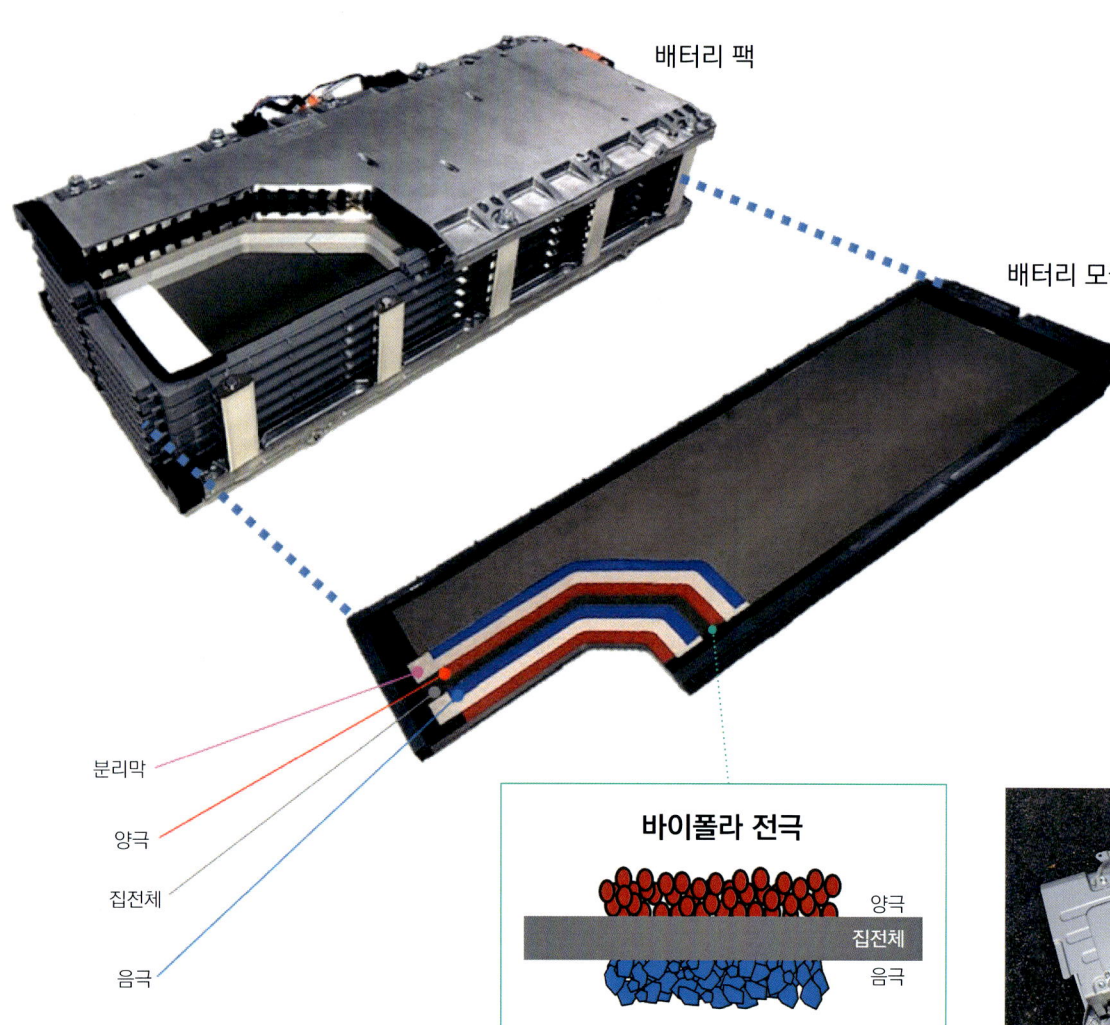

구동용 차량 배터리에 세계 최초로 채택한 기술

토요타 아쿠아에 사용하는 바이폴라 타입 니켈수소 배터리의 전지 스택. 바이폴라 전극 24셀을 묶어 1개의 모듈로 만들고, 7개 모듈을 묶어서 금속 케이스에 넣어 스택을 만든다. 기존 아쿠아에 사용한 니켈수소 배터리보다 출력이 2배 높다. 내용적으로는 「셀 당 출력 약 1.5배×소형화에 따른 동일 공간 내에 1.4배만큼 셀을 더 탑재」한 결과이다. 적층 모듈 사이의 틈새로 공기를 흐르게 해 냉각한다.

전기차(BEV)의 구동용 배터리는 리튬이온이 주류이지만 하이브리드 차(HEV)는 기종에 따라 리튬이온과 니켈수소를 구분해서 사용한다. 토요타 자동차는 2021년 7월에 판매한 아쿠아에 구동용 배터리로는 세계 최초로 바이폴라 타입 니켈수소 배터리를 적용했다. 기존 모노폴라 타입보다 배터리 출력이 높아졌으며, 액셀러레이터 조작 응답성이 좋아지는 등 여러 가지 장점이 있다.

2022년 1월에 미니밴 노아와 복시 신형이 나왔다. 그때까지는 프리우스 세대교체에 맞춰서 하이브리드 시스템을 업데이트했지만, 그 관례를 깨고 제5세대로 부르는 고효율 시스템을 적용한 것이다. 제5세대 하

이브리드 시스템은 23년 1월에 판매한 신형 프리우스에도 적용되었다.

프리우스(3월에 판매한 PHEV 제외)의 월간 판매기준 대수는 4,300대인데 반해 노아와 복시는 합쳐서 13,500대이다(가솔린 차도 있다). 탄소중립 실효성 측면에서 프리우스 판매를 기다리지 않고 노아·복시부터 신세대로 전환하는 것이 더 많은 효과를 기대할 수 있다고 판단했고, 그것이 관례를 깬 이유다.

기존 노아·복시는 니켈수소 배터리를 사용했지만 신형은 최신 세대 LiB로 바뀌었다. 20년 2월에 판매된 야리스부터 적용되기 시작한 이후, 야리스 크로스와 렉서스NX에 적용되어 오고 있는 배터리다. 출력은 종래 대비 15% 높아졌고 셀과 케이스 어셈블리 구조를 개선해 소형화한 점이 특징이다. 그 결과 신형 LiB는 앞서 사용했던 니켈수소 배터리보다 체적에서 30%, 질량에서 18kg을 줄였다.

개발담장자는 노아·복시를 개발하면서 "바이폴라 타입을 선택할 여지가 있었다"고 인정했다. "노아·복시에서 LiB를 선택한 것은 좋은 선택이었습니다. 여러 이유 가운데 하나는 무게였죠. LiB는 바이폴라보다 15kg이 가볍습니다. 세단이나 해치백에 비하면 미니밴이 무게 측면에서 불리하기 때문에 파워트레인을 가볍게 하고 싶었죠. 출력은 둘째 치고 연비 측면에서는 바이폴라와 차이가 없습니다. 그리고 가격이죠"

아쿠아는 하이브리드 전용차기 때문에 문제가 없지만, 노아와 복시는 가솔린 모델하고 같이 판매하기 때문에 소비자들이 구입을 검토할 때 차량가격을 비교한다. 제조사 입장에서는 HEV를 선택해 주면 좋기 때문에 가솔린 모델과의 가격차를 줄여야 했다.

전기화라는 전략적 판단도 작용해 바이폴라 타입보다 가격 측면에서 유리한 LiB를 선택하게 된 것이다. 한편으로 성능강화 요구가 더 강한 렉서스RX 같은 고성능 기종이나 크라운은 바이폴라 타입을 사용했다. 크라운에 바이폴라 타입을 적용한 이유를 묻자, 기술자는 "출력이 필요했기 때문"이라고 바로 대답한다. 작고 가볍게 만들 수 있는 패키징 측면에서 유리한 점도 채택한 이유였다고 한다.

바이폴라 타입 니켈수소 배터리는 토요타 자동직기와 토요타 자동차가 공동으로 개발했다. 토요타 자동직기는 시대 흐름인 전기화에 대비해 2007년에 배터리 개발을 시작했다. 가장 먼저 당사의 지게차부터 리튬이온 배터리를 적용했다. 배터리 메이커로는 후발주자이기 때문에 타사와 비슷한 기술로는 승부가 되지 않는다. 비장의 무기가 필요하다고 보고 기존 아쿠아가 탑재한 니켈

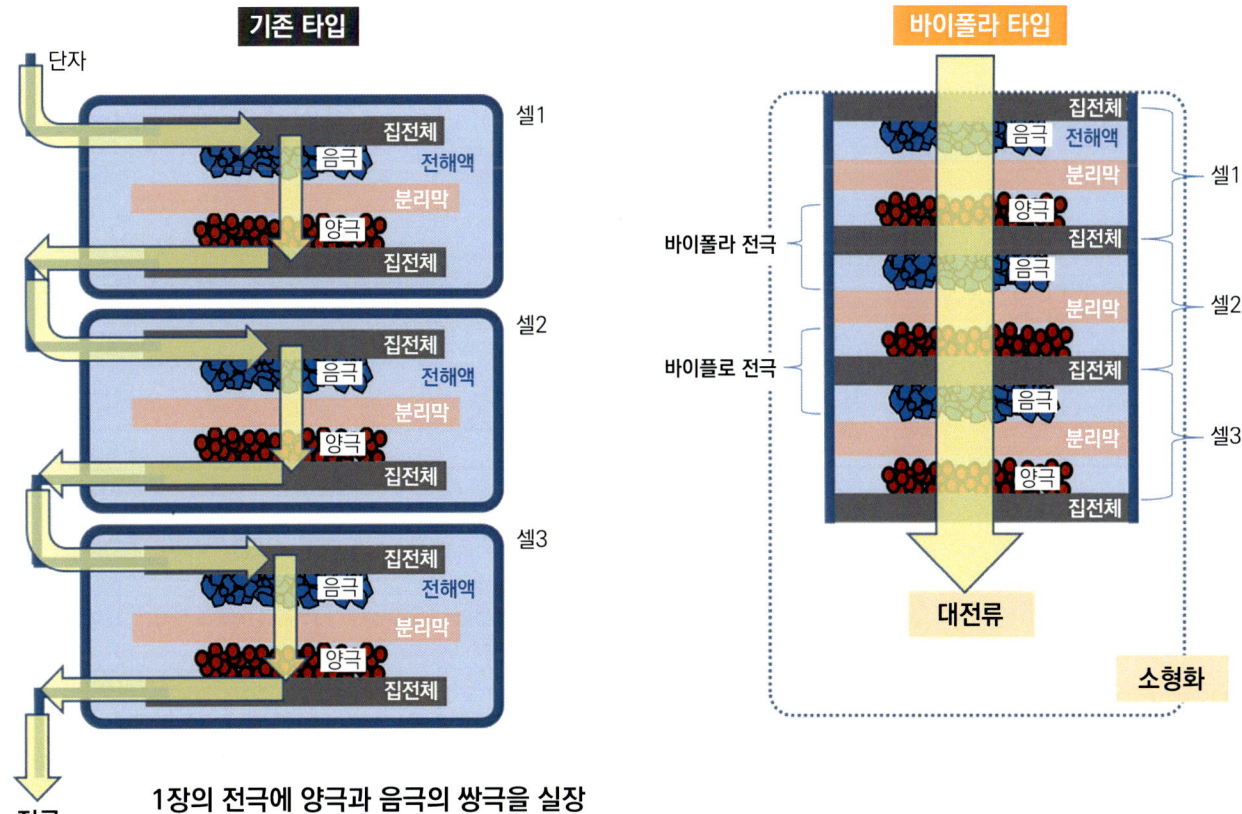

1장의 전극에 양극과 음극의 쌍극을 실장

기존 니켈수소 배터리에서 일반적이었던 모노폴라 타입은 통전 부품을 밖으로 빼내야 했기 때문에 통전 부품으로 전류가 집중되어 전기저항이 커진다. 반면에 바이폴라 타입은 집전박 전체에서 통전하기 때문에 저항이 낮아서 대전류를 한꺼번에 흘릴 수 있다. 부품수가 적어서 소형화가 가능한 것도 특징. 다만 O링 실로 통전 부자재를 밀봉하면 됐던 기존 타입과 달리, 집전박 바깥 전체를 밀봉할 필요가 있어서 뛰어난 밀봉기술이 요구된다.

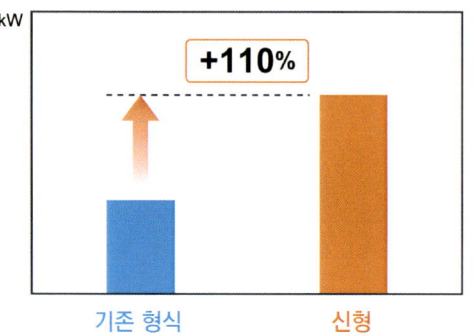
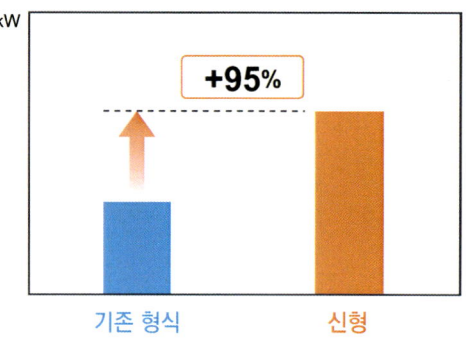

신구 아쿠아의 배터리 성능비교

전기 입출력 성능이 높다는 점이 바이폴라 타입 니켈수소 배터리의 특징이다. 운전자의 가속요구에 대해 배터리 출력으로 커버할 수 있는 범위가 넓기 때문에 출력 보완을 위한 엔진 사용 기회가 적고, 모터 주행 커버 범위를 넓힐 수 있다. 감속할 때는 회생 제동 효율이 높기 때문에 연비가 향상된다.

더 강력한 주행성능을 실현한 신형 아쿠아

바이폴라 타입 니켈수소 배터리는 배터리 출력이 높기(에너지 출입 특성이 뛰어나기) 때문에 운전자 요구에 대해 배터리만으로 커버할 수 있는 영역이 넓다. 기존 아쿠아는 엔진 어시스트가 필요하기 때문에 지체가 생겨 가속시간에도 영향을 끼쳤지만, 신형 아쿠아는 강력하고 직접적으로 가속. 출발·추월 가속시간이 좋아졌다. 엔진소음이 두드러진 낮은 속도 영역에서 EV주행 영역이 확대되는 효과가 있어서 양질의 주행성능에 기여한다.

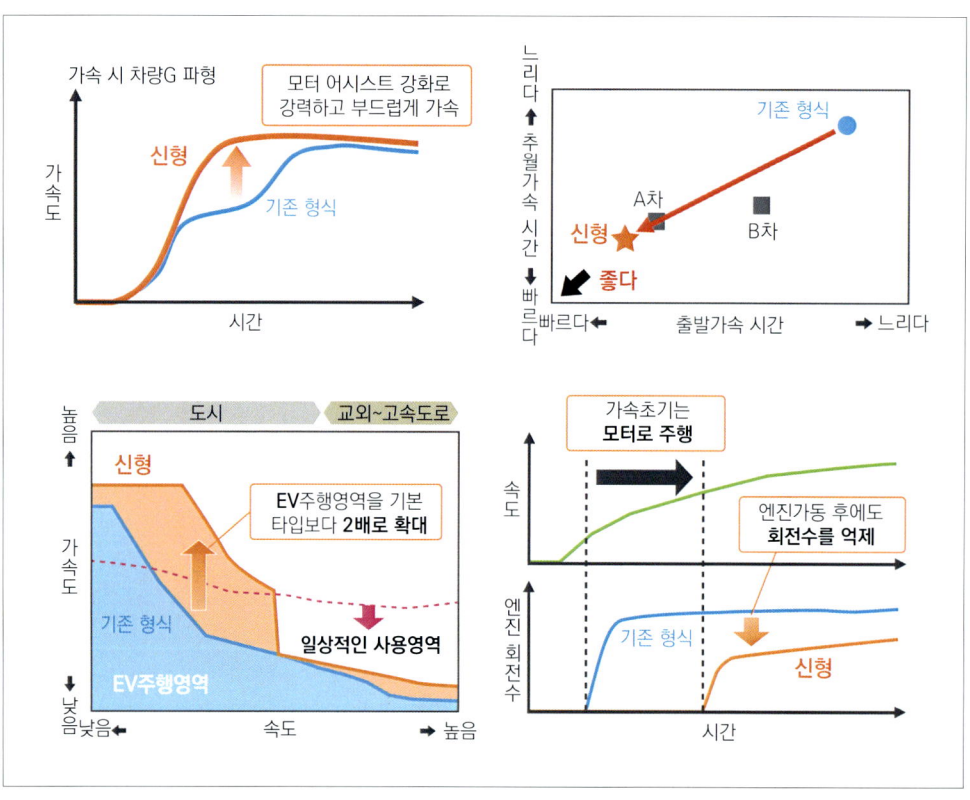

수소 배터리보다 2배나 높은 출력을 목표로 설정했다.

이 목표를 달성하는데는 돌파구가 필요했는데 그것이 바이폴라(Bipolar, 쌍극) 구조다. 기존 니켈수소 배터리는 모노폴라(Monopolar, 단극) 타입으로, 양극을 코팅한 집전체와 음극을 코팅한 집전박을 서로 맞댄 다음, 사이에 분리막(절연체)을 끼워넣는 구조다. 이것들을 케이스에 넣어 하나의 셀로 만든다. 직렬로 연결하려면 통전판(通電板)이라고 하는 탭을 밖으로 빼내야 하기 때문에 통전 부자재로 전류가 집중되어 전기저항이 커진다.

바이폴라 타입은 같은 집전극 앞뒤 면에 양극과 음극을 코팅한 다음, 분리막을 끼워넣어 겹치게 해서 셀을 만든다. 그 때문에 통전부품이나 셀 별 케이스가 필요 없어서 부품수가 대폭 줄어들기 때문에 부피를 작게 할 수 있다. 모노폴라 타입 같이 탭을 사용해 전류를 밖으로 빼낼 필요가 없고, 집전박 전체에서 통전하기 때문에 전기저항을 줄일 수 있다. 바꿔 말하면 고출력이 가능한 것이다.

실용화하기까지의 과제는 밀봉이었다. 모노폴라 구조는 통전부품이 밖으로 나오는 부분을 O링 실로 밀봉하는 구조다. 이를 통해 전해액이 새는 것을 방지한다. 반면에 바이폴라 구조는 금속제 집전박 바깥을 전체적으로 밀봉할 필요가 있었다. 이 밀봉 기술이 실용화하는데 있어서 핵심요소였기 때문에 토요타 자동직기에서는 2단 밀봉기술을 개발했다.

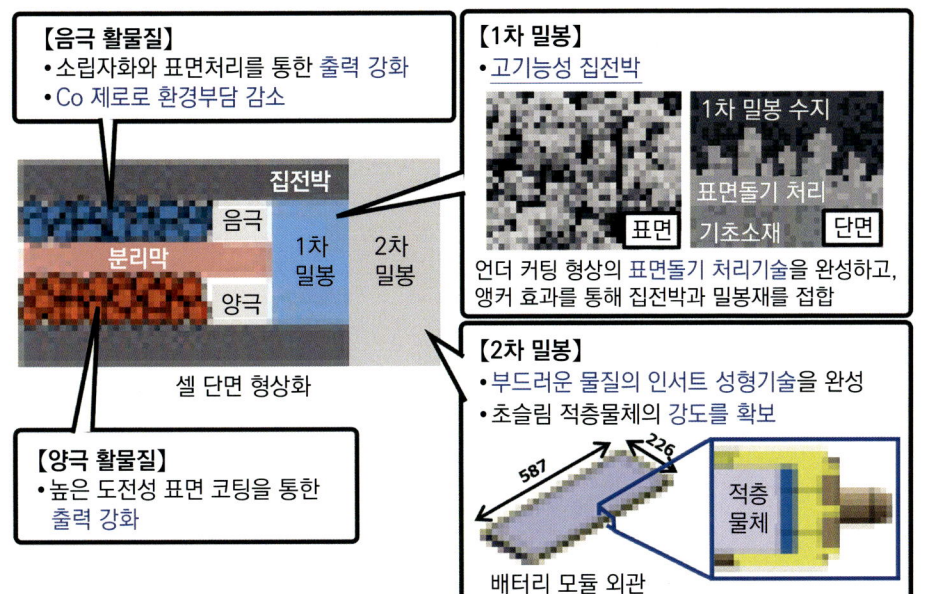

토요타 자동직기가 개발한 새로운 기술

알칼리성 전해액의 외부 유출이나 셀끼리의 전기적 연결을 방지하기 위해서 밀봉기술을 완성할 필요가 있었다. 바이폴라 타입은 집전박 바깥 부분을 전체 밀봉할 필요가 있다. 니켈수소 배터리는 알칼리성 전해액을 사용하기 때문에 화학결합은 밀봉성능이 유지되지 않았다. 때문에 금속과 수지를 기계적으로 접합하는 표면돌기 기술을 완성해 실용화했다.

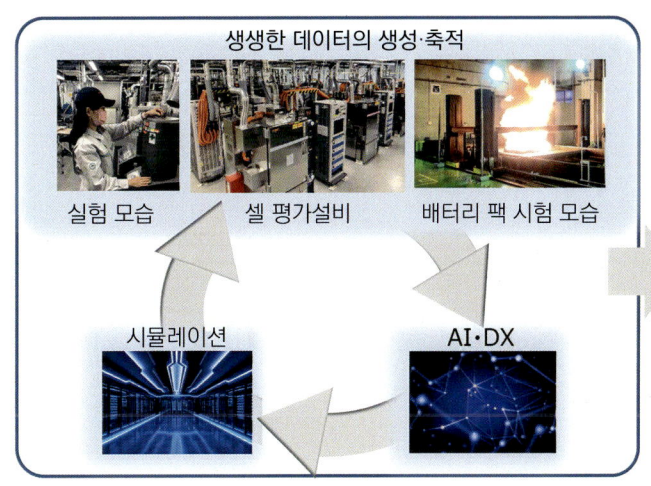

토요타 그룹이 총력전으로 배터리를 개발

토요타 자동직기는 2007년 배터리 개발시작 때부터 합성기술과 분석기술, 시뮬레이션 기술 3가지를 축으로 개발하고 있다. 메커니즘을 원리원칙 차원에서 분석하고 재료설계부터 제조 프로세스 설계까지 신속하고 재작업 없이 진행함으로써 단기간에 개발을 끝내고 있다. 특허 수가 기술력을 증명해 주는 것은 아니라고 하면서도, 그룹(토요타+토요타자동직기)의 기술을 결집해 총력전으로 임하고 있다.

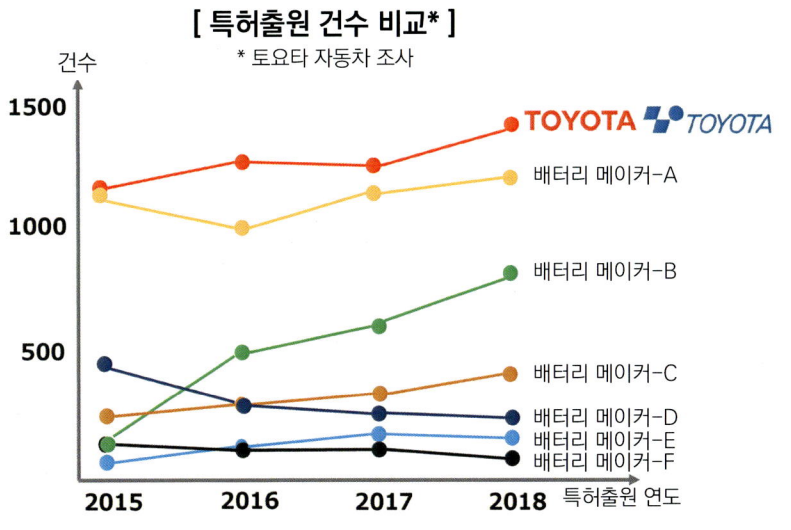

TOYOTA CROWN (CROSSOVER RS "Advanced")

LEXUS RX (500h F SPORT)

TOYOTA AQUA (GR SPORT)

생산체제를 늘려 탑재 모델을 확대하는 중

바이폴라 타입 니켈수소 배터리는 2021년에 판매된 아쿠아에 처음 적용했다. 그 후 크라운 크로스오버(2.5리터 직렬4기통 NA+앞뒤 모터 & 2.4리터 직렬4기통 터보+앞뒤 모터), 렉서스RX 500h(2.4리터 직렬4기통 터보+앞뒤 모터)에도 적용. 아쿠아는 7모듈, 크라운은 8모듈, RX는 10모듈을 탑재. 모듈 수를 늘리는 식으로 요구하는 출력에 유연하게 대응할 수 있다는 점이 바이폴라 타입의 강점이다. 때문에 폭넓은 차종에 적용이 가능하다.

먼저 집전박을 수지로 1차 실로 밀봉한 다음, 1차 밀봉이 끝난 집전박을 겹쳐놓은 적층물체 바깥 부분을 다시 2차 실로 밀봉하는 방식이다. 문제는 니켈수소 배터리에서 사용하는 전해액 농도가 진한 알칼리 수용액이라는 점. 그 때문에 접착제 등을 사용한 화학결합으로는 전해액 유출을 막지 못한다는 사실을 알았다. 그래서 집전박 표면에 특수한 표면처리를 했다. 구체적으로는 표면을 거칠게 처리한 다음, 표면을 복잡한 요철 형상으로 만들어 수지를 기계적으로 걸 수 있는 구조로 만든 것이다. 앵커 효과를 이용한 기계적 결합이다. 이로서 금속박과 수지를 완전히 밀봉하는데 성공. 형상을 어떻게 복잡하게 해야 앵커 효과가 더 발휘될까. 만들어진 형상에 어떤 수지를 충전하면 금속박과 수지 경계면을 완전히 밀봉할 수 있을까. 조면(粗面) 형상의 최적화와 수지의 물성 튜닝이 바이폴라 구조를 성립시키는 핵심기술이다.

아쿠아에 처음 적용한 바이폴라 형식 니켈수소 배터리는 셀 24개를 겹치게 해서 하나의 모듈로 만든다. 아쿠아는 7모듈의 총 168셀이다. 모듈 수만 바꾸면 차량의 목적에 대응하기 쉽기 때문에 더 높은 출력을 원하는 크라운 같은 경우는 모듈을 1장 더 추가한 8모듈(192셀)이다. 무심코 '장'이라고 표현했는데, 24셀이 겹쳐 있는데도 매우 얇아서 조금 과장해서 말하면 가정용 에어컨 실내기에서 빼낸 필터 같은 느낌이랄까. 기존 니켈수소 배터리를 구성하는 캔 같은 모듈과는 질감이 다르다. 보기에도 가볍고 손으로 잡았을 때의 무게도 다르다. 확실히 가볍다.

강조할만한 점은 바이폴라 형식의 니켈수소 배터리를 실용화하기 위해서 확립한 기술은 배터리 종류를 한정하지 않는다는 것이다. 바이폴라 방식 구조든, 밀봉기술이든 간에 다른 종류의 배터리, 즉 LiB에 적용할 수 있는 가능성이 높다. 다만 전해액 종류가 다르기 때문에 튜닝이 필요하다. 니켈수소 배터리가 강알칼리 수용액인데 반해 LiB는 유기용매를 사용한다. 유기용매 특유의 특성에 맞춘 기술이 필요하기는 하지만 본질적인 부분의 응용은 문제없다는 것이 개발진 견해다. 니켈수소 배터리에서 가능한 것이 LiB에서 가능하지 않을 이유가 없다는 견해는 타당해 보인다. 당연히 실행에 옮기고 있을 것이다.

이야기를 처음으로 되돌리자면, 모든 HEV에 바이폴로 형식 니켈수소 배터리가 적합하지 않듯이 신형 구조의 LiB가 모든 전기차나 PHEV에 적합한 것도 아니다. 개별 기종의 개념이나 관점에 맞게 적재적소에 선택하면 된다. 탄소중립 선택지가 하나가 아니듯이 배터리 선택지도 하나만 있는 건 아니다.

특집 | 전기차 배터리 어디까지 왔나?

CHAPTER 2 — 최신 주변기술

| Case 5 ▶ BYD |

배터리를 차체와 일체화한
BYD 블레이드 배터리

LFP(리튬인산철)을 양극재로 사용하는 2차 배터리 쪽에서는 BYD가 전문기업이다. 한때 LFP 배터리로는 용량을 확보하기 힘들다고 평가하던 시기도 있었지만 현재는 사정이 달라졌다. BYD는 세계 최초의 '플랫폼과 세트가 된 배터리'로 앞세워 시장공략에 나서고 있다.

본문 : 마키노 시게오　그림 : BYD 오토 / 마키노 시게오

전기차 차량 패키징에서 배터리를 배치할 장소확보는 가장 중요한 요소이다. 설계자들도 가장 신경을 쓰는 부분이라고 말한다. 현재의 전기차는 일반적으로 휠베이스 이내의 바닥 아래로 배터리 팩을 배치한다. 바닥면을 평평하게 할지 아니면 실내 장비에 맞춰서 요철 부분을 만들지는 차량 플랫폼 설계뿐만 아니라 배터리 형상이나 제조공정 방법에 따라서도 달라진다.

BYD e플랫폼 3.0과 블레이드 배터리

앞뒤로 전기모터와 감속기어, 제어시스템을 따로 배치하고, 휠베이스 내 바닥면에 배터리를 배치한 레이아웃은 현재 전기차의 표준과도 같다. 앞뒤 e 액슬의 높이를 낮추던가, 앞뒤 길이를 줄이는 것은 탑재하는 차량에 따라 다르다. 그림은 BYD의 전기차 전용인 e플랫폼 3.0으로, 현재 BYD 전기차는 이 플랫폼으로 만든다. 배터리 수용 개수가 많고 배터리 팩 높이를 낮춘 점이 특징이다. 요즘 말하는 스케이트보드 타입이다.

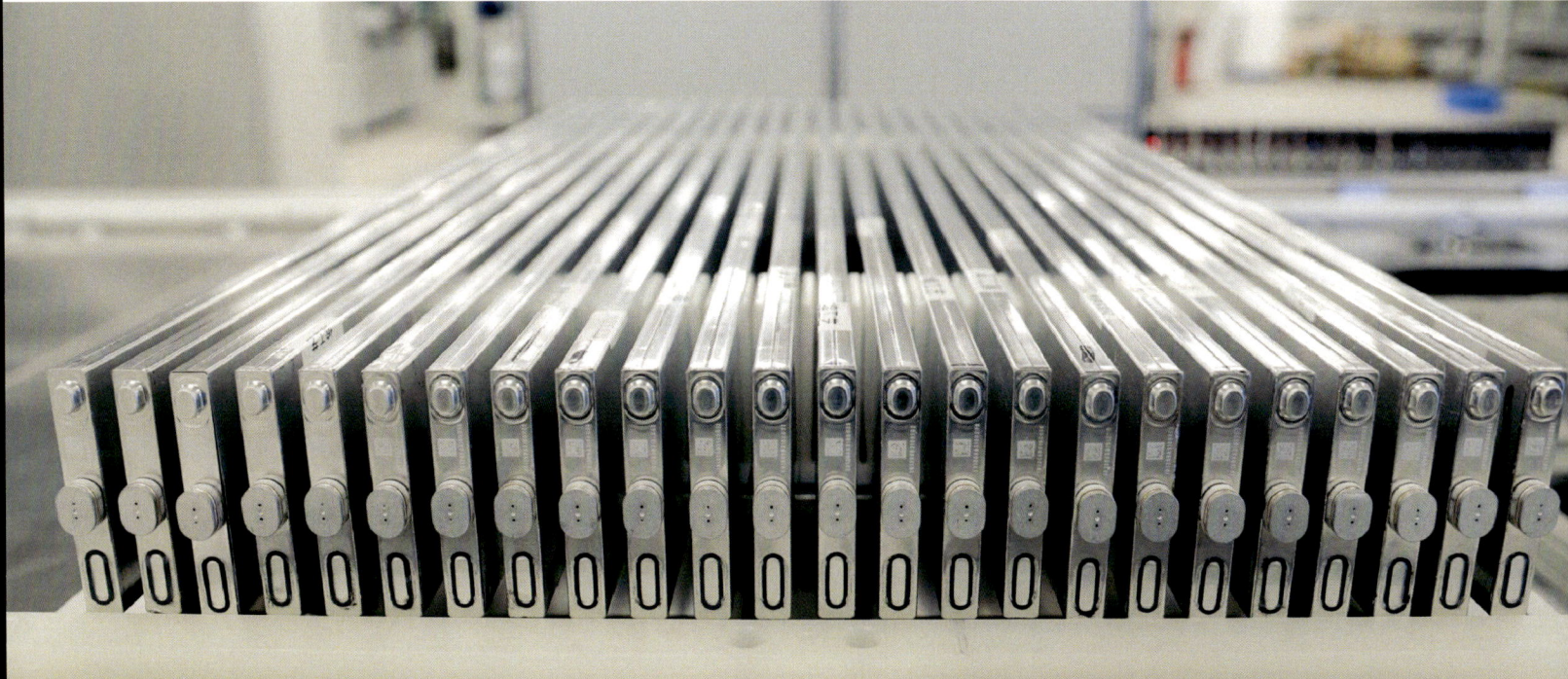

단순히 배터리를 배치하는 것이 아니다.

BYD오토(比亞迪汽車, 이하 BYD)는 배터리 메이커인 비야디자동차 유한공사 산하 기업으로, 시안타이촨(西安泰川) 자동차가 경영권을 취득하는 형태로 2003년에 발족했다. 필자가 2006년에 BYD를 처음 취재했을 때는 중국 내 고만고만한 전기차 메이커 가운데 하나라는 인상이었지만, 2008년에 세계 최초의 양산 PHEV인 F3DM을 완성하고, 2010년에는 BYD 첫 전기차 e6를 내놓았다. 2010년에는 다임러(당시)와 합병회사를 설립해 전기차 브랜드 덴자(DENZA)를 선보이기도 했다.

2011년 광저우 쇼에서 취재했을 때, BYD 기술부문 담당자는 "PHEV와 전기차는 배터리에 요구되는 성능요건이 다르다"고 말한 적이 있다. 현재 BYD의 전기차와 PHEV에 각각 어떤 배터리가 탑재되고 있는지 상세한 것은 모르지만, 주행거리가 짧다(즉 체적효율이 나쁘다)는 LFP 배터리의 약점을 보완하면서 장점인 안전성을 추구한 끝에 이 블레이드 배터리에 이르렀다. BYD 홍보부분 담당자는 이렇게 말한다.

"블레이드 배터리는 파워 배터리인 동시에 구조부품이기도 하죠. 모듈 과정을 뛰어넘은 혁신적인 설계를 통해, 기존의 여러 모듈로 구성되던 배터리 팩보다 공간이용률을 50% 이상 향상시켰습니다. 체적 당 에너지 밀도를 크게 향상시켰을 뿐만 아니라 모듈 과정을 없앰으로써 구조적 복잡함을 해소한 만큼 높은 안정성과 사고율 감소, 높은 안전성과 품질을 제공할 수 있게 되었습니다"

BYD가 말하는 구성부품이란 차량 플랫폼을 구성하는 부품이라는 뜻이다. 블레이드 배터리는 2021년 8월에 발표한 e플랫폼 3.0과 세트다. 블레이드 배터리가 있었기 때문에 e플랫폼 3.0이 성립되었고, e플랫폼 3.0이 필요로 하는 성능에 있어서 블레이드 배터리는 필수였다고 할 수 있다.

2022년 10월에 BYD와 토요타의 합병회사인 BYD토요타 EV컴퍼니는 이치(一汽)토요타와 공동으로 개발한 bZ3를 발표했다. 10년 후에도 90%의 배터리 용량을 유지할 수 있는 배터리를 개발목표로 삼았다는 소개가 있었다. bZ3는 토요타가 개발한 eTNGA 플랫폼을 사용하지만 배터리는 블레이드 배터리가 들어간다. 높이 3.9인치(99mm)의 블레이드 배터리였기 때문에 바

전기 파워 스티어링은 랙 드라이브 방식으로, FR차에 많은 축 전방배치 형식이다. 모터보다 앞쪽으로 배치되어 있다.

전방 서스펜션은 트위스트 너클을 사용한 더블 위시본 방식이다.

바닥 면 가득히 블레이드 배터리가 깔린다. 장착방향은 차량중심선과 평행하다.

사이드 빔은 차체 강성 유지와 배터리 박스 보호를 위해 알루미늄 압출재를 사용한다.

토요타 bZ3는 BYD와 토요타의 합작품이다. 측면 사진과 세단으로서의 착석자세를 상상해 보면, 일단 높이를 낮춘 블레이드 배터리가 적용되었을 것으로 보인다.

닥 지상높이를 낮출 수 있었다고 보는 것이 타당하다. 이것은 BYD가 언급한 것이 아니라 필자의 견해다.

외관에서 알 수 있는 특징은 전극이 같은 쪽이 아니라 긴 변의 양쪽에 있다는 점이다. 직렬로 만들려면 교대로 방향을 바꿔서 배치하면 된다. 그 직렬들을 병렬로 해서 전력을 끄집어낸 것으로 생각된다. 또 셀 길이는 임의로 바꿀 수 있다고 한다. 셀을 덮고 있는 외피는 알루미늄 재질이다. 효율적으로 생산하려면 블레이드 배터리 크기를 집약하는 것이 좋다.

"블레이드 배터리는 코발트와 니켈 같은 귀금속이나 희토류(Rare Metal)를 사용하지 않고, 리튬과 인, 철 등과 같이 희소성이 적은 광물자원을 원재료로 삼는 LFP 배터리죠. NCM이나 NCA 배터리와 비교하면 같은 용량의 LFP 배터리에서 리튬 소비량을 30%나 줄일 수 있습니다. 또 얇으면서도 가늘고 긴 형상과 적층형 구조로 만들었기 때문에 배터리 팽창이 적고 방열성능이 높다는 점도 특징이죠"

가장 큰 특징은 자원부담이 덜 하다는 점과 형상이 만들어내는 특성이다. 그리고 또

블레이드 배터리 공장 내부 모습. 상세한 설명은 받지 못했지만 제조를 담당하는 BYD그룹 내의 핀 드림 팩토리는 이 정도 규모의 공장을 4곳에 갖고 있다. 연간 약 90GWh의 제조능력이지만 증설도 검토 중이다.

얇고 균일하게 편 활물질을 필름과 합체시켜 전극을 만드는 공정. 이 공정의 롤러 폭으로 블레이드 배터리의 길이 방향수치가 결정될 것으로 추측된다. 이후에는 배터리 높이에 맞춰서 절단된다.

하나, 안전성이다. BYD는 "가장 강력한 시험으로 널리 알려진 송곳시험을 합격하는 등, 뛰어난 안전성능이 증명되었습니다. 동시에 강도시험에서 50톤이나 되는 대형 트럭이 블레이드 배터리 팩 위를 지나가도 누전이나 변형, 발연 등이 없었고, 시험 후에는 차량용 배터리로 사용할 수 있었죠"라고 밝히기도 했다.

원래 LFP 배터리는 NCM계보다 리튬금속 석출이 적어서 덴드라이트가 크기 힘들다. 그 때문에 덴드라이트가 분리막을 관통해 단락을 일으키는 위험성도 적다. 하지만

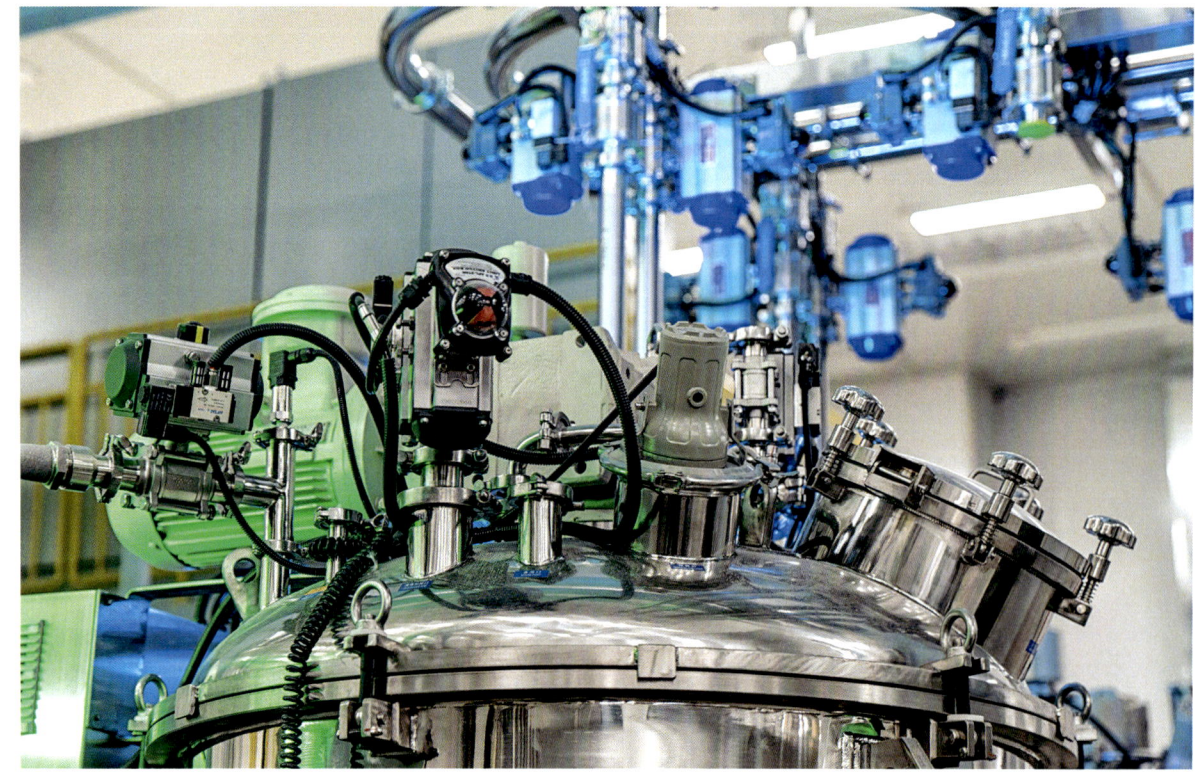

LFP 배터리 양극은 일반적으로 리튬철인산($LiFePO_4$)이지만 몇 가지 첨가물과 섞어서 극 소재를 만든다. 이 압력기는 배터리 공장에서 많이 볼 수 있는 장치로, 블레이드 극 소재용으로 보인다. 균일하게 혼합한다.

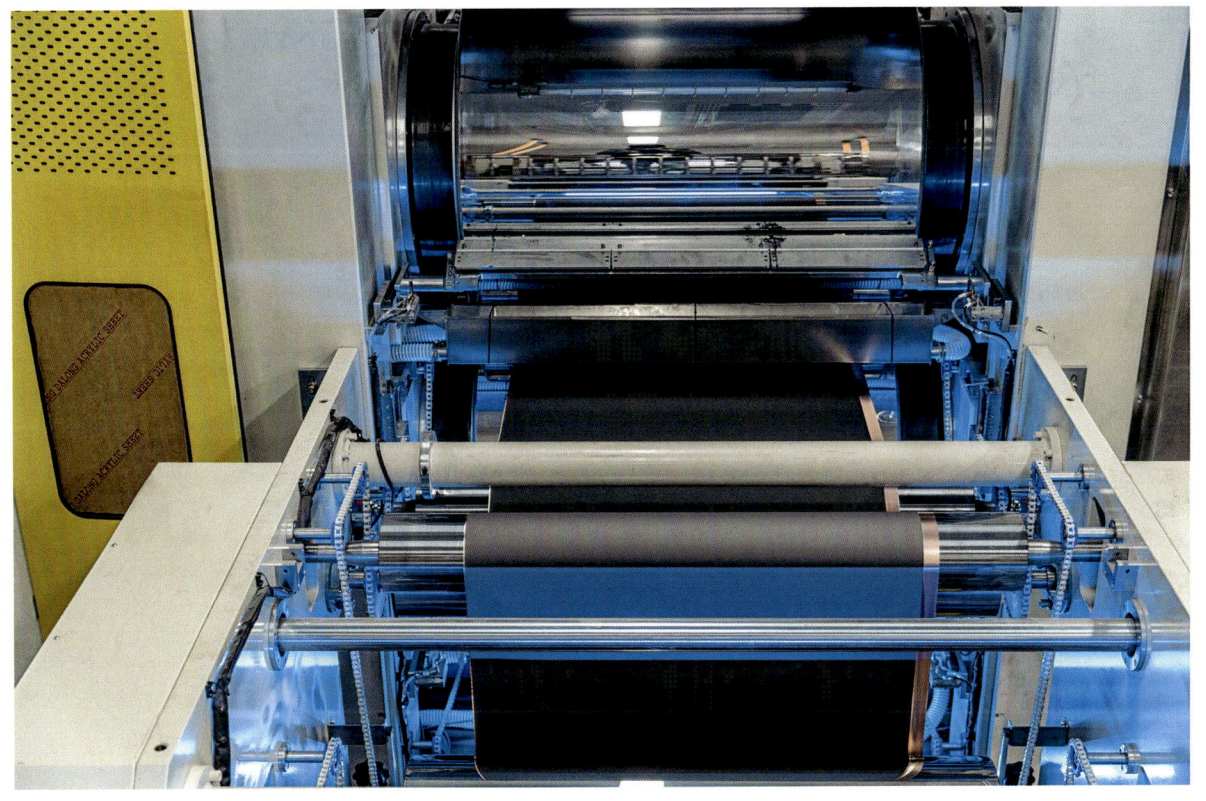

옆 사진의 롤러와 비슷한데, 활물질을 도포하는 베이스 색을 보면 음극 쪽으로 추측된다. 일반적으로 LiB 음극에는 동박을 이용하지만 상세한 것은 명확하지 않다.

모듈화를 생략하고 셀 그대로 배터리 팩 안에 배치하는 방식은 차량용 배터리에서는 전례가 없다. 그만큼 안전성을 자신한다는 증거일 것이다. BYD그룹은 배터리 생산에서도 블레이드 배터리로 옮겨갔다.

"2022년은 NEV(신에너지 차)용 파워 배터리와 에너지 저장장치의 생산설비 용량이 약 89.836GWh였습니다. 또 BYD는 2022년에 배터리 용량을 확장하기로 계획했죠. 이 계획이 달성되면 파워 배터리와 에너지 저장 배터리 양쪽의 생산능력을 크게 향상시킬 전망입니다. 제조는 자회사인 핀 드림 팩토리(Fin Dream Factory)가 맡는데, 중국 동부와 남부, 북부, 중부에 공장을 갖고 있습니다. 향후 생산계획을 구체적으로 얘기하지는 못하지만, 시장상황에 맞춰서 적절하게 조정해 나갈 생각입니다"

마찬가지로 블레이드 배터리에 사용되는 활물질에 대해서도 상세한 내용은 공개하기 힘들다고 한다.

이 블레이드 배터리는 전장이 짧고 횡폭이 넓다. 아토 3용(박스 사진)과 비교하면 가로세로 비율이 상당히 다르다.

알루미늄 케이스에 들어간 블레이드 배터리가 필요한 수만큼 자동적으로 트레이 위로 쌓아올려지면 마지막 팩 공정으로 이동한다. 배터리 공장은 무인으로 24시간 가동하는 것이 이상적이라 BYD 공장에도 사람이 거의 없다. 블레이드 배터리 측면의 알루미늄 판에 빛 모양이 보이는데, 아마도 약간의 배터리 팽창은 허용하는 설계일 것으로 추측된다.

🔽 최종 배터리 팩으로 만들어진 상태. 전극이 좌우에 있고, 체적효율이 높다는 것을 엿볼 수 있다. 삽입은 왼쪽 사진의 6축 로봇이 이동하면서 한다. 이 공정도 무인화된 것 같다.

"NEV 산업은 시장과 거기에 관련된 정책 양쪽에 의해 크게 성장할 것으로 예상됩니다. LFP 배터리 보급률은 과거부터 지금까지 계속해서 상승하고 있어서 앞으로도 LFP 배터리 수요는 계속될 가능성이 높다고 생각합니다. 앞으로도 기술개량을 거듭해 LFP 배터리 성능과 안전성을 향상해 나갈 계획입니다"

BYD의 전진은 앞으로가 더 주목된다.

특집 | 전기차 배터리 어디까지 왔나?

CHAPTER **2** ── 최신 주변기술

| Case 6 ▶ 미쓰비시자동차 |

Event View

PHEV면서도 모터 주행거리를 추구한 시스템

〖 리튬이온 배터리를 통해 쌓은 노하우를 소프트웨어에 적용 〗

2023년 2월에 미쓰비시자동차 오카자키 제작소에서 개최된 'PHEV 오너스 미팅'.
토크쇼에 나선 엔지니어가 들고 있던 것은 처음으로 보는 아웃랜더 PHEV의 배터리 모듈이었다.
그때 이야기했던 핵심은 리튬이온 배터리의 제어 중요성이었다.

본문 : 다카하시 잇페이 그림 : 미쓰비시자동차 / MFi / 모터팬.jp

아웃랜더 PHEV의 파워트레인

최신 세대 아웃랜더 PHEV는 르노·닛산·미쓰비시 연합에서 만든 차체 플랫폼을 사용한다. 이로서 차체구조 일부로 사용되는 배터리 팩 형상의 대폭적인 변경, 배터리 용량 확대에 대응하기 위한 내부구조 및 구성 등이 완전 새로워졌다.

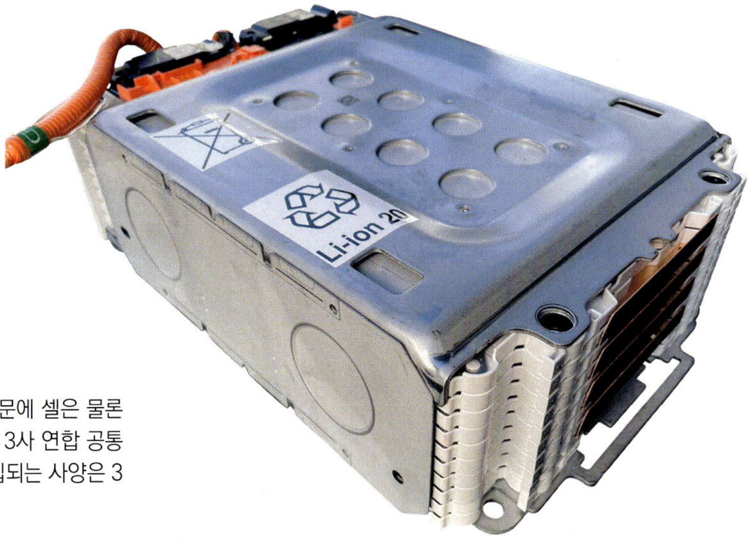

배터리 모듈

파우치형 LiB 셀을 하나로 모은 배터리 모듈. 3사 연합이 개발했기 때문에 셀은 물론이고 셀의 전극(탭) 접합방법부터 동판으로 구성되는 케이스 설계까지 3사 연합 공통의 아키텍처(기술기반)를 이용한다. 셀과 셀 사이에 구리 방열판이 삽입되는 사양은 3사 연합 공통으로, 파우치형 셀을 이용하는 모듈로서는 최신형이다.

"아웃랜더 PHEV 배터리는 3사 연합에서 개발한 제품입니다. BMS(Battery Management System)도 마찬가지인데, BMS는 배터리와 한 쌍으로 취급되니까요. 다만 사용방법은 미쓰비시 독자적인 겁니다"

한다씨가 앞에 놓여 있는 아웃랜더 PHEV의 배터리 모듈을 보면서 한 설명이다. 파우치형 LiB 셀을 적층하고, 스틸 케이스에 넣은 모듈은 3사 연합에서 공통으로 사용하는 형식이다. 최근 몇 년 사이에 급속히 연대를 강화한 르노·닛산·미쓰비시 연합의 성과물이다.

이렇게 말하면 아웃랜더 PHEV가 전혀 다르게 만들어진 것처럼 들릴지도 모르겠지만, 계획했던 것은 세계에서 가장 잘 팔리는 PHEV인 아웃랜더의 장점과 매력을 더 끌어올리는 '정상 진화'다. 그 중에서도 이번 취재의 테마인 배터리 사용방법, 제어 개념에 관해서는 앞에서도 언급했듯이 크게 다르지 않다고 한다.

"BMS의 역할은 배터리를 감시하다가 그 상태를 상위 컨트롤러에 전달하는데 있습니다. 그리고 상위 컨트롤러는 BMS로부터 받은 정보를 바탕으로 얼마나 배터리를 효율적으로 사용하느냐는 관점에서 제어하게 되죠. 이번에 당사에서 배터리 주변 개발에 특히 힘을 쏟은 것이 이 부분입니다"(한다씨)

배터리 셀과 BMS를 포함한 배터리 팩(유닛)은 3사 연합을 통해 조달한다. 한다씨가 말한 '이 부분'이란 주로 거기에 들어가

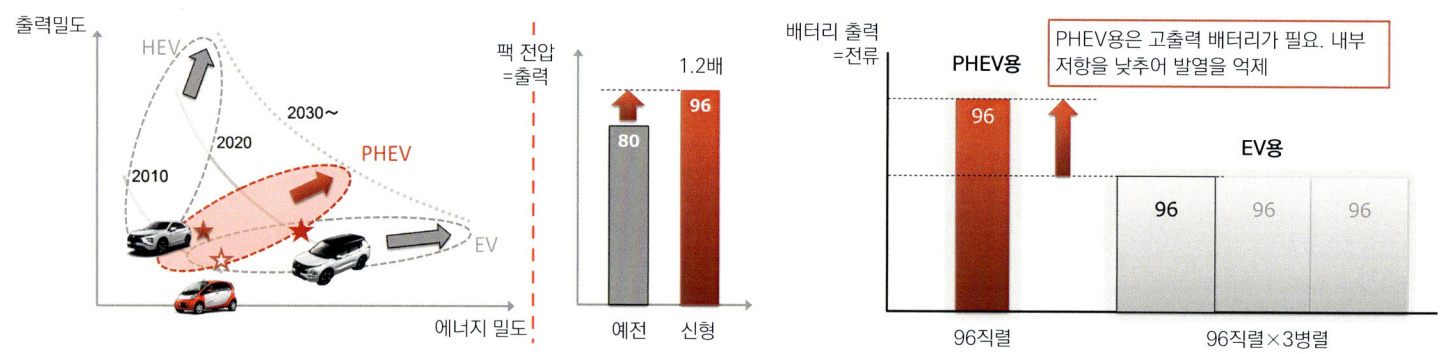

배터리의 진화와 PHEV 배터리의 특성

배터리에 요구되는 성능은 HEV가 출력밀도(파워 밀도)를 중요시하는데 반해, EV는 에너지 밀도를 중시한다는 차이가 있다. 일반적으로 이 두 가지를 양립시키기는 일이 어렵긴 하지만 그럼에도 PHEV는 이 두 가지가 요구된다. 아웃랜더 PHEV는 직렬 배터리 셀을 기존 80개에서 96개로 늘리는 방식으로 출력을 높이긴 했지만 그래도 여러 개를 병렬로 배치한 EV를 능가하기는 힘들다. 여기서 중요한 포인트가 미쓰비시가 자랑하는 배터리 관리 기술이다.

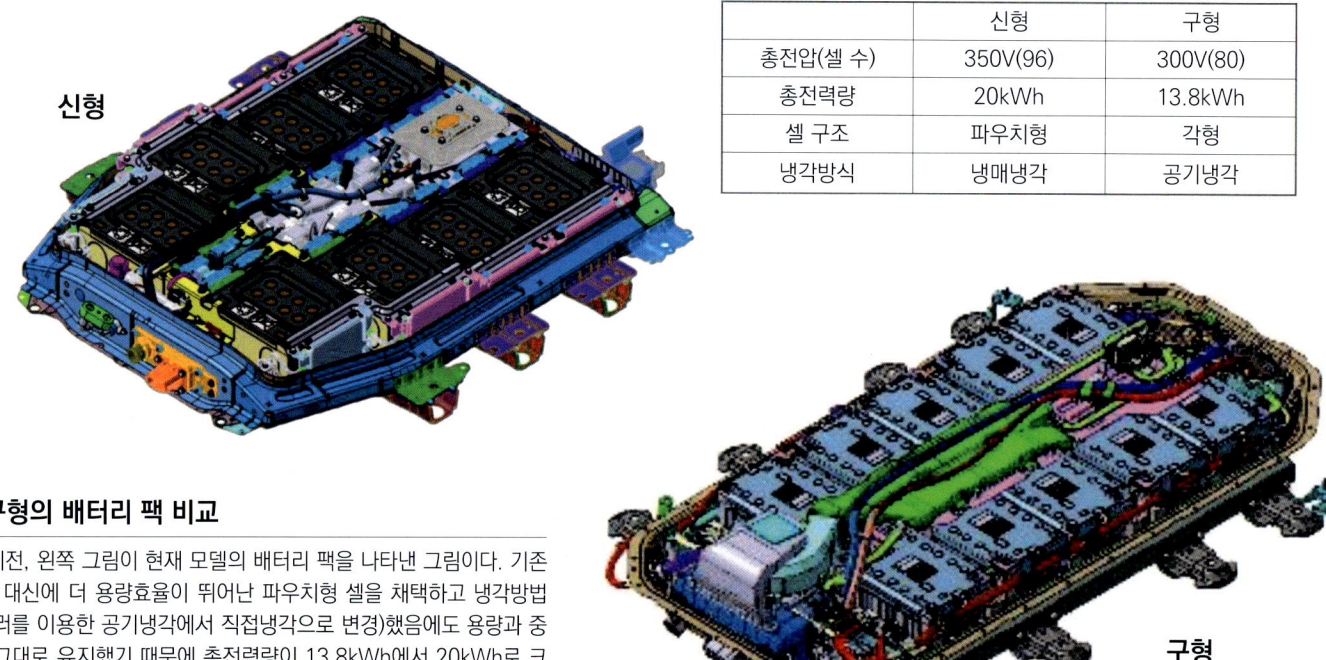

	신형	구형
총전압(셀 수)	350V(96)	300V(80)
총전력량	20kWh	13.8kWh
셀 구조	파우치형	각형
냉각방식	냉매냉각	공기냉각

신형과 구형의 배터리 팩 비교

오른쪽이 예전, 왼쪽 그림이 현재 모델의 배터리 팩을 나타낸 그림이다. 기존의 각형 셀 대신에 더 용량효율이 뛰어난 파우치형 셀을 채택하고 냉각방법을 변경(칠러를 이용한 공기냉각에서 직접냉각으로 변경)했음에도 용량과 중량을 거의 그대로 유지했기 때문에 총전력량이 13.8kWh에서 20kWh로 크게 높아졌다. 셀 변경에 따라 특성도 크게 바뀌기 때문에 BMS 같은 전자제어 시스템을 포함해 3사 연합 개발로부터 큰 도움을 받았다.

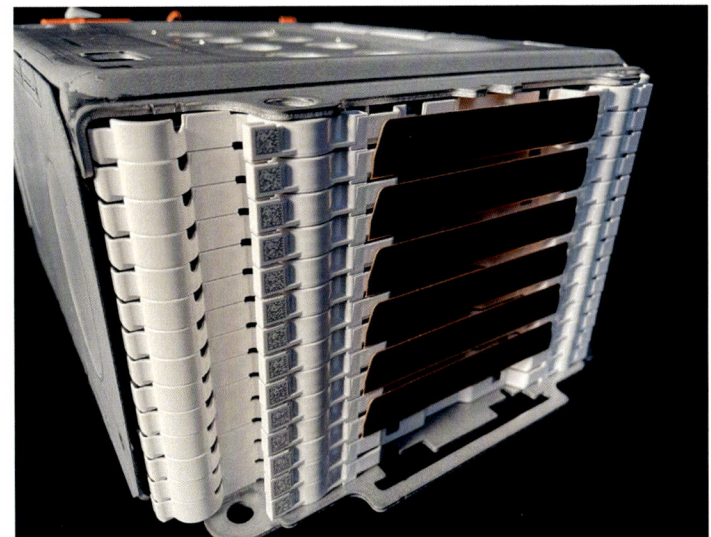

→ 기존 모델까지 적용했던 각형 리튬이온 셀. 내부 구조는 가로로 길게 구성된 부자재를 롤 형태로 만 상태에서 평평하게 눌러서 만들었다. 칠러에서 나오는 공기를 쏘여서 냉각시키는 공랭방식이었다.

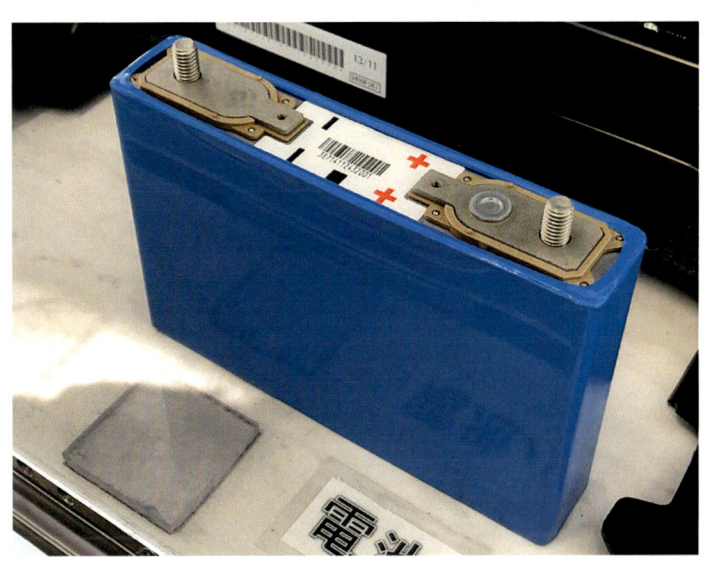

← 배터리 모듈 끝 부분에는 냉매 통로가 직접 접촉하는 형태로 히트 싱크를 배치했다. 이로써 셀에서 나오는 열을 더 효율적으로 회수할 수 있게 되었다. 부위에 따라 다른 적층수의 모듈을 배치하는 방식은 3사 연합에서 공통적으로 사용하는 방법이다.

차량통합제어 시스템

우측 그림은 이전 모델인 아웃랜더 PHEV의 전자제어 시스템 네트워크 구성을 나타내는 블록선도다. 각 부분에는 수많은 ECU가 배치되어 있고, PHEV-ECU로 불리는 컨트롤러로 각 ECU의 상위 단계에서 통합적으로 제어한다. 각각의 ECU를 잇는 네트워크에는 CAN통신을 이용하기 때문에, 갈라지듯이 몇 개의 독립적 계통 형태로 이루어져 있다. 배터리를 관리하는 BMS는 전기구동 시스템을 컨트롤EV-CAN에 접속시킨다. 이 구성은 신형에서도 크게 달라지지 않았다.

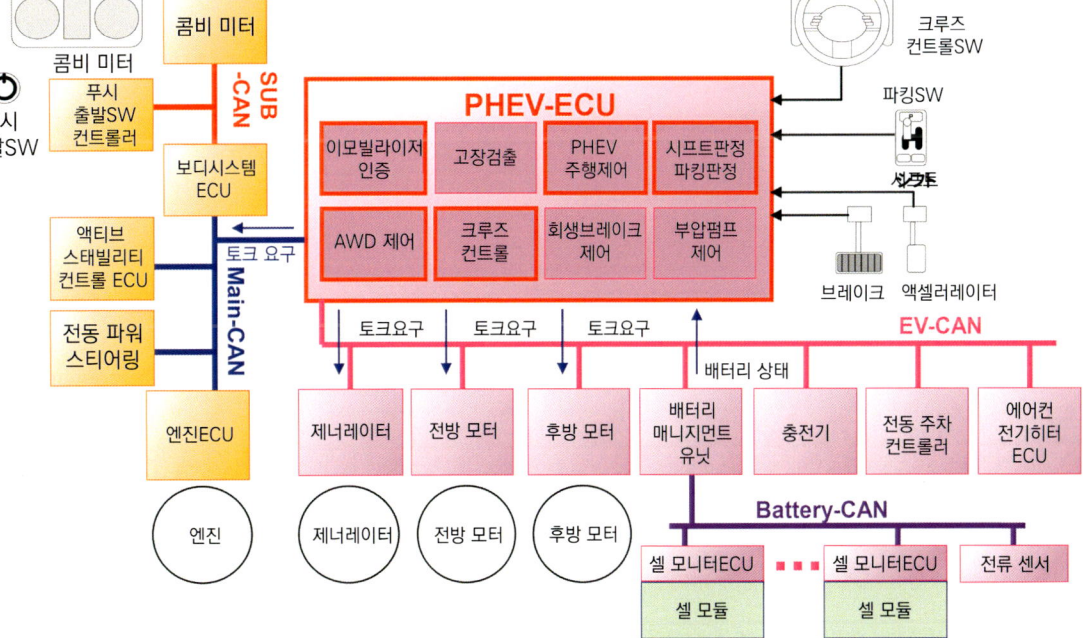

는(실장되는) 소프트웨어를 가리킨 것이다. 하지만 배터리 기반기술(Architecture)에는 셀 전압이나 온도 외에 배터리 팩에 드나드는 전류량 등, 배터리 상태추정에 이용하는 센서나 회로 같은 하드웨어는 물론이고 BMS에 실장되는 소프트웨어 대부분도 포함된다. 배터리는 같은 형식이라 하더라도 내부구조나 패키지 차이로 작동상태가 크게 달라지기 때문에 이들 요소도 한 쌍으로 취급해야, 즉 전용 세트가 필요하다.

약간 까다로울지 모르지만 미쓰비시가 개발에 힘을 쏟았다는 소프트웨어란 BMS가 아니라 그 상위에 해당하는 컨트롤러에 적용되는 소프트웨어를 말한다. PHEV-ECU로 불리는 이 컨트롤러의 역할은 한다씨도 말했듯이 배터리를 효율적으로 사용하는 것이다. 반면에 BMS와 거기에 들어가는 소프트웨어의 역할은 주로 센싱이다. 비유하자면 '반사신경' 같은 것이 BMS라면, PHEV-ECU는 논리적 판단을 내리는 '두뇌'라고 할까. 배터리에 저장된 에너지양을 안전하게 다 사용하기 위해 필요한 조절능력이 논리적으로 들어가 있다.

2009년부터 전기차를 양산(i-MiEV)해

⬆ 55쪽 블록선도 가운데 EV-CAN이라는 이름에서도 알 수 있듯이, 아웃랜더 PHEV는 전기차 기술을 바탕으로 만들어졌다. 그 핵심은 2009년에 등장한 i-MiEV로부터 축적해온 LiB 관련 노하우다.

⬇ 각형 셀 80개가 직렬로 연결된 이전 모델의 배터리 모듈. 모듈은 끝부분(사진 중간의 맨 아래 부분)에서 나온 가느다란 리드선(배선)을 통해 모듈 내부에 들어 있는 셀 모니터ECU 기판에서 CAN으로 연결된다.

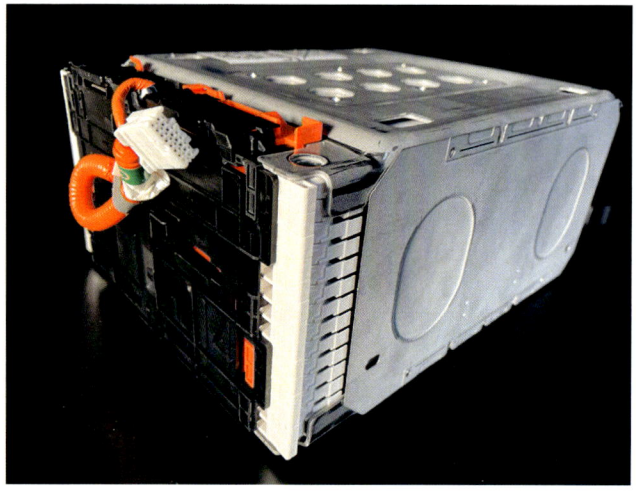

⬇ 아키텍처부터 대폭 바뀐 현재 배터리는 셀 형태 외에도 많은 변화가 있었다. 그 가운데 하나가 모듈 내의 전지기판을 빼고 BMS가 모든 모듈을 직접 관리·감시하는 하드웨어 구성이다.

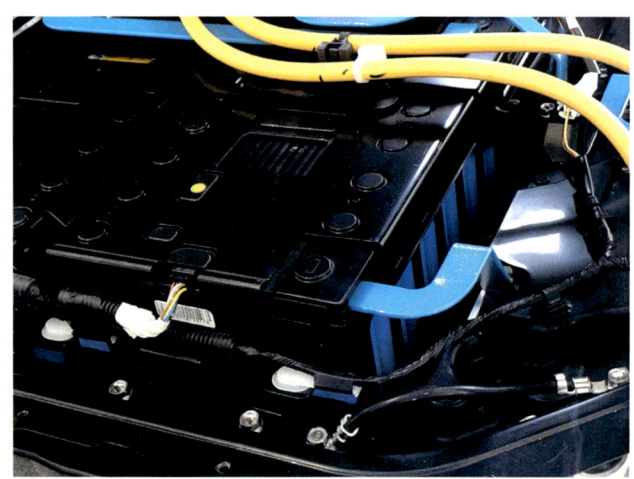

오면서 터득한 기술을 직접 적용해, 아웃랜더 PHEV를 만들어낸 미쓰비시의 강점은 LiB와 관련된 풍부한 노하우다. 예전(2009년 이전)에 차량에 사용한 사례가 별로 없었던 LiB를 시장에 투입한 이후 오랫동안 쌓아온 것이다. 배터리 기반기술은 크게 바뀌었지만 이 노하우가 논리적으로 소프트웨어에 담겨 있다.

안전 확보는 물론이고 열화도 최소한으로 줄여야 하는 LiB는 이런 조건들을 확보하는 한편으로 저장된 에너지양을 최대한도로 사용하려면, 노하우

PHEV-ECU를 통한 배터리 관리

옆 사진은 PHEV 오너 미팅 때 선보인 PHEV-ECU 실물. 앞 페이지의 블록선도 그리고 아래 그림 모두 이전 모델을 설명한 그림이라 각 모듈에 배치된 셀 모니터 유닛(ECU)이 표기되어 있지만, 현재 모델은 이것들이 없이 BMS가 모듈 단위의 전압이나 온도를 감시·관리한다. 또 현재 모델의 모듈 안은 전기배선으로만 구성되기 때문에 앞 페이지 그림 속의 Battery-CAN도 없어졌다.

■ 배터리 매니지먼트 유닛을 중심으로 각 구동용 배터리에 탑재된 셀 모니터 유닛, 누전 센서, 전류 센서로 모든 배터리 셀 상태를 항상 감시한다.

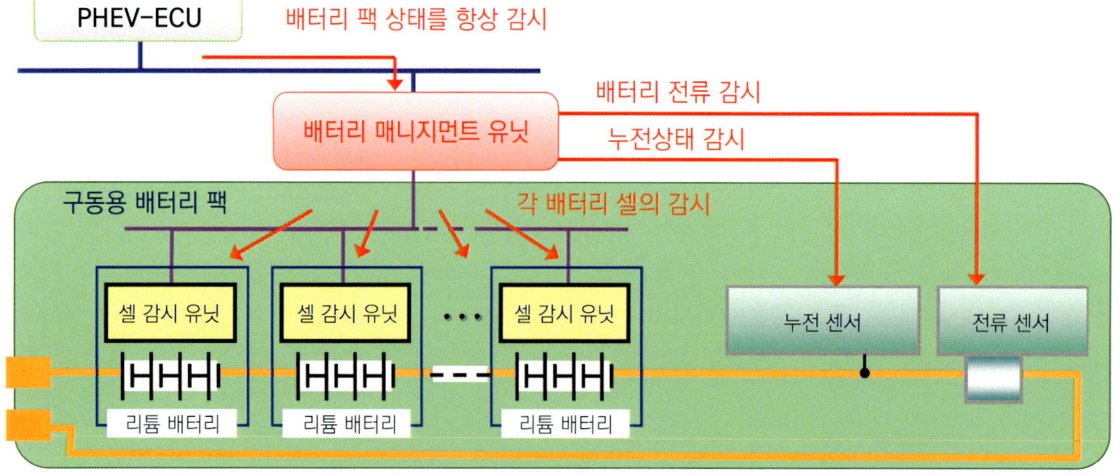

■ 각종 이상이 배터리에 어떤 영향을 끼치는지 분석한 다음, 각 구성 장치에 안전기능을 할당

예상	배터리 영향	팩&CMU	BMU	PHEV-ECU	충전기
충돌	•외부 단락	•셀 전압, 온도감시 •전류차단 회로	•단락감지 (전압이상 감지)	•충돌감지, 차단	•전압이상 감지 (충전정지)
	•누액	•셀 전압, 온도감시 •누전센서	•누전감지	•누전감지를 통한 주행제한 및 충전정지	(충전정지)
	•내부 단락	•셀 전압, 온도감시 •응력완화 팩 구조설계	•전압이상 감지 •온도이상 감지	•충돌감지, 차단 •온도이상감지, 차단	•전압이상 감지 (충전정지)
충전 이상	•과충전	•셀 전압, 온도감시 •전류차단 회로	•전압이상 감지 •온도이상 감지	•전압이상 감지 •전류이상 감지 •온도이상 감지 •충전이상 감지 •상기 이상에 따른 차단	•전압이상 감지 •전류이상 감지 (충전정지)
차량 침수	•누전	•셀 전압, 온도감시 •누전 센서 •방수구조	•누전감지	•누전감지를 통한 주행제한 및 충전정지	(충전정지)
차량 연소	•배터리과열 •연소	•셀 전압, 온도감시 •난연성 재료	•배터리온도 감시	•배터리온도 이상에 따른 주행제한 및 충전정지	(충전정지)
배터리 불량	•내부단락	•셀 전압, 온도감시 •난연성재료	•전압이상 감지 •온도이상 감지	•전압, 온도이상 감지에 따른 주행제한, 차단	•전압이상 감지 (충전정지)

안전성을 담보하는 구조

표는 배터리 안전성을 담보하는 각 ECU의 역할을 요약한 것이다. 여러 ECU에서 안전성과 관련된 이상을 항상 감시해 높은 안전성을 확보한다. 모든 정보는 최상위에 해당하는 PHEV-ECU로 집결되는 구조다. 각 위치에 배치된 ECU가 센서 컨트롤러로서 인체로 따지면 감각이나 반사신경 같은 역할을 담당하는데 반해, PHEV-ECU는 두뇌 같아서 더 고도의 판단을 내리는 역할을 맡는다.

에 기초한 조절능력이 중요하다. 이 노하우의 이식을 통해 3사 연합 공통의 배터리 기반기술을 이용하면서 미쓰비시 배터리 또는 아웃랜더 PHEV 배터리의 특징이라고 말할 수 있는 부분이 완성되었다. 전자제어 역할이 커지고 있는 오늘날, 화제의 키워드인 '소프트웨어 연합'에도 통하는 요소다.

덧붙이자면 배터리 기반기술이 변화하면서 당연한 말이지만 전자부품 구성도 크게 달라졌다. 그 가운데 흥미로운 점은 배터리 셀을 묶은 모듈 내의 컨트롤러 기판(모듈 감시 유닛)이 사라졌다는 점이다. 원래 이 기판 역할은 모듈 내에 들어간 배터리 셀 하나하나의 전압이나 온도를 파악하는 것이었는데, 그 기능을 BMS으로 통합해 배터리 팩 내의 96개 셀 모든 정보가 직접 BMS로 모이도록 한 것이다.

"BMS가 분명히 LiB 상태를 파악하는 데는 중요하지만, 사실은 그것만(BMS 단독)으로는 아무 것도 못 합니다. 예를 들면 전류량이나 출력을 낮춰야 할 때, 그 동작을 실행하는 것은 인버터죠. 또 인버터로 출력을 낮추라는 동작을 명령 내리는 것은 PHEV-ECU입니다. 셀 전압 등의 정보를 빨리 수집하는 일도 중요하지만, BMS하고 이 PHEV-ECU는 CAN(Controller Aera Network)으로 연결되어 있기 때문에 거기에는 통신에 의한 지체가 반드시 존재하죠. 그것을 극복한 상태의 PHEV-ECU 제어가 중요합니다. 이 부분의 개념은 예전과 다르지 않습니다"(미야모토씨)

배터리 전압(셀 전압)과 배터리 팩에 들락거리는 전류값을 동시에 파악하면 내부저항(인피던스) 등과 같은 정보를 얻을 수 있다. 배터리 열화 정도(건강한 정도=SOH)를 나타내는 지표 등에 이들 정보를 더 정확히 파악할 수 있도록, 특히 속도를 추구하는 접근방식도 많이 볼 수 있다. 그런데 이에 대한 미쓰비시의 자세가 흥미롭다.

"분명히 빨리 센싱하는 것이 좋긴 하지만, 셀 온도나 임피던스는 그다지 빨리 바뀌지 않습니다. 때문에 시간이 있을 때 여유를 갖고 센싱하면 된다고 보는 거죠. 오히려 중요한 것은 최적의 타이밍입니다. 노이즈가 커지는 상황의 타이밍은 피하려고 합니다. 기술적으로나 주행느낌 상으로도 전기차를 바탕에 둔 아웃랜더 PHEV 배터리는 출력과 용량 양쪽이 요구되기 때문에 배터리로서는 힘든 조건인 셈이죠. 전기차는 병렬접속으로 용량을 확보하는데, 파워가 필요하다는 이유로 아웃랜더 PHEV 배터리는 병렬 없이 96개 셀을 하나의 직렬로 하고 있으니까요. 그래도 안전성은 물론이고 수명도 높은 수준을 유지합니다. 그것도 PHEV-ECU 제어에 힘입은바가 큽니다"(한다씨)

배터리 취급에 있어서 어딘가 달관한 듯한 여유마저 느껴지는 한다씨의 설명에는 물론 오랫동안 축적된 노하우가 바탕에 있어 보인다. 배터리 기반기술 쇄신을 통해 용량과 출력을 크게 높이면서도 용량과 무게는 기존과 비슷하게 유지하는데 성공한 아웃랜더 PHEV는, 제어가 큰 의미를 갖게 된 요즘 자동차의 상징과도 같은 존재가 아닐 수 없다.

PROFILE

한다 가즈노리
Kazunori HANDA

미쓰비시자동차 주식회사
제1 EV·파워트레인 기술개발본부
치프 파워트레인 엑스퍼트

미야모토 나오키
Naoki MIYAMOTO

미쓰비시자동차 주식회사
제1 EV·파워트레인 기술개발본부
EV·파워트레인 제어시스템 개발부
EV제어시스템 개발

특집 | 전기차 배터리 어디까지 왔나?

CHAPTER 2 ── 최신 주변기술

| Case 7 ▸ 히오키(日置)전기 |

플러그인을 통해 배터리 건강상태를 객관적으로 평가

〖 배터리가 낭비 없이 순환하는 사회로 나아갈 실마리 같은 뉴 솔루션 〗

이용 가능한 중고 전기차나 배터리 단독의 유통 및 순환을 통한 적극적 활용은 전기차 사회로 가는 과정에서 빼놓을 수 없는 요소 가운데 하나다.
하지만 거기에는 배터리의 건강상태를 어떤 방법으로 파악할 것이냐는 과제가 남아 있다.

본문 : 다카하시 잇페이 사진 : MFi 그림 : 히오키전기

충전 포트에 끼우는 것(플러그인)만으로 신속하게 측정

아직은 시작단계라 전문적인 측정기 같아 보이지만 조작은 아주 단순하다. 노트북과 연결된 장치의 측정기 선을, 급속충전기를 사용할 때처럼 차량 쪽 충전포트(챠데모 규격)에 꽂기만 하면 끝이다. 다음부터는 거의 자동으로 돌아간다. 측정에 걸리는 시간은 몇 십초 정도로, 배터리 열화(건강상태) 지표인 내부저항이 "mΩ(밀리옴)" 단위의 임피던스 값으로 노트북 화면에 뜬다.

나가노현 우에다시(市)에 위치한 히오키전기 본사 입구에 데모용으로 준비된 닛산 리프 앞으로 캐리어에 실린 계측기가 이동해 왔다. 크기나 형태가 데스크탑 PC본체와 비슷하며 전기차나 PHEV 등에서 사용하는 급속충전기 케이블이 연결되어 있다. 그리고 케이스 위에는 아주 일반적인 노트북이 있고, USB케이블이 노트북과 측정기를 이어준다. 리프의 충전포트 덮개를 열고 측정기 케이블 끝을 급속충전용 포트에 꽂은 다음 담당 엔지니어가 키보드를 조작하자, 앞 유리창 너머로 보이는 대시보드의 인디케이터 램프가 점등하고 그와 거의 동시에 보닛 위에서 기계 작동음이 한 순간 들렸다.

"릴레이 작동음입니다. 소리가 들리면 배터리와 연결돼서 계측할 준비가 됐다는 뜻이죠"(모리씨)

그리고 나서 십 몇 초 뒤, 노트북 화면에

원재료 개발부터 양산, 재이용 때까지 뒷받침하는 히오키전기

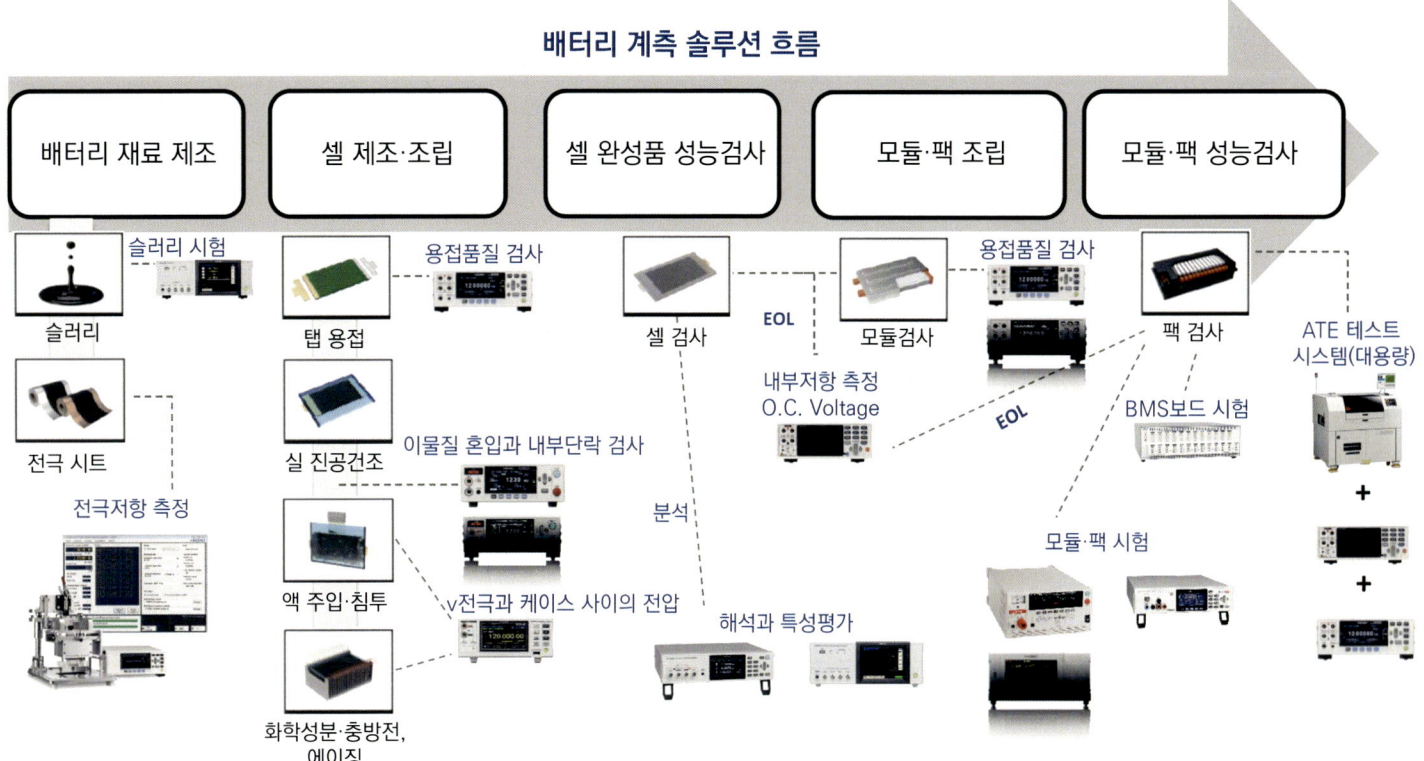

측정기 기술로 배터리 제조를 지원

히오키전기는 전기전자 관련 엔지니어 업계에서는 유명한 전기계측기 전문기업이다. 배터리 제조용도의 측정기 분야에서는 세계 최고 점유율을 자랑한다. 특히 뛰어난 품질과 안전성이 요구되는 LiB에서 히오키전기의 전기계측 기술은 성능향상에도 크게 공헌해 왔다고 해도 과언이 아니다. 전기차 배터리 건강상태를 탑재한 상태에서 측정한다는 아이디어와 기술은 이런 배터리 제조용도의 측정기를 오랫동안 만들어온 경험에서 우러나온 것이다. 2022년 10월에는 「배터리 순환경제에 대한 공헌」이라는 주제로 발표회를 가졌다. 새로운 측정·검사기준 개발을 통해 배터리 각 수명주기의 순환을 지향한다는 경영비전을 제시. 이번에 소개한 기술도 차량용 배터리의 가치순환에 공헌한 것으로 기대되고 있다.

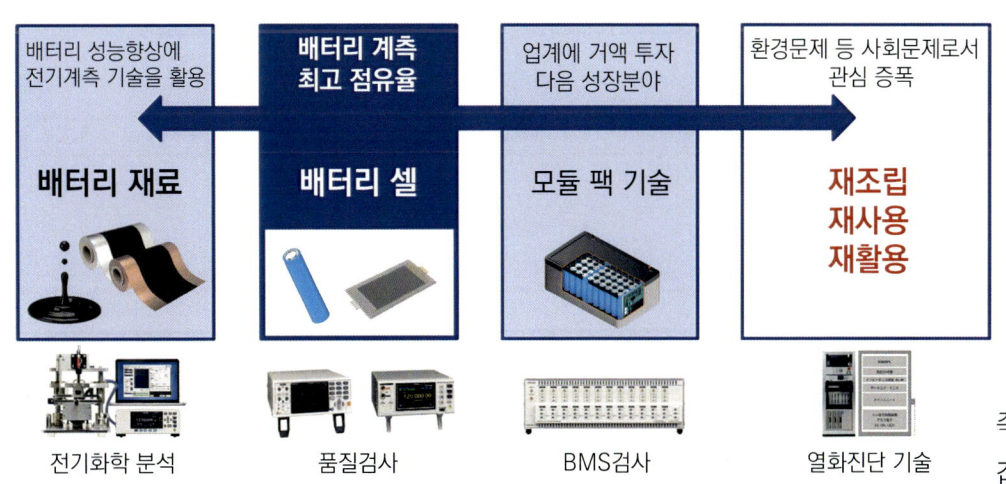

차량용 배터리 이후의 과제에 도전

히오키전기는 배터리 제조와 관련해 대부분의 영역을 커버하는 전기계측 기술을 갖고 있다. 다음 목표로 삼고 있는 것은 시장에 나와 있는 배터리의 재사용. 가장 빠른 것이 중고 전기차 시장이다. 아직 이 시장이 인기가 없는 가장 큰 이유는 중고차 배터리를 객관적으로 평가할 수 있는 기준이 없다는 점이다. 여기서 소개한 차량용 배터리 계측기술이 그 상황을 바꾸는 마중물이 될 수 있을 것으로 기대된다.

뜬 프로그램 화면에서 숫자가 마구 움직이다가 멈췄다. 99.594 숫자가 보이고 우측으로는 단위인 mΩ(밀리옴)이 나타나 있다.

"이것이 임피던스 값입니다. 단위는 밀리옴이구요"(데라니시씨)

이번에 취재한 것은 히오키전기가 개발 중인 차량용 배터리의 SOH(State Of Health : 건강상태)를 챠데모 포트를 경유해 파악하는 기술이다. 개발 중인 측정기의 계측 시연을 해 준 데라니시씨가 말한 임피던스 값(

즉 데모용으로 준비한 닛산 리프로 계측한 값 99.594mΩ)과 SOH는 어떤 상관관계가 있을까. 먼저 그 이전에 히오키전기에 대해 잠깐 소개하고 넘어갈 필요가 있을 것 같다. 일반인한테는 자동차와 연결할 만한 것이 거의 없어 보이는 회사이기 때문이다.

히오키전기가 주로 만드는 것은 전기계측기로, 일반인 상대의 제품이 아니라 연구개

급속충전 포트를 통해 배터리 팩 특성을 짧은 시간에 파악

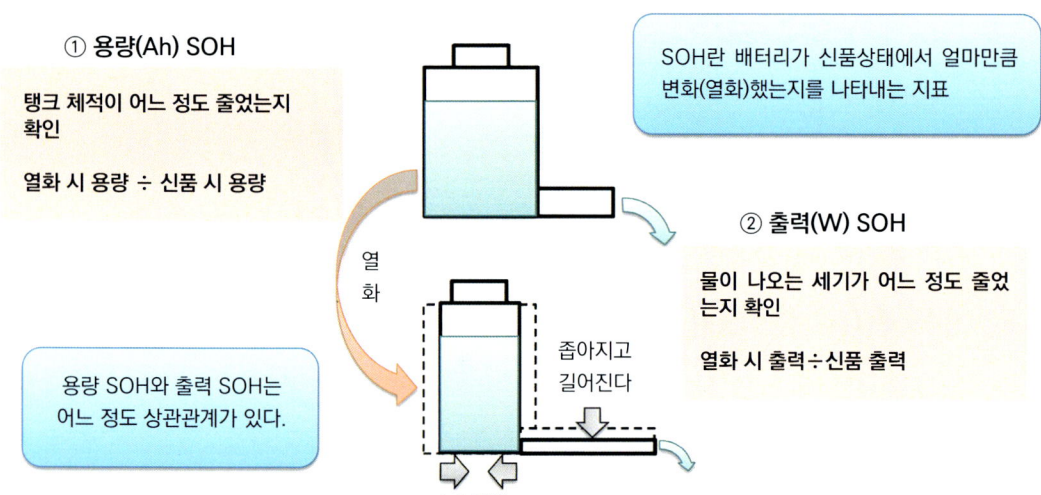

배터리 SOH 개념

배터리는 사용하다 보면 열화가 진행된다. 그 정도를 나타내는 것이 신품일 때의 성능과 비교한 SOH(건강상태)로, 정확하게는 용량과 출력 두 가지 요소가 있다. 좌측 그림은 그것을 물이 들어 있는 탱크에 비유해 표현한 것. 실제 배터리에서 용량을 짧은 시간에 파악하기는 힘들지만, 물이 뿜어져 나오는 세기에 해당하는 전기출력이라면 비교적 쉽게 계측할 수 있다. 임피던스와 SOH에는 상관관계가 있기 때문에 판단은 주로 출력 쪽을 이용한다.

출력저하 원인인 내부저항을 파악

계측대상으로 삼기에 현실적인 전기출력도 직접 계측하려면 실제로 전류를 흘리는, 즉 배터리 전력을 이용하지 않으면 파악할 수 없다. 그래서 이용하는 것이 배터리 교류전류를 흘린 다음 그에 대한 전압파형을 분석해 임피던스(교류회로에서의 전기저항을 나타내는 단위)로 내부저항을 파악하는 방법이다. 전류에 대해 문자 그대로 막으려고 하는 성분, 즉 내부저항 값을 파악해 간접적으로 출력을 도출한다.

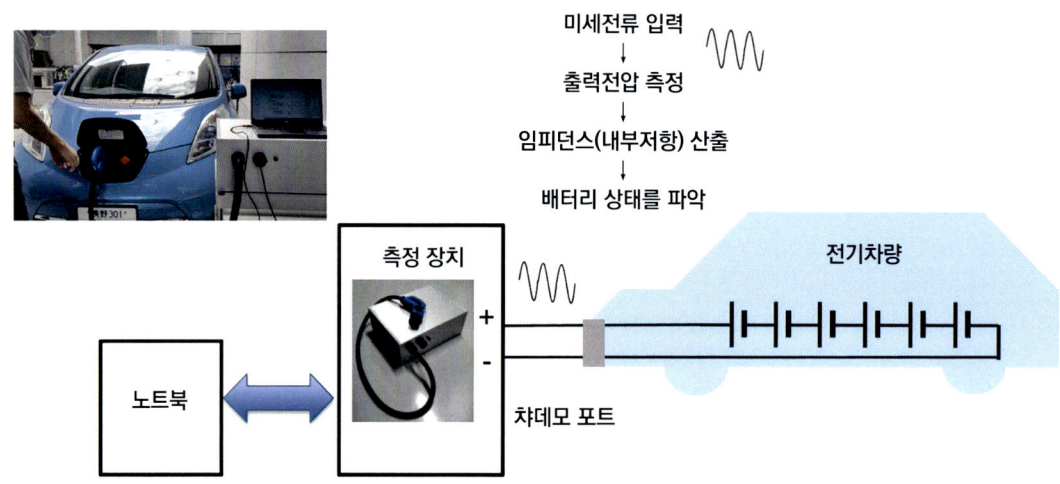

발 현장에서 사용하는 기자재다. 다만 히오키전기는 전기전자와 관련된 분야에서는 세계적으로도 유명한 회사다. 자동차에 들어가는 제품은 만들지 않지만, 관련된 연구개발 나아가 서비스 현장까지 히오키전기의 전기계측기와 계측기술은 기초 부분을 뒷받침하는 중요한 존재다.

자동차의 전기화 그리고 고도로 전자제어화가 진행 중인 근래, 히오키전기가 활약하는 무대는 크게 넓어졌다. 특히 배터리 분야에서는 연구개발 외에 제조 쪽에서도 핵심기술을 다수 보유하고 있기 때문이다. 완성된 배터리의 성능평가는 물론이고 전극재료부터 그 원료인 슬러리(Slurry)의 품질검사까지 모든 공정의 계측검사 설비를 커버할 수 있기 때문에, 근 십 몇 년 동안에 급격히 성능과 안전성이 개선된 LiB의 제조기술, 특히 품질과 안전확보를 위한 기술에서도 중요 핵심기술과 설비를 많이 제공해 왔다.

그리고 문제의 임피던스도 사실은 이 LiB 제조기술에서 많이 사용된다. 임피던스(Impedance)란, 간단히 설명하자면 교류회로의 전기저항 즉 전기가 잘 흐르지 않는 정도를 나타내는 단위를 말한다. 배터리 열화로 인해 내부저항이 커진다는 사실이야 이해한다 치더라도, 배터리에 저장된 전기는 직류인데 왜 교류가 등장하는 것일까.

약간의 오해를 감안하고 쉽게 말하자면, 기본적으로 이 내부저항을 계측하기 위해서는 배터리를 실제로 사용해 보는, 즉 배터리에 저장된 전력을 소비하지 않으면 측정할 수 없다는 시점부터 이야기가 시작된다. 그래서 배터리에 교류전류를 보내 전압 반응을 파형으로 관찰함으로써 임피던스를 파악하는 것이다. 임피던스라는 약간 낯선 단어를 구태여 사용하는 것은 그 때문이다. 어디까지나 직류 상태의 저항은 약간만 다를 뿐이다. 덧붙이자면 챠데모(CHAdeMO) 포트에서 배터리 상태에 영향을 끼치지 않고 또 신속하게 내부저항을 계측하는 히오키전기 계측기는 1kHz의 고주파 교류를 보낸다.

SOH에는 용량과 출력 두 가지가 있지만

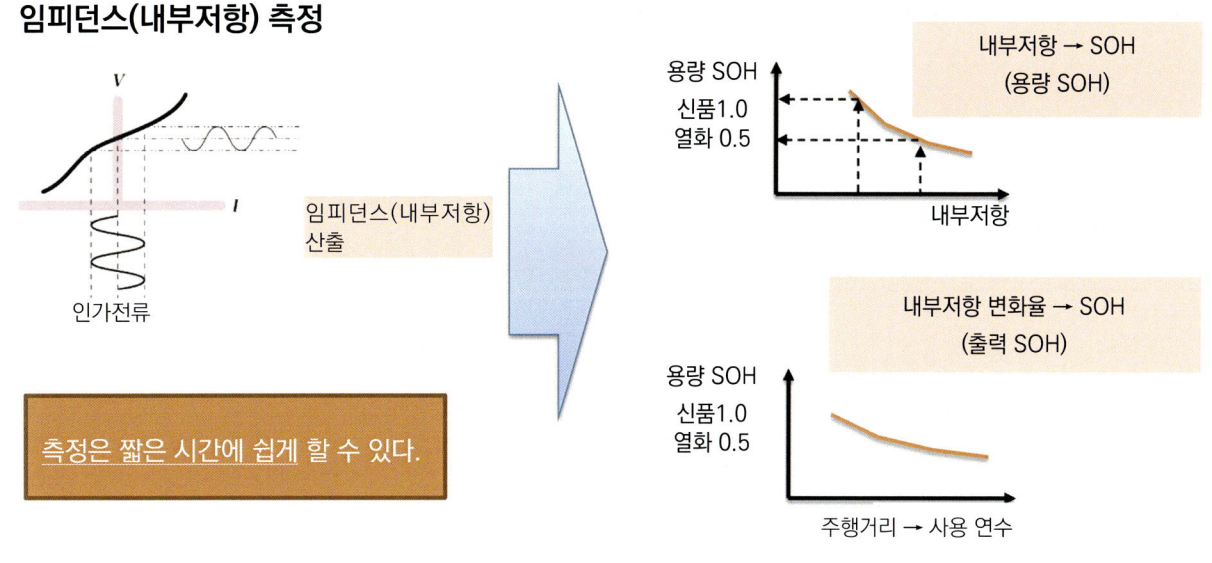

임피던스(내부저항) 측정

측정은 짧은 시간에 쉽게 할 수 있다.

용량과 출력 두 가지 SOH와 내부저항

임피던스 값이라는 형태로 파악하는 배터리 내부저항은 용량 SOH와 출력 SOH 양쪽과 상관관계가 있다. 임피던스 측정은 차량의 BMS에서도 SOH 검출에 이용하는 방법이지만 그것은 어디까지나 차량 제어가 목적이고, 그 이외의 용도로는 사용하지 않는다. 그에 반해 히오키전기의 지향점은 중고 전기차나 배터리를 유통할 때 유의미하게 활용할 수 있게 배터리 가치를 객관적 평가하는 계측기술 시스템 확립이다.

둘 다 이 내부저항과 상관관계가 있다. 요는 곡선 그래프로 그렸을 경우, 똑같은 형태의 선을 그리기 때문에 약간의 보정처리만 하면 얻고 싶은 답(즉 SOH)을 구할 수 있다. 사실 여기까지는 많이 알려진 사실이고, 실제로 차량용 BMS에서도 이와 똑같은 원리를 이용해 SOH를 측정한다. 전기차는 몇 가지 세그먼트로 나눈 그래프 형상의 인디케이터로 SOC를 표시하는데, SOH 저하를 세그먼트 수를 줄이는 형태로 표현한다. 흔히 말하는 '세그먼트 누락'이라는 방식이다.

차량용 BMS가 배터리의 SOH를 파악하고 있다면 거기서 정보를 가져오면 되지 않을까 하는 의문을 가질 수 있다. 하지만 히오키전기가 이렇게까지 외부 계측에 집중하는 데는 당연히 이유가 있다. SOH를 객관적으로 판단할 수 있는 정보로 파악하기 위해서다. 객관적 척도로 이용할 수 있는 계측기를 만들어온 메이커다운 접근방식이지만, 그 이전에 차량용 LiB을 재사용하거나 재활용하려면 빼놓을 수 없는 중고 전기차나 배

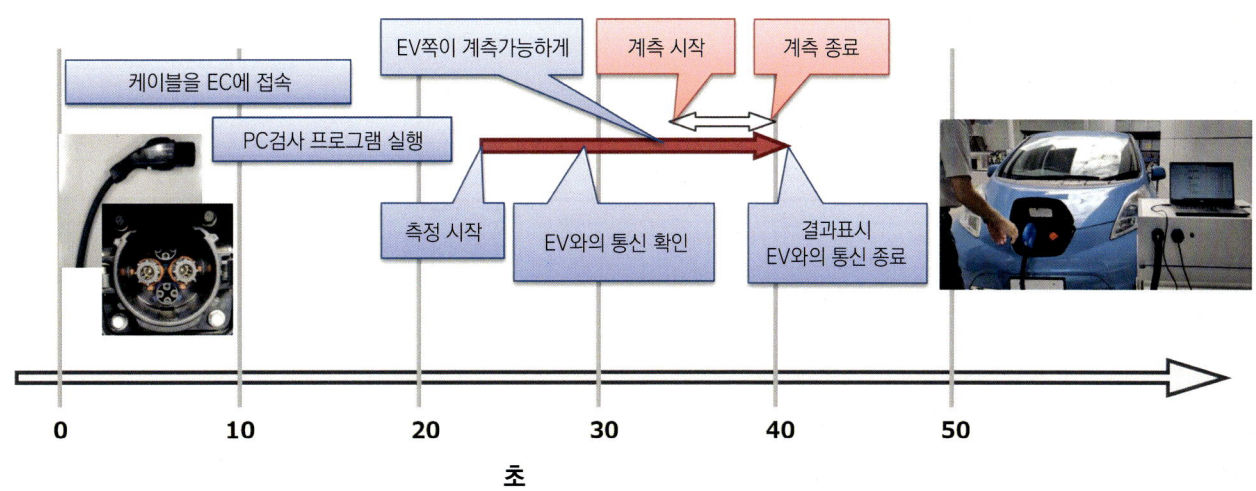

플러그인부터 계측까지 1분 이내에 종료

차량에 계측기 케이블을 꽂고 나서 USB포트를 매개로 연결된 노트북의 소프트웨어 실행까지 포함해 계측작업 종료까지 걸리는 시간은 40초 정도. 취재할 당시의 계측기는 아직 시제품 단계라 캐리어로 옮겨와야 할 만큼 컸지만, 현재는 한 손으로 갖고 다닐 수 있을 만큼 작게 만드는 중이다. 챠데모(CHAdeMO) 포트에 꽂는 계측기는 주로 중고차를 검사할 때의 이용을 염두에 두고 있다. 노트북을 통해 이루어지는 조작은 전문지식 없이도 누구나 쉽게 계측할 수 있다.

챠데모(CHAdeMO)에 연결해 안전하게 계측

챠데모 포트에 계측기 케이블을 꽂으면 포트를 매개로 계측기가 차량 쪽과 통신한다. 챠데모 포트는 기본적으로 충전기가 연결되어 있거나 해서 안전하게 충·방전할 수 있는 상태가 확인되지 않으면 회로가 배터리로 연결되지 않도록 되어 있다. 때문에 히오키전기 계측기는 챠데모 규격 프로토콜을 이용해 배터리 접속을 요구한다. 그러면 차량 쪽이 이 신호를 받아서 접속기(contactor)를 ON시키면 배터리로 교류전류를 흘리는 순서로 계측을 시작한다.

터리를 객관적으로 평가하는 수단이나 방식이 아직 없다는 사실을 잊어서는 안 된다. 주요 부품 하나가 빠져 있는 것이다.

차량용 BMS가 SOHC를 파악하는 일은 파워트레인을 제어하려는 목적이다. 그런 의미에서는 배터리 상태를 정확하게 나타낸다고 단정하기 힘들다. 애초부터 객관적 평가로 이용하기 위한 목적이 아니라는 것이다. 예를 들어 어떤 메이커의 전기차가 70% 정도의 SOH라고 치고, 또 다른 메이커의 70%와 비교했을 때 양쪽 SOH가 객관적으로 동일 선상에 있다고 생각하기는 힘들다.

그리고 그에 따른 의심마귀는 현재 전기차의 중고가격에도 나타난다. 중고 전기차 가격을 싸게 느끼지 않는다는 사실은 통계 데이터를 확인할 필요도 없이 시장이 그다지 뜨겁지 않다는 사실만으로도 추측할 수 있다. 아직 사용할 수 있는 전기차가 중고차 판매점에서 매수자를 기다리는 동안에도 배터리의 SOH는 천천히 떨어진다. 이것은 배터리 자원의 가격급등과 확보하기 어렵다는 소식들이 들려오는 가운데 그다지 바람직하지 않은 이야기다.

전기차에 탑재된 대용량 배터리를 SOH 저하로 인해 전기차로서의 역할이 끝났으면 그 여력을 살리는 형태, 예를 들어 에너지 저장장치 등으로 재사용하자는 계획을 여러 산업분야에서 제안하고 있다. 히오키전기의 기술은 여기서도 활약할 가능성이 높다. 물론 이 분야도 시야에 넣고 있다고 한다.

계측기 본체는 더 작게 만들 계획이지만, 추후 과제는 데이터 수집과 이 계측기를 이용한 시스템 구축이다. 요는 중고차 시장에서의 이용방법이나 평가지침 등을 제정하는 일인데, 이것은 계측기 사용자인 기업이 주체가 되어야 한다. 히오키전기의 업무는 어디까지나 객관적 평가로 이어지는, 그를 위한 높은 정확도의 계측기 기술을 개발하는 일이다.

그렇기는 하지만 챠데모(CHAdeMO) 충전포트를 통한 임피던스 측정은 배터리 이외의 배선이나 전기부품 등의 영향도 받기 때문에 객관적 평가 기준을 확립하려면 차종별 기준치를 많이 수집하는 작업이 필수일 뿐만 아니라, 그 데이터를 해석하고 대응하는 일에 히오키전기의 존재가 없으면 불가능해 보인다. 조금 더 미래의 일이기는 하지만, 중요한 것은 기술적으로 이미 완성된 장치라 다음 단계를 향해 움직이고 있다는 사실이다.

PROFILE

모리 다쿠미
Takumi MORI

히오키전기 주식회사
ES유닛 주임연구원 박사(과학)

데라니시 노조무
Nozomu TERANUSHI

히오키전기 주식회사
ES유닛 주임 변리사

특집 | 전기차 배터리 어디까지 왔나?

CHAPTER 3 — 제조사 별 사례

OEM, 서플라이어의 배터리 공급계획

〚 가격과 생산개수 확보를 둘러싼 전략 〛

전기차를 만드는 제조사는 주행거리는 길게, 출력은 크게 하려고 한다. 하지만 비례해서 배터리는 커질 수밖에 없다.
제조사마다 구동용 2차 배터리 제원을 선정하고 장착하는 일에 심혈을 기울이고 있다.
현재 판매 중인 전기차의 총 전력량과 배터리 종류, 발표 주행거리와 무게를 정리해 보았다.

본문 : MFi

🇯🇵 JAPAN
〈 일본 전기차 〉

▶ **토요타** bZ4X

71.4kWh, 삼원계, WLTC 559km@1920kg

▶ **스바루** 솔테라

71.4kWh, 삼원계, WLTC 567km@1910kg

토요타와 스바루가 공동으로 개발하는 EV전용 플랫폼 e-TNGA, e-SGP를 사용하는 SUV형 전기차. FWD 및 앞뒤 모터방식의 AWD가 라인업. 자매차이지만 주행모드나 구동제어 등은 약간의 차이가 있다. bZ4X는 중국시장에서 스티어 바이 와이어를 적용하고 있다.

◀ **혼다** 혼다-e

35.5kWh, 삼원계, WLTC 259km@1540kg

혼다 최초의 양산 전용 전기차. 주행거리를 추구하기 보다는 충전시간 단축이나 차량 마무리에 중점을 둔 모델로, 비교적 소형인 5도어 해치백이라 무게가 1540kg에 머물렀다. R-RWD 레이아웃을 적용해 전륜 조향각도를 넓혔다.

닛산 / 미쓰비시자동차

그림은 아리아의 전기 드라이브 트레인. 수냉방식 배터리를 통해 용량이 크면서도 급속충전이나 대전류 방전에 강한 구조로 만들었다. 일본시장에서는 현재 66kWh+FWD 사양분이지만 91kWh로 내놓을 예정이다. 구동방식도 각각 FWD/AWD로 준비한다.

아리아
66.0kWh, 삼원계, WLTC 470km@1920kg

리프
40.0kWh, 삼원계, WLTC 400km@1520kg
60.0kWh, 삼원계, WLTC 550km@1670kg

사쿠라 / eK크로스 EV
eK크로스 EV : 20.0kWh, 삼원계, WLTC 180km@1070kg
20.0kWh, 삼원계, WLTC 180km@1060kg

마쯔다 MX-30

MX-30 : 35.5kWh, 삼원계, WLTC 256km@1650kg

마쯔다 최초의 양산 전기차로 기대 받았지만 일본시장에는 마일드 하이브리드 사양을 먼저 투입하였다. 플랫폼은 CX-30과 공통. 배터리는 모듈 아랫면을 직접 냉각하는 냉매냉각 구조로, 차량실내의 에어컨과 일체화된 공용 시스템이다.

🇺🇸 U.S.AMERICA
⟨ 미국 전기차 ⟩

● 테슬라

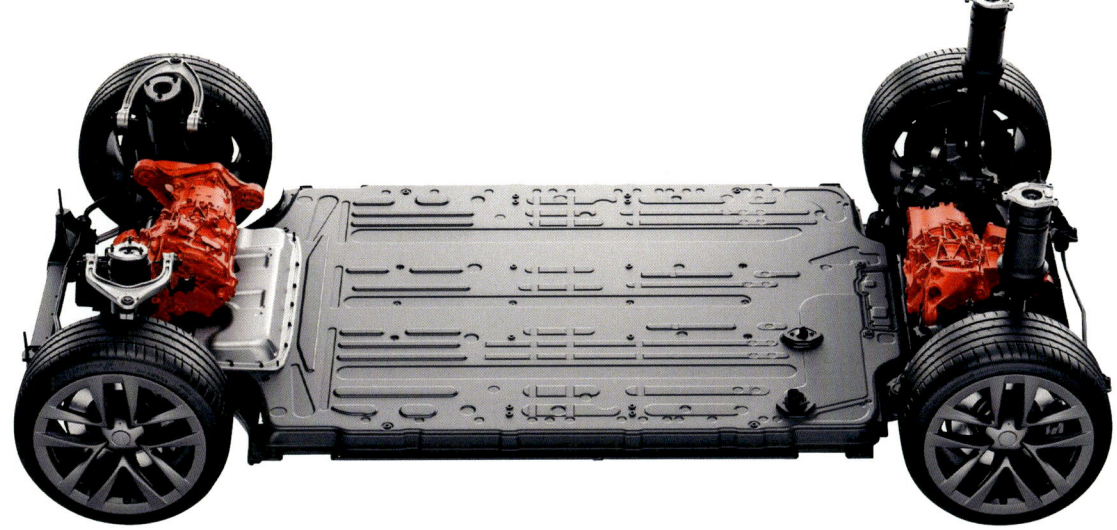

모델S. 2012년에 등장했을 때는 RWD였지만 2년 뒤에 전방에 모터를 장착한 AWD 사양을 추가. 2023년 현재는 AWD만 판매한다. 배터리는 파나소닉의 원통형 배터리를 바닥에 깐 방식으로, 예를 들어 P85D 사양에서는 원통형 배터리 7104개를 사용한다.

모델S
100.0kWh, 삼원계, 652km(자체발표 추정치)@2190kg

모델3
60.0kWh, LFP, WLTC 565km@1760kg
82.0kWh, 삼원계, WLTC 689km@1850kg

모델X
100.0kWh, 삼원계, 536km(자체발표 추정치)@2537kg

모델Y
60.0kWh, LFP, WLTC 507km@1930kg
75.0kWh, 삼원계, WLTC 595km@2000kg

● GM

쉐보레 볼트
65.0kWh, 삼원계, EPA 416km@1628kg

GMC 허머 EV
200kWh 이상, 삼원계, EPA 529km@4103kg

캐딜락 리릭
102kWh, 삼원계, EPA 495km@2521kg(RWD)

● 포드

머스탱 마하 E
70.0/91.0kWh, 삼원계, EPA 398/502km@1959kg/2108kg(모두 AWD)

F150 라이트닝
98.0/131.0kWh, 삼원계, EPA 370/515km@2948kg

포드 F150 라이트닝. 알루미늄 보디로 유명한 차였는데 결국은 전기차까지 변신했다. 배터리는 사다리 프레임에 체결되는 구조로, 앞뒤 모터인 AWD 사양. 보닛 후드 쪽이 텅 비어 수납공간으로 활용된다.

🇩🇪 GERMAN

⟨ 독일 전기차 ⟩

● 폭스바겐

ID.3
55.0/62.0/82.0kWh, 삼원계, WLTC 330/418/517km@1772/1812/1935kg

ID.4
55.0/82.0kWh, 삼원계, WLTC 435/618km@1950/2140kg

ID.5
82.0kWh, 삼원계, WLTC 430km@2242kg

→ ID.5는 ID.4의 쿠페 모델로, 세 가지 사양이 있지만 배터리는 82.0kWh(총 용량)/77.0kWh(정미 용량)뿐이다. ID.4는 54kWh와 82kWh 두 가지를 탑재하며, 각각 9모듈/12모듈로 구성된다.

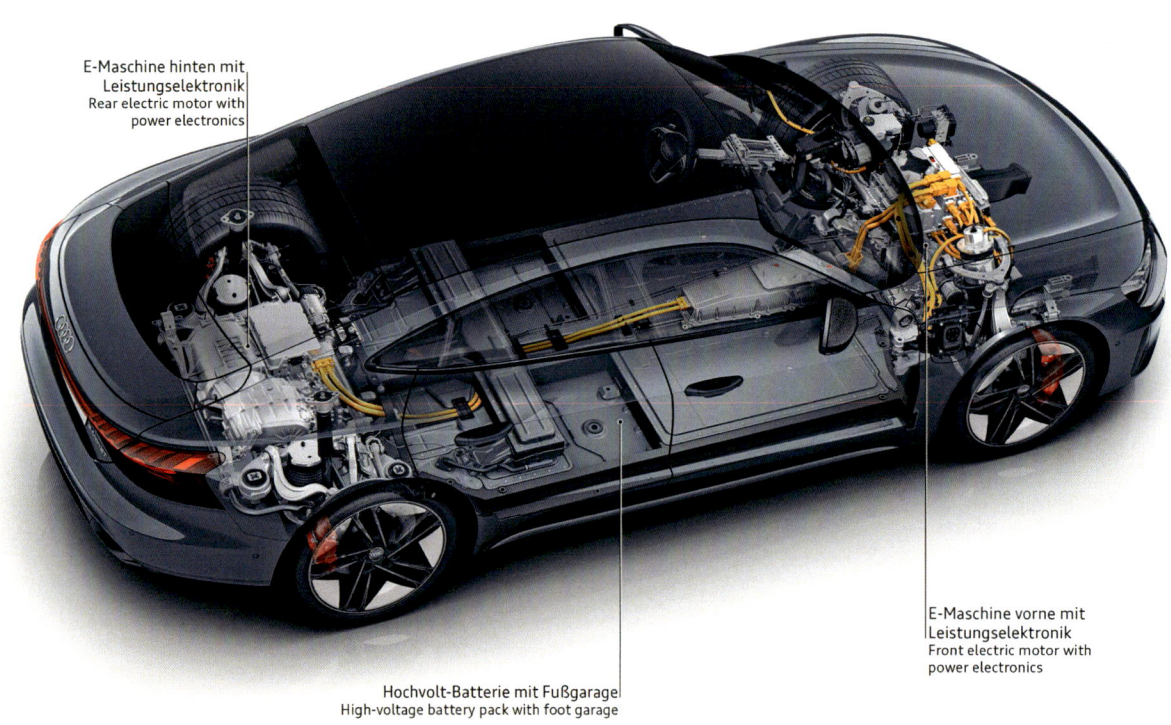

● 아우디

e트론 GT
93.4kWh, 삼원계, WLTC 534km@2280kg

Q8 e트론
95.0/114.0kWh, 삼원계, WLTC 451/525km@2600/2600kg

Q4 e트론
82kWh, 삼원계, WLTC 705km@2100kg

↑ e트론 GT. 포르쉐 타이칸과 BSB-J1 플랫폼을 공유하는 4도어 세단으로, 둘 다 앞뒤 모터 구동의 AWD 사양. 낮은 차체의 바닥 면에 거대한 배터리를 장착. 뒷자리는 다리공간을 확보하기 위해서 모듈을 더 낮게 배치했다.

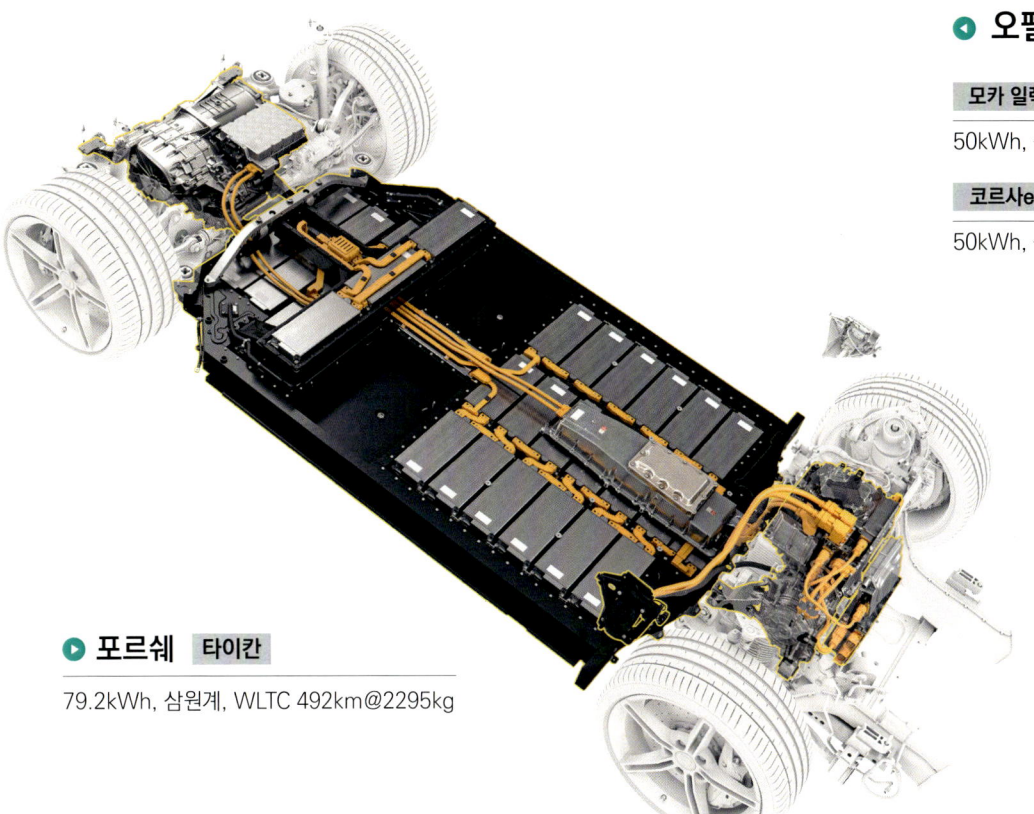

오펠

모카 일렉트릭

50kWh, 삼원계, WLTC 336km@1598kg

코르사e

50kWh, 삼원계, WLTC 357km@1598kg

← 포르쉐 타이칸. 포르쉐 최초의 시판 전기차다. AWD 사양에 뒤축 유닛은 유성기어를 이용한 2단 변속구조로 주목을 끌었다. 급속 충전 때의 800V·270kW나 되는 고전압/대전력도 화제였다. 그 때문에 배터리는 수냉방식을 사용한다.

포르쉐 타이칸

79.2kWh, 삼원계, WLTC 492km@2295kg

메르세데스 EQ

EQE

90.6kWh, 삼원계, WLTC 624km@2360kg

EQA

66.5kWh, 삼원계, WLTC 555km@1990kg

EQS SUV

108.4kWh, 삼원계, WLTC 586km@2695kg

EQB

66.5kWh, 삼원계, WLTC 520km@2100kg(EQB250)

EQE SUV

90.6kWh, 삼원계, WLTC 590km@2450kg

EQT

45.0kWh, 삼원계, WLTC 282km@1874kg

EQV

107.8kWh, 삼원계, WLTC 700km@2530kg

EQV

90.0kWh, 삼원계, WLTC 363km@2635kg

↑ EQE. 전기차 전용 플랫폼 EVA를 이용한 4도어 세단. RWD와 AWD 두 가지 사양을 갖추고 있다. 상위 클래스인 EQS는 같은 플랫폼이면서 5도어 해치백이다. 두 차량은 배터리 크기도 다르다.

BMW

iX
76.6/111.5kWh, 삼원계, WLTC 455/650km@2410/2560kg

i7
105.7kWh, 삼원계, WLTC 650km@2690kg

i4
70.3/83.9kWh, 삼원계, WLTC 532/604km@2030/2080kg

→ 전기차 전용 iX. 플랫폼은 CLAR을 바탕으로 새로 만들면서 CFRP로 보강한 알루미늄 스페이스 프레임을 사이드 프레임 등에 이용. 배터리에는 히트 펌프 시스템을 적용해 온도상승과 냉각을 맡김으로써 충·방전 성능을 높였다.

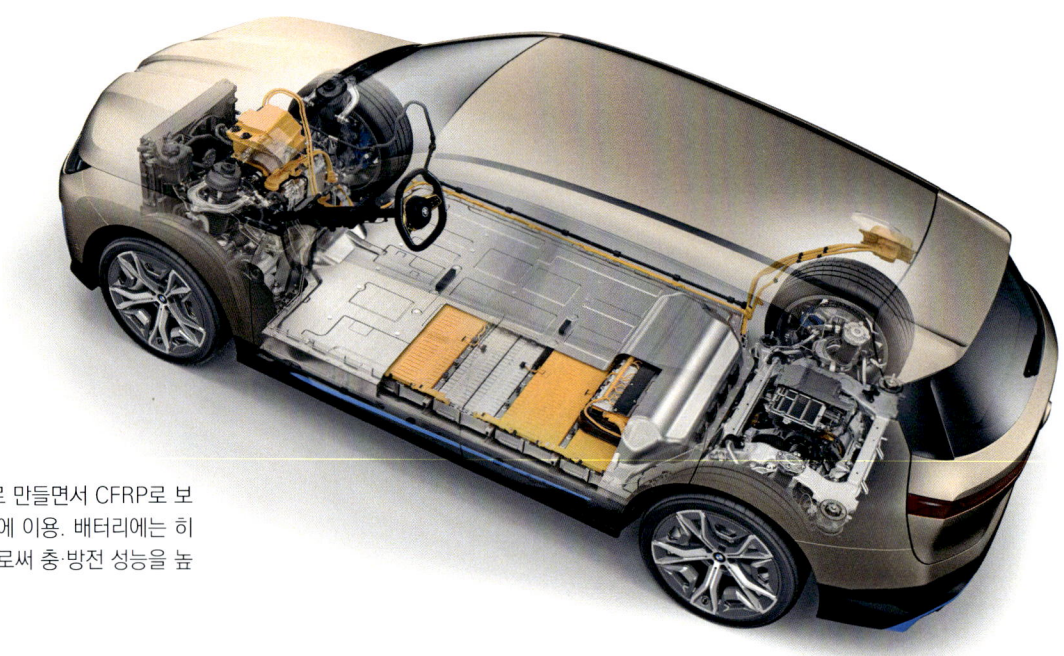

FRANCE
〈 프랑스 전기차 〉

르노

메간 E-TECH 100% 일렉트릭
40.0/60.0kWh, 삼원계, WLTC 300/470km@1588/1711kg

트윙고 E-TECH 100% 일렉트릭
21.3kWh, 삼원계, WLTC 190km@1208kg

조이 E-TECH 100% 일렉트릭
52.0kWh, 삼원계, WLTC 377km@1577kg

캉구 E-TECH 100% 일렉트릭
45.0kWh, 삼원계, WLTC 285km@1870kg

↖ 메간 전기차. 3사 연합으로 개발한 전기차 전용 플랫폼 CMF-EV를 르노 브랜드로 처음 사용. 닛산 아리아도 이 플랫폼을 사용한다. 110mm의 슬림한 배터리(팩 상태)를 탑재하기 위해서 바닥이 넓고 평평하다.

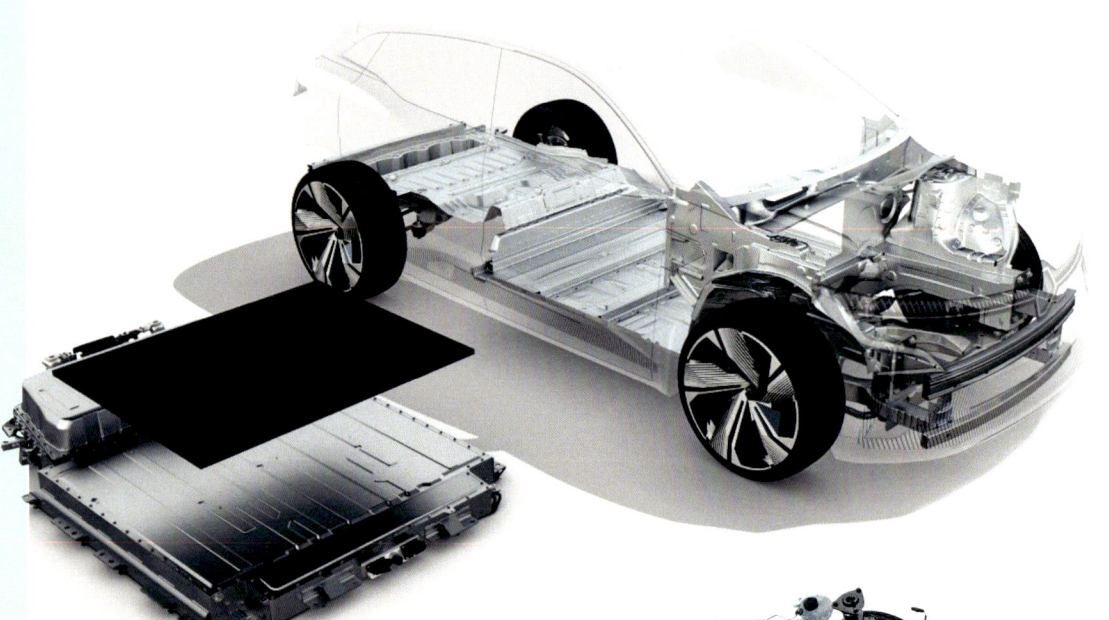

푸조

e208 / e2008
50.0kWh, 삼원계, WLTC 395/380km@1490/1580kg

e리프터
50.0kWh, 삼원계, WLTC 282km@1765kg

e트레블러
50.0/75.0kWh, 삼원계, WLTC 225/322km@1982/2131kg

↑ e208. 소형 전기차 플랫폼인 CMP를 적용해 내연기관 자동차와 호환할 수 있는 설계다. 이를 통해 혼류생산이 가능하다. 이 e-CMP를 처음 적용한 것은 DS3 크로스백 E 텐스로, 푸조와 시트로엥, 오펠로 계속 이어지고 있다.

● DS 오토모빌즈　DS3 크로스백 E-TENCE
54.0kWh, 삼원계, WLTC 402km@1625kg

◀ 시트로엥

아미
5.5kWh, 삼원계, WLTC 75km@471kg

E-C4 / E-C4 X
50.0kWh, 삼원계, WLTC 357/360km@1636/1659kg

E베링고
50.0kWh, 삼원계, WLTC 285km@1739kg

E스페이스 투어러
50.0/75.0kWh, 삼원계, WLTC 221/330km@1969/2140kg

↖ E-C4. 푸조 208보다 등급 상으로는 한 단계 위면서 e-CMP를 사용. 노치백 세단인 E-C4도 라인업에 추가. e-CMP차는 50.0kWh 배터리를 공통사양으로 하면서 브랜드 별로 다양한 전기차를 만든다.

🇮🇹 ITALY
〈 이탈리아 전기차 〉

● 피아트

500
24.0/42.0kWh, 삼원계, WLTC 185/335km@1255/1360kg

E드롭
50.0kWh, 삼원계, WLTC 282km@1664kg

→ 500. 친크첸토가 풀 모델 체인지되면서 신세대는 전기차만 만든다. 24.0kWh와 42.0kWh 2종류 배터리를 준비. 후자는 85kW의 급속충전이 가능하다(24.0kWh는 50kW). 구동방식은 FWD.

🇬🇧 UNITED KINGDAM
〈 영국 전기차 〉

● 재규어　페이스
90.0kWh, 삼원계, WLTC 438km@2230kg

← SUV형 전용 전기차. 플랫폼은 재규어의 주류인 D7. 알루미늄을 이용하는 경량 플랫폼으로 I페이스는 D7e로서는 거의 전용인데다가, 다른 D7 적용차와 달리 파워트레인을 가로로 배치한 것이 특징이다. 생산은 오스트리아 그랏츠의 매구너 슈타이어가 담당.

🇸🇪 SWEDEN

⟨ 스웨덴 전기차 ⟩

▶ 볼보

C40 리차지
69.0/82.0kWh, 삼원계, WLTC 477/534km@2047/2078kg

EX90
110.0kWh, 삼원계, WLTC 585km@2818kg

XC40 리차지
69.0/82.0kWh, 삼원계, WLTC 460/515km@2030/2078kg

← EX90. 볼보로서는 3번째 전기차지만 처음으로 전기차 전용으로 만든 모델이다. 플랫폼은 다른 90시리즈와 똑같이 SPA를 이용. 모회사인 중국 지리자동차의 조달관계로 폴스타3처럼 CATL의 111.0kWh 배터리 팩을 탑재한다.

🇰🇷 SOUTH KOREA

⟨ 한국 전기차 ⟩

▶ 현대

아이오닉5
58.0/72.6kWh, 삼원계, WLTC 498/618km@1870/1950kg

아이오닉6
58.0/77.4kWh, 삼원계, WLTC 429/614km@1875/2010kg

코나 일렉트릭
51.0/68.5kWh, 삼원계, WLTC 342/490km@1650/1800kg

▶ 기아

EV6
77.4kWh, 삼원계, WLTC 424km@2200kg

CHINA

⟨ 중국 전기차 ⟩

● 상하이GM 우링
   : SAIC-GM-Wuling

홍광 미니EV

9.2/13.4/26.5kWh, LFP, NEDC 120/
170km@665/700kg, 822kg@26.8kWh

● BYD(비야드)

아토3(元)

49.92/60.48kWh, LFP, NEDC 430/
510km@1680/1750kg

해표(Seal / 아토4)

61.4/82.5kWh, LFP, 정속법 550/650-700km

돌고래(Dolphin)

61.4/82.5kWh, LFP, 정속법 550/650-700km

한(漢, Han)

64.8/76.9kWh, LFP, NEDC 506/605km@1940/2170kg

탕(唐, Tang)

90.3/108.8kWh, LFP, CLTC 600/730/
635km@2360/2440/2560kg

친(秦, Qin)

47.5/57.0/71.7kWh, LFP, 정속법 400/500/600km@1580/
1650/1820kg

송플러스(宋, Song)

71.7kWh, LFP, NEDC 505km@1950kg

광저우자동차 그룹 : GAC Group

아이온 LX플러스
93.3/144.4kWh, NEDC 600~650/1008km@2070/2220kg

아이온 S
58.8kWh, LFP, NEDC 510km@1625kg

아이온 V플러스
69.9/72.1/80.0/95.8kWh, 삼원계, NEDC 500/500/600/702km@2040/2030kg 71.8kWh, LFP, NEDC 500km/1960kg

좌 **아이온 Y플러스**
55.5/63.98/76.8kWh, LFP, NEDC 510km@1625kg

우 **아이온 S플러스**
50.6kWh, LFP, NEDC 410km@1685kg
58.5/69.9kWh, 삼원계, NEDC 510km@1660kg : 58.8kWh/
NEDC 602km@1750kg : 69.9kWh

체리자동차 : Chery

체리 eQ1
38kWh, NEDC 301km@995kg

만리장성자동차 : Great Wall Motors

오라 굿 캣
47.8kWh, LFP, NEDC 400km@1510kg
59.1/63.1kWh, 삼원계, NEDC 500/480km@1510/1555kg

오라 발레 / 오라 펑크 캣
49.93kWh, LFP, NEDC 400km@1710kg
59.1kWh, 삼원계, NEDC 500km@1780kg

오라 라이트닝 캣
63.87/64.31kWh, LFP, CLTC 555/555km@1930/1930kg
79.62/83.49kWh, LFP, CLTC 705/600km@1930/2115kg

북경자동차 : BAW

EU5
60.2kWh, 삼원계, NEDC 501km@1680kg

EU7
60.225kWh, NEDC 475km@1725kg

EX3
삼원계, NEDC 421km@1640kg

EX5
61.8kWh, 삼원계, NEDC 415km@1770kg

특집 | 전기차 배터리 어디까지 왔나?

CHAPTER 3 — 제조사 별 사례

OEM, 서플라이어의 배터리 공급계획
[가격과 생산수량 확보를 둘러싼 전략]

자동차 메이커들은 자사의 통제권 영역에는 투자하면서도 각각의 시장에서는 거래처를 확보한다.
오랫동안 거래해 온 협력사가 있는가 하면 새로운 거래처도 있다.

본문 : 오가사와라 린코

No.1 토요타 — 미·일에 대규모 투자, 하이브리드용 배터리도 진화

2024~26년의 전기차용 배터리 생산을 위해서 토요타자동차는 미·일에서 최대 7조 3천억 원을 투자한다. 중국에서는 BYD와의 합병회사나 이치 토요타와 같이 개발한 전기차에 BYD의 LFP 배터리를 적용할 계획이다. BYD나 CATL 같은 중국 업체와 협력하는 것은 이전부터 밝혀온 사실이다. 하이브리드용 배터리에도 힘을 쏟은 결과, 토요타자동직기와 함께 바이폴라 형식 니켈수소 배터리를 개발하기도 했다. 그 생산능력을 늘리기 위해 토요타자동직기는 아이치현 내에 새로운 공장을 짓고 있다. 바이폴라 형식의 구조는 LiB에도 응용이 가능하다. 전고체 배터리도 개발 중이지만 수명 상 과제가 있어서 하이브리드에 먼저 사용할 것으로 보인다.

No.2 닛산 — AESC와의 거래 외로 배터리 메이커를 매수

닛산자동차는 기존 액체계열 LiB의 단가인하와 전고체 배터리의 실용화 양쪽에 주력하고 있다. 액체계열 LiB는 코발트를 사용하지 않고 2028년까지 1kWh 당 65% 가격인하를 목표로 하고 있다. 전고체 배터리는 자체 개발해 2028년에 시장에 투입할 계획이다. 개발한 전고체 배터리 성과는 3사 연합인 르노나 미쓰비시자동차와 공유한다. 전기차용 배터리를 오랫동안 오토모티브 에너지 서플라이(AESC)로 부터 공급받아 왔지만 세계 전략차인 아리아에는 CATL 배터리를 사용했다. 2022년 9월에 구 히타치 계열의 비클 에너지 자팬을 민관펀드로부터 매수한 바 있다.

No.3 혼다 — 미·중·일 파트너와 장기적인 관계를 구축

혼다는 북미에서 GM이나 LG에너지솔루션과, 중국에서는 CATL, 일본에서는 엔비전 AESC와 지역별 협력체계를 구축하고 있다. GM과 협력하는 이유는 전기차 베이스인 GM의 기술기반을 배터리까지 포함해서 공유하기 때문이다. 혼다 주도로 개발한 전기차 플랫폼 적용 모델도 만든다. 세계적으로 160GWh 규모의 배터리가 필요하다는 전망에 북미에서는 GM이나 LG에너지솔루션 2사와 손을 잡았다. 중국에서는 CATL과 배터리 공급뿐만 아니라 재활용 등을 포함한 포괄적이고 전략적인 제휴를 맺어 장기적인 공급체계를 갖추었다.

No.4 파나소닉 — 새로운 원통형 4680 양산에 주력

파나소닉 홀딩스가 사업회사 제도를 도입했기 때문에 차량용 배터리는 파나소닉 에너지 관할로 넘어갔다. 2009년부터 테슬라 전기차용 LiB를 공급해 왔으며, 그 배터리가 원통형이었다는 사실이 큰 주목을 받았다. 각형 배터리는 프라임어스 EV에너지나 프라임 플래닛 에너지&솔루션 등의 그룹 내 회사가 만들어 토요타자동차와 깊은 관계를 맺고 있다. 파나소닉 에너지가 주력하는 것은 신뢰성과 성능향상을 양립한 새로운 원통형 셀 4680이다. 에너지용량이 2170의 5배나 되는 이 배터리는 테슬라에 우선적으로 공급된다. 2023년도부터 와카야마 공장에서 양산하며, 북미에서도 조기에 생산할 예정이다.

No.5 엔비전 — 닛산 산하에서 벗어나 영·미·일에 기가 팩토리를 건설

엔비전 AESC의 전신은 닛산자동차와 NEC가 공동으로 출자한 회사로, 닛산 전기차용 배터리를 오랫동안 만들어 온 오토모티브 에너지 서플라이(AESC)다. 2019년에 중국 엔비전그룹 밑으로 들어갔지만, 닛산이 영국 선더랜드에 새로 만드는 전기차 생산거점에 엔비전 AESC의 기가 팩토리도 같이 만드는 등 현재도 계속해서 협력관계를 맺고 있다. 일본에서는 이바라키현에, 미국에서는 켄터키주나 사우스캐롤라이나주에 생산거점을 새로 만들 계획이다. 또 미국에서는 BMW 전기차에도 공급하기로 결정된 상태다. 글로벌 연구개발 본부는 일본에 두고 주행거리 1000km 같은 야심찬 목표나 파우치형 전고체 배터리 개발을 추진 중이다.

No.6 마쯔다

해외 판매에 엔비전 AESC 배터리도 사용

2025~2027년에 해외에서도 전기차를 판매할 마쯔다. 배터리 공급압박에 대비해 엔비전 AESC를 새로운 거래처로 추가했다. 다만 2027년까지 일부 공급에만 합의했고, 이후는 단계적으로 검토한다. 미래 배터리 개발은 NEDO 프로젝트를 통해 진행한다. 코발트를 사용하지 않는 양극재나 고성능 음극재 활용 등을 통해 대용량과 높은 입출력을 양립하는 LiB 개발에 집중할 계획이다.

No.7 스즈키

배터리 관련해 5조 원 투자, 인도에서 배터리 생산도 계획

스즈키 전기차 배터리공장 건설이 인도에서 시작됐다. 도시바, 덴소와 공동 출자다. 또 조만간 배터리와 관련해 5조 원을 포함해 20조 원을 전기화에 투자한다는 발표와 더불어, 유럽·인도·일본에 전기차를 투입할 계획이라는 사실도 밝혔지만 그렇다고 전기차 일변도는 아니다. 인도는 전력 인프라가 충분하지 않아서 일본 경자동차는 배터리 가격이 장벽으로 작용한다. 배터리 가격이 예상 수준만큼 떨어지기는커녕 오히려 앞으로는 상승할 가능성이 있다는 점도 과제가 될 것 같다.

No.8 CATL

자동차 메이커들이 모두 다 제휴

차량용 배터리 분야의 점유율 1위가 CATL이다. 중국 현지자본의 자동차 메이커는 물론이고 선진국 자동차 메이커와도 속속 제휴관계를 맺고 있다. 다수의 자동차 메이커에 배터리를 안정적으로 공급하기 위해서 남미 볼리비아의 우유니 염호 등에서 리튬을 직접 생산한다. 조만간 독일이나 헝가리, 인도네시아 등에도 생산거점을 건설한다. 포드가 미국 미시건주에 건설 중인 LFP 배터리 공장에 CATL이 협력하고 있다. 충전 대신에 전기차 배터리 자체를 교체하는 서비스나 배터리 재료의 재활용 기술 등도 개발 중이다. 2023년부터는 셀투팩 신기술을 적용한 배터리 생산도 시작한다.

No.9 BYD

배터리 판매를 계기로 배터리 메이커로 복귀?

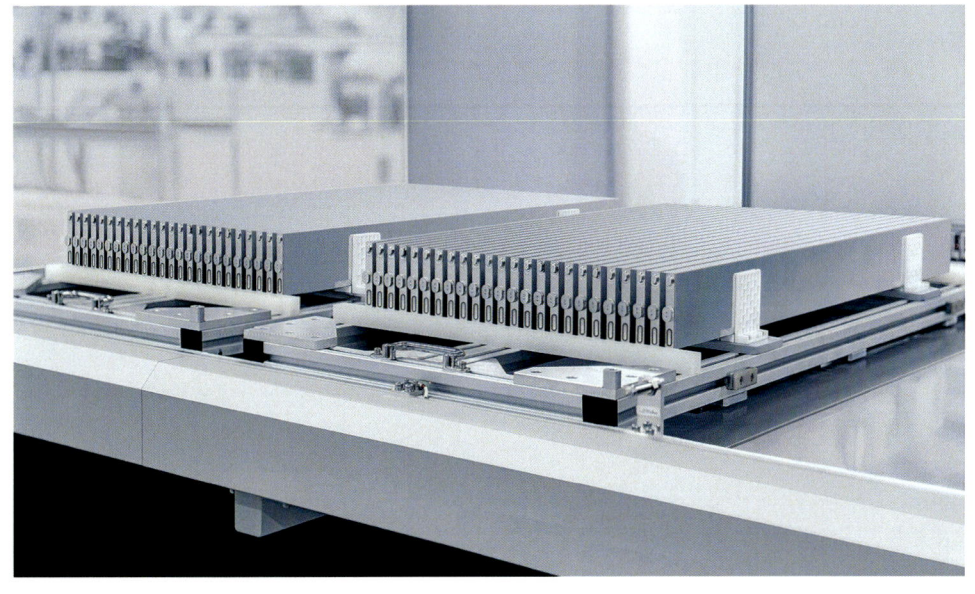

배터리 메이커에서 자동차 메이커로 변신한 BYD. 가솔린 내연기관 자동차 생산을 2022년 3월에 중지하고 신에너지 차 전문기업이 되었다. 일본에서는 토요타자동차가 2019년부터 BYD와 협력 중으로, 양쪽 다 자동차 메이커이기 때문에 협력대상이 배터리에 그치지 않고 전기차 공동개발까지 포함된다. 중국에서 판매하는 공동개발 모델 bZ3에는 토요타의 전기화 기술이 투입된 한편으로, 배터리는 BYD의 LFP 배터리를 사용한다. 향후 차량용 배터리만 따로 판매할 계획도 보도되고 있다. 그런 거래처로 대형 자동차 메이커 이름이 거론되는 등, 배터리 메이커로 복귀할 가능성도 있어 보인다.

No.10 LG화학 — 북미에서 GM, 혼다 등에 공급할 배터리 공장건설에 대규모 투자

전기차 배터리에서 세계 2위인 LG에너지솔루션. 북미에서는 GM과의 합병회사인 얼티엄셀즈가 공장을 운영한다. 북미에는 가동 중인 자사 공장이나 GM 대상의 공장 외에, 앞으로 가동할 스텔란티스나 혼다 대상까지 총 6군데의 생산거점을 구축할 계획이다. 생산능력은 6곳을 합쳐서 245GWh나 된다. 또 포드와 합작으로 튀르키예(터키)에 조만간 배터리 공장 건설한다는 발표 등, 경쟁사들을 긴장시키고 있다. 과거에는 GM의 쉐보레 볼트 EV에만 배터리를 공급해 왔는데, 분리막이나 양극재의 구조상 문제로 리콜비용 약 2조 5천억 원에 7만대 이상의 리콜사태를 경험하는 등 품질 문제 때문에 위기를 겪기도 했지만, 지금은 가장 공격적으로 생산거점 확보에 나서고 있다.

No.11 노스볼트 — 재생 에너지로 배터리를 생산, 수주액 70조 원

전기차 수명주기 동안의 전체 CO_2 배출량에서 문제는 배터리 제조로 여겨졌다. 전극 건조나 건조실을 가동하는 과정 등에서 에너지 소비가 컸기 때문이다. 스웨덴의 노스볼트는 클린 에너지를 통해 CO_2 배출을 최소한으로 낮춘 LiB 생산이 강점이다. BMW나 폭스바겐, 볼보, 스카니아 같은 거래처로부터 70조 원이 넘는 수주를 받았다. 배터리 재활용에도 주력해 2030년까지 필요한 원재료의 50%를 재생재료로 충당할 계획이다. 2022년 5월에는 전기차 배터리를 재활용하는 공장을 가동. 배터리 재료뿐만 아니라 알루미늄도 회수해 재사용한다.

No.12 삼성SDI — 스텔란티스를 대상으로 북미 공급에 주력

LG에너지솔루션과 마찬가지로 삼성SDI도 미국정부의 기후변화 정책 혜택을 받고 있다. 스텔란티스와 함께 미국 인디애나주에 전기차 등에 사용하는 배터리 공장을 건설할 계획이다. 투자액은 최대 약 4조 원으로, 생산량을 33GWh까지 늘린다. 스텔란티스는 2025년까지 전기차에 약 42조 원을 투자해 4종류의 전기차 전용 플랫폼을 개발하는 한편, 전 차종에서 전기차를 선택할 수 있도록 할 계획이다.

No.13 — 폭스바겐 — 3가지 배터리로 전체 브랜드의 전기차를 커버

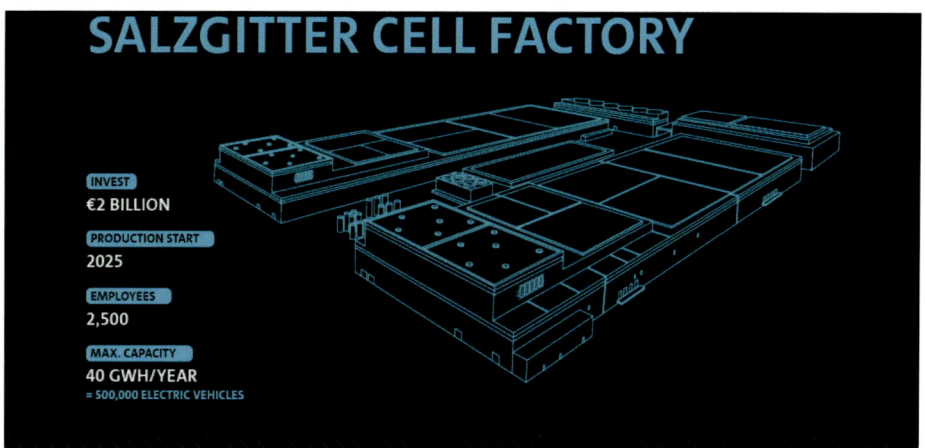

2030년까지 폭스바겐 그룹은 유럽에 6곳의 배터리 공장을 지을 계획이다. 산하에 다양한 브랜드가 있기 때문에 차량별로 최적의 재료를 사용할 방침으로, 그룹 내 80%의 전기차를 커버할 수 있는 통일규격을 도입해 양산효과를 만들어낼 계획이다. 특히 소형 전기차는 가격인하에 주력하고, 프리미엄 모델은 노스볼트와 협업해 생산할 예정이다. 이를 위해 10년 동안의 공급계약을 맺었다.

No.14 — 메르세데스 벤츠 — 유럽과 중국에서 균형 있게 배터리를 생산

2025년까지 모든 차종에 전기차를 설정해 전기차와 PHEV 비율을 50%까지 높일 계획이다. 2030년에는 전체를 전기차로 바꿀 예정으로, 배터리 공장은 세계적으로 8군데, 총 200GWh의 생산능력이 필요한 것으로 예측되기 때문에 CATL 등 중국 업체로부터의 공급은 물론이고, 스텔란티스와 토탈 에너지가 운영하는 오토모티브 셀즈 컴퍼니에는 출자까지 했다. 또 자사 생산거점에서 소규모로 셀을 직접 생산할 계획도 발표했다.

No.15 — BMW — 재생에너지나 재활용 재료 사용을 의무화

BMW는 2025년에 발표예정인 전기차에 원통형 LiB를 사용한다. 양극재에서는 니켈을 늘리고 코발트를 줄이는 한편, 음극재의 규소 비율을 높여 체적 에너지 밀도를 20% 향상시킴으로써 제조단가를 최대 절반으로 떨어뜨릴 계획이다. 공급처로 계약한 곳은 CATL이나 EVE 에너지, 엔비젼 AESC다. 배터리 메이커에는 재활용한 배터리 재료를 활용할 것과 재생가능 에너지만 사용해 배터리를 제조하도록 의무화했다.

No.16 스텔란티스 — 유럽에서 배터리 연합을 아군으로 삼아 공급을 확보

PSA 시대에 대형 석유회사인 토탈 자회사와 합자해 오토모티브 셀즈 컴퍼니(ACC)를 설립한 스텔란티스. 프랑스와 독일에서 배터리 생산체제를 갖춘 ACC는 독·불 정부의 지원과 더불어 메르세데스 벤츠로부터도 출자를 받는다. 이탈리아에도 대규모 배터리 공장을 건설한다. 북미에서는 삼성SDI나 LG에너지솔루션과 합자로 생산능력을 확보할 계획이다. 또 미국기업과 수산화 리튬의 장기 공급계약도 체결했다.

No.17 GM — 전기차에서 흑자를 달성하기 위해 재료조달에도 투자

2025년에 30차종의 전기차를 판매할 계획인 GM. 전기차 생산대수는 2024년까지 40만대를 설정. 2025년에는 전기차 사업을 흑자로 돌릴 수 있다고 자신을 보이고 있다. 그런 배경에는 LG에너지솔루션과 협력한 배터리 셀 생산분만 아니라 배터리 재료까지 조달 가능하도록 한 투자 강화가 있다. 그를 위해 호주의 니켈 제련기업에 약 900억 원을 출자했다. 가격 경쟁력이 높은 배터리 재료를 공급받아 수익성을 높이겠다는 전략의 일환이다.

No.18 포드 — 한국 메이커와 협력해 미국에 기반을 둔 체제구축

포드는 SK이노베이션과 합자해 켄터키주와 텍사스주에 새로운 배터리 생산거점을 만드는 한편, CATL의 기술협력을 바탕으로 미시간주에 LFP 배터리 공장을 짓고 있다. 포드는 2030년까지 글로벌 판매의 절반을 전기차로 달성할 계획이며, 유럽에서는 2035년까지 새 차를 전기차로만 판매할 계획이다. 튀르키예에도 LG에너지솔루션과 함께 배터리 공장을 설립, 유럽과 미국용 공급체제를 갖춘다.

No.19 테슬라 — 전기차 생산·판매 1위에게 요구되는 공급능력

2022년 3월에 독일에서는 테슬라의 전기차와 LiB를 생산하는 기가 팩토리가 가동되었다. 미국에서는 LiB 파트너인 파나소닉 에너지가 생산능력을 높이기 위해 캔자스주에 원통형 2170 셀을 생산하는 30GWh 규모의 새 공장을 건설. 또 테슬라는 네바다주 기가 팩토리에 4조 6천억 원을 투자해 신형 셀 4680을 생산한다. 투자를 받아 생산능력을 3.5배인 140GWh로 키웠다. 파나소닉 에너지는 원통형 LiB 생산능력과 관련해 2025년도에는 2022년 대비 2배, 2028년에는 3~4배가 필요할 것으로 전망하고 있다.

Gains and Losses for **Electric Vehicles**

도해특집
전기자동차의 정

전기자동차는 기존 자동차와 다른 점이 많다.
구조나 출력특성, 사용편의성, 소재 등등이다.
이런 다양한 차이에는 긍정적인 측면이 있는 동시에 몇 가지 풀어야 할 과제들도 존재한다.
말하자면 득실과 관련된 변동 폭이 매우 넓다는 말이지만, 반대로 그런 특성이 전기자동차의 가장 큰 매력이 아닐까 싶다.

그렇다면 전기자동차를 지금까지 타왔던 자동차와 똑같이 사용하기 위해서는 어떻게 해야 할까. 엔진의 약점을 보완하기 위해서 나타난 것이 하이브리드이므로, 전기자동차의 약점을 올바로 이해하면 훨씬 합리적인 사용방법을 찾아낼 수 있을 것이다.

전기자동차의 정체를 파고들어가 보자.

사진 : 현대 자동차

GAINS AND LOSSES FOR ELECTRIC VEHICLES

도해특집 : 전기자동차의 정체

CHAPTER 1

Introduction

서론

BEV를 달리게 하는 자원과 에너지

〖 석유와는 다른 전기의 세계 〗

과연 BEV(전기자동차)는 지구를 지켜내는 선봉에 설 수 있을까.
그런 지구 지킴이로 떠오른 BEV를 움직이게 하는데 필요한 것은 무엇일까.

본문 : 마키노 시게오 그림 : BP / JERA / Nagano Prefecture / S&P IHS Markit / 마키노 시게오

플러그 인
(플러그를 꽂아서 충전)
ECV

**일반적으로 말하는
좁은 의미의 EV**

ECV(Electrically Chargeable Vehicle)
외부 전기충전을 통해 달리는 자동차

BEV(Battery Electric Vehicle)
차량구동용 배터리(2차 배터리)에 저장된 전기만 사용해 달리는 자동차

에너지원이 차량구동용 배터리밖에 없기 때문에 주행거리나 가속성능은 전적으로 배터리 특성 및 배터리 용량에만 의존한다.

PHEV(Plug-in Hybrid Electric Vehicle)
차량구동용 배터리와 발전 또는 발전과 구동겸용 ICE를 사용해 달리는 자동차

기본적으로는 차량구동용 배터리에 저장한 전력을 사용하지만, 배터리 잔량이 줄어들 때는 ICE를 작동시켜 발전하면서 주행한다.

xEV
(어떤 방식으로든 전기구동 장치가 있는 자동차)

HEV(Hybrid Electric Vehicle)
혼합(복합) 전기차 = 전기와 다른 동력원을 같이 사용하거나 적절히 구분해서 사용하는 자동차

방식적인 구분

직렬 HEV : ICE로 발전하면서 전기모터를 사용해 달린다. ICE는 직접 바퀴를 구동하지 않는다.

전기 관여 정도에 따른 구분

마이크로 HEV : 간단하고 저렴한 시스템을 사용하며, 연비향상 효과는 ICE만 사용할 때와 비교해 10% 정도 이하다.

FCEV(Fuel Cell Electric Vehicle)
연료전지(Fuel Cell)을 사용해 발전하면서 달리는 자동차

ICV(Internal Combustion Engine Vehicle)

ICV(Internal Combustion Engine Vehicle)
내연기관(ICE)만 장착한 자동차. ICE와 변속기(Transmission) 사이에 클러치나 토크 컨버터 같은 단속장치가 있다.

082

수력발전은 지리나 기후조건에 크게 좌우될 뿐만 아니라 댐 건설에도 막대한 자금이 소요된다. 물론 이산화탄소(CO_2) 배출이 없는 발전 방식이다. 아래 사진은 나가노현이 관리하는 수력 발전소로, 2017년부터 가동되고 있다.

원자력 발전은 항상 요동쳐 왔다. 동일본 대지진 직후에는 전 세계적으로 탈원전 분위기가 높았다가, 우크라이나 전쟁 이후 에너지 안전보장 차원에서 원자력 발전으로 방향을 튼 나라도 있다. 사진은 체코의 CEZ가 운영하는 원자력 발전소 모습.

풍력발전은 CO_2가 발생하지 않지만 풍차 설치 장소가 강풍이 불어야 하는 조건 상 한정적이다. 또 근래에는 육상에 설치하기가 점점 어려워지면서 해상설치가 많아지는 추세다. 사진은 미국 아칸소주의 벤튼 카운티에 설치된 풍차 모습(BP제공).

태양광 발전도 CO_2가 발생하지는 않지만 일조시간이나 일조량이 발전량을 크게 좌우한다. 일본 같은 경우, 위도와 기후조건 상 풍력이나 태양광 모두 가동률이 높지 않아서 발전효율이 낮은 편이다. 사진은 후쿠시마현에 설치된 태양광 모습(필자 촬영).

사진은 JERA, JXTG 에너지, 도쿄전력 퓨얼&파워 3사가 운영하는 치바시 소재 화력발전소. 2018년에 일단 폐지되었다가 전력사정이 나빠지면서 설비를 새로 바꾸고 재가동에 들어갔다.

나라명	수력발전비율(%)	원자력 발전비율(%)	재생에너지 발전비율(%)	화력 발전비율(%)	산업분야 에너지 소비량	천연자원 수입 의존량(%)
핀란드	68.85	0	31.13	0.01	1,315	0
영국	1.90	16.48	38.42	43.31	21,317	0.39
이탈리아	16.01	0.0	25.66	58.55	25,026	0.08
인도	10.66	2.71	10.18	76.45	242.581	1.88
우크라이나	5.30	53.89	3.70	37.45		5.04
호주	6.22	0	14.42	79.47	22,146	9.84
네델란드	0.06	3.15	21.20	75.59	13,880	0
캐나다	59.66	14.97	7.57	17.82	47,024	2.21
사우디아라비아	0	0	0.12	99.88		18.29
싱가포르	0	0	3.59	96.41	7,014	0
스웨덴	38.9	38.87	21.26	0.98	11,076	0.86
스페인	9.21	21.23	29.44	40.42	19,711	0.09
태국	3.52	0	15.07	81.42	33,604	1.30
대만	2.06	11.58	3.61	83.03		
중국	17.36	4.57	10.40	67.81	1,024,371	1.39
덴마크	0.05	0.0	81.85	18.10	2,225	0.22
독일	3.44	12.29	39.99	44.66	55,720	0.14
일본	8.11	6.67	14.54	71.01	81,403	0.18
노르웨이	93.84	0	4.55	1.90	6,134	6.07
브라질	64.1	2.48	18.96	14.47	73,991	5.91
프랑스	10.46	70.16	10.85	8.84	27,497	0.03
미국					268,005	
러시아	18.14	18.43	0.46	63.02		10.83
세계평균	16.28	10.29	11.26	62.13	2,889,531 (45개국 합계)	
	2019년 EIA통계	2019년 EIA통계	2019년 EIA통계	2019년 EIA통계	석유환산 천톤 2019년 IA통계	

현재의 전원 상태

각국마다 지리·기후조건에 맞는 발전방법을 갖고 있다. 아이슬란드의 재생에너지는 지열. 일본도 지열이 풍부한 나라지만 전기를 만드는 것이 아니라 온천으로 주로 이용한다. 덴마크는 예전부터 풍차를 이용해 왔기 때문에 재생에너지도 풍력이 대부분이다. 독일과 스페인, 영국도 풍력비율이 20%가 넘는다. 태양광은 지중해 연안이나 아프리카, 섬나라 비율이 높다. 독일도 8%, 일본이 7%를 차지한다. 바이오매스 발전은 덴마크나 영국에서 활발하다. 재생에너지 발전은 다른 나라가 하고 있다고 따라할 일이 아니다. 그 나라의 특성에 맞게 구성해야 한다.

일반적으로 전기자동차라고 하면 2차 배터리(반복적으로 충전·방전할 수 있는 배터리)를 사용하는 BEV를 말하지만, 이것은 좁은 의미에서의 전기자동차다. 앞 페이지의 용어는 전 세계 자동차 개발 현장에서 표준으로 사용하는 표현을 정리한 것이다. 어떤 방식으로든 전기를 사용해 달리는 차는 모두 전기차=일렉트릭 비클(Electric Vehicle)이다. 이 전기로 바뀌는 현상을 일렉트리피케이션(Electrification)이라고 한다.

이번 특집에서는 BEV를 다룬다. BEV란 어떤 차인지에 대해 양파껍질 까듯이 파헤쳐 보자.

먼저 전제해 둬야 할 것이 있다. BEV도 자동차라는 사실이다. ICE(내연기관)은 장착하지 않았지만 전력이라는 에너지를 사용해 전기모터를 구동하고, 그 회전력을 바퀴로 전달해서 달린다. 브레이크도 있고, 스티어링(핸들)도 있다. 갑자기 솟아난 특별한 존재가 아니라 자동차다. 또 전기모터나 디퍼렌셜 기어, 드라이브 샤프트 같은 기계장

가솔린 엔진용 삼원촉매

가솔린차 배출가스 중, 규제물질인 일산화탄소(CO), 탄화수소(HC), 질소산화물(NOx)을 동시에 정화할 수 있는 삼원촉매는 3종류의 귀금속을 사용한다. 남아프리카 의존도가 모두 다 높은 소재들이다.

	백금 생산량	2020년(kg)
1	남아프리카	111,993
2	러시아	23,000
3	짐바브웨	15,005
4	캐나다	7,000
5	미국	4,200
6	중국	2,500
	전 세계 합계	166,000

출처 : USGS

78 PT

	팔라듐 생산량	2020년(ton)
1	러시아	93,000
2	남아프리카	73,533
3	캐나다	20,000
4	미국	14,600
5	짐바브웨	12,800
6	중국	1,300
	전 세계 합계	217,000

출처 : USGS

46 PT

	로듐 생산량	2020년(kg)
1	남아프리카	53,521
2	짐바브웨	3,230
3	러시아	3,054
4	캐나다캐나다	1,000
	전 세계 합계	60,800

로듐/이리듐/루테늄의 합계
출처 : USGS

45 PT

강재

	바나듐 생산량	2020년(ton)
1	남아프리카	70,000
2	러시아	19,533
3	짐바브웨	8,584
4	캐나다	6,622
5	미국	17
6	중국	
	전 세계 합계	105,000

출처 : USGS

23 V

강재와 고성능 2차 배터리 용도가 겹치는 소재

	텅스텐 생산량	2019년(ton)
1	중국	69,000
2	베트남	4,500
3	러시아	2,200
4	몽골	1,900
5	북한	1,130
6	볼리비아	1,064
	전 세계 합계	83,800

출처 : USGS

74 W

	망간 생산량	2020년(ton)
1	남아프리카	6,500
2	호주	3,331
3	가봉	3,314
4	중국	1,336
5	가나	637
6	인도	632
	전 세계 합계	18,900

출처 : USGS

25 Mn

자동차 보디에 사용하는 박판은 강재 중에서도 가장 비싸고 고성능이다. 당연히 중량 당 단가도 비싸다. 그 이유는 정밀한 제조공정과 첨가물인 금속 때문이다. 강재세계에서는 중국 영향력이 강하다.

	몰리브덴 생산량	2020년(ton)
1	중국	120,000
2	칠레	59,381
3	미국	51,100
4	페루	32,165
5	멕시코	16,563
6	아르메니아	8,696
	전 세계 합계	298,000

출처 : USGS

42 Mo

자동차 보디에 사용하는 박판은 강재 중에서도 가장 비싸고 고성능이다. 당연히 중량 당 단가도 비싸다. 그 이유는 정밀한 제조공정과 첨가물인 금속 때문이다. 강재세계에서는 중국 영향력이 강하다.

	코발트 생산량	2019년(ton)
1	콩고민주공화국	100,000
2	러시아	6,300
3	호주	5,742
4	필리핀	5,100
5	쿠바	3,800
6	마다가스카르	3,400
	전 세계 합계	144,000

출처 : USGS

28 Ni

	니켈 생산량	2018년(ton)
1	인도네시아	606,000
2	필리핀	344,915
3	러시아	272,000
4	뉴칼레도니아	216,225
5	캐나다	175,761
6	호주	170,312
	전 세계 합계	2,400,000

출처 : USGS

27 Co

복잡해지는 자원 조달

우측 그래프는 우크라이나 전쟁이 일어나기 전에 영국 IHS 마킷(현재 S&P 산하)이 예측한 자료다. 녹색으로 표시된 BEV가 지속적으로 증가하는 것을 알 수 있다. 이런 추세로 BEV가 늘어나면 여기서 소개한 고가의 금속뿐만 아니라, 모터에 사용하는 구리선과 전자강판의 가격급등이 우려된다. 수요가 갑자기 증가할 때는 생산량이 부족해져 자원 쟁탈전이 시작된다.

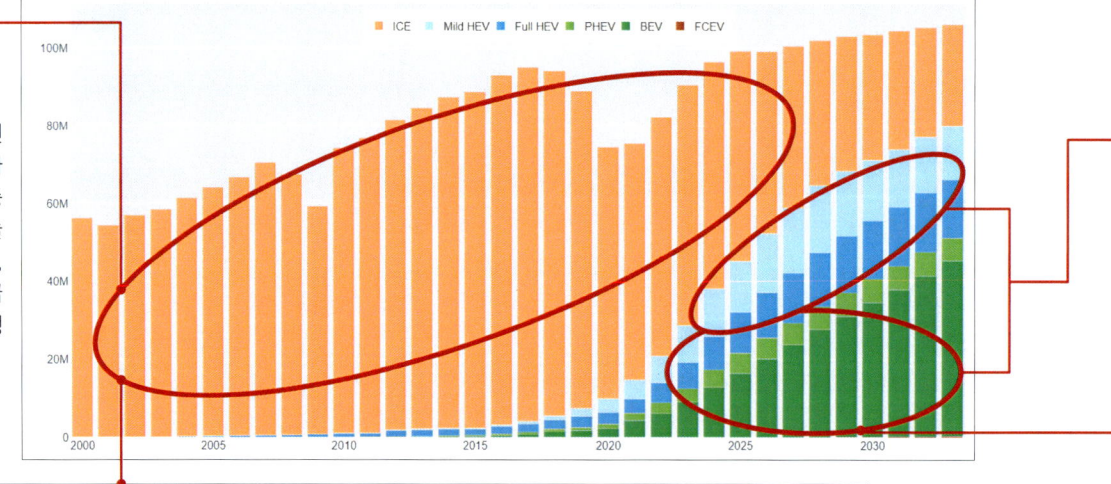

에너지 생산량

	석유 생산량	2021년(천 톤)
1	미국	711,125
2	러시아	536,446
3	사우디아라비아	515,023
4	캐나다	267,096
5	이라크	200,829
6	중국	198,881
7	이란	167,658
8	UAE	164,381
9	브라질	156,792
10	쿠웨이트	131,093
11	멕시코	96,486
12	노르웨이	93,796
13	카자흐스탄	85,989
14	나이지리아	77,929
15	카타르	73,320
	전 세계 합계	4,221,366

출처 : BP

중동산유국이 만든 OPEC (석유수출국기구) 가맹국 가운데 이라크와 이란, 사우디아라비아, UAE(아랍 에미리트), 쿠웨이트, 나이지리아 6개국은 상위 15위 안에 들어있지만, 미국과 캐나다, 멕시코 3개 나라를 합친 생산량은 그 6개국의 85%나 된다. 중국은 석유수입국으로 바뀐지 오래 전으로, BEV를 국가차원에서 보급하는 데는 가솔린 소비를 억제하려는 배경도 있다.

	천연가스 생산량	2021년(백만m³)
1	미국	934,203
2	러시아	701,667
3	이란	256,650
4	중국	209,213
5	카타르	176,980
6	캐나다	172,319
7	호주	147,219
8	사우디아라비아	117,287
9	노르웨이	114,317
10	알제리아	100,774
11	투르크메니스탄	79,284
12	말레이시아	74,191
13	이집트	67,799
14	인도네시아	59,292
15	UAE	56,994
	전 세계 합계	4,036,883

출처 : BP

석유와 마찬가지로 천연가스 생산량도 미국이 1위고, 2위가 러시아다. 넓은 국토와 자원, 그다지 적지 않은 인구 3가지가 양국의 공통점이다. 한편 유럽은 러시아산 천연가스에 크게 의존해왔지만 우크라이나 전쟁을 계기로 공급이 정지되면서 유럽 각국의 에너지 정책이 대전환을 맞았다. 전에는 석유가 자원의 주역이었다면 지금은 천연가스가 주역이라고 할 수 있다. 차이는 있지만 EU의 대응책은 원자력으로 가는 것 같다.

	알루미늄 생산량	2020년(천 톤)
1	중국	37,080
2	러시아	3,639
3	인도	3,558
4	캐나다	3,119
5	UAE	2,520
6		1,582
	전 세계 합계	65,200

출처 : USGS

13 Al

	아연 생산량	2020년(ton)
1	중국	4,058,000
2	페루	1,329,000
3	호주	1,321,000
4	미국	723,000
5	인도	720,000
6	멕시코	638,000
	전 세계 합계	12,000,000

출처 : USGS

82 Pb

	망간 생산량	2020년(ton)
1	중국	886,000
2	러시아	48,000
3	이스라엘	18,500
4	브라질	18,000
5	카자흐스탄	16,000
6	튀르키예	12,000
	전 세계 합계	1,000,000

출처 : USGS

12 Mg

고성능 2차 전지

	리튬 생산량	2020년(ton)
1	호주	1,427,380
2	칠레	123,290
3	중국	70,600
4	브라질	51,000
5	아르헨티나	31,747
6	포르투갈	23,185
	전 세계 합계	1,740,000

출처 : USGS

3 Li

	흑연 생산량	2019년(ton)
1	중국	700,000
2	모잠비크	107,000
3	브라질	96,000
4	마다가스카르	48,000
5	인도	35,000
6	러시아	25,100
	전 세계 합계	1,100,000

출처 : USGS

6 C

	구리 생산량	2018년(ton)
1	칠레	5,831,600
2	페루	2,436,950
3	중국	1,591,000
4	콩고민주공화국	1,225,607
5	미국	1,220,000
6	호주	920
	전 세계 합계	20,400,000

출처 : USGS

29 Cu

전기모터

	희귀금속 생산량	2019년(ton)
1	중국	132,000
2	미국	28,000
3	미얀마	25,000
4	호주	20,000
5	마다가스카르	4,000
6	인도	2,900
	전 세계 합계	219,000

출처 : USGS
※희토류 산화물의 무게를 바탕으로 한 수치.

희토류에 포함된 디스프로슘은 모터 열로 인해 자석의 자력이 떨어지는 것을 막아주는 첨가물이지만 아주 비싸다. 자석을 사용하지 않는 유도모터 사용이 늘고 있는 이유 가운데 하나는 자원 리스크를 피하기 위해서다. 중국은 독보적인 희토류 생산국으로, 2위인 미국보다 5배나 많이 생산한다.

치는 보통의 ICE차처럼 오일로 윤활된다. BEV가 기름을 사용하지 않는다는 말은 잘못된 말이다. 단순하게 말하면 BEV는 ICE와 연료탱크를 사용하지 않는 자동차일 뿐이다.

BEV를 달리게 하는 전력은 외부에서 충전해 줘야 한다. PHEV나 직렬 HEV 또는 레인지 익스텐더 같은 BEV는 장착한 ICE를 사용해 전기를 만들 수 있지만, BEV는 외부에서 충전해야 한다. 가솔린차나 디젤차는 연료탱크에 액체연료를 저장했다가 사용하고, BEV는 전력을 배터리에 저장했다가 사용한다. 자급자족이 안 된다는 점은 둘 다 똑같지만 사용하는 에너지는 다르다. 또 BEV와 ICE 차 사이의 그 에너지 차이가 가져오는 사회적 영향도 많이 다르다.

ICE차의 연료 가운데 가솔린이나 경유, LPG, CNG(압축천연 가스)는 지하자원이 바탕이다. 20세기 자동차 사회에서는 이런 자원을 갖고 있는 나라가 큰 영향력을 발휘했다. 지하자원이 아닌 다른 ICE차 연료로 식물에서 추출하는 알코올(바이오메탄올)도 있지만 대대적으로 사용하는 지역은 매우 적다.

전력을 얻으려면 수력이나 화력, 원자력 외에 기상현상을 이용하는 태양광, 풍력, 조

	1인당 1차 에너지 소비량	
1	네델란드령 안틸레스	29.49
2	카타르	18.23
3	아이슬란드	16.18
4	싱가포르	16.13
5	바레인	13.81
6	트리니다드 토바고	13.21
7	UAE	11.89
8	브루나이	10.46
9	캐나다	10.04
10	미국령 버진제도	8.93
11	노르웨이	8.41
12	투르크메니스탄	8.33
13	룩셈부르크	7.81
14	미국	7.57
15	사우디아라비아	7.81
	전 세계 합계	

단위 : 석유환산 톤 / 출처 : 2019년 EIA

	재생가능 에너지 발전량	
1	중국	751.41
2	미국	489.09
3	독일	230.94
4	인도	153.11
5	일본	143.11
6	영국	119
7	브라질	116.49
8	스페인	77.45
9	이탈리아	72.63
10	프랑스	59.16
11	캐나다	47.97
12	멕시코	44.77
13	튀르키예	44.56
14	호주	36.05
15	스웨덴	35.23
	전 세계 합계	

단위 : TWh(테라와트시) / 출처 : 2019년 EIA

	가구부문 전력소비량	
1	미국	123,521
2	중국	91,464
3	인도	27,363
4	일본	21,505
5	캐나다	14,814
6	프랑스	13,731
7	브라질	12,259
8	독일	10,880
9	영국	8,927
10	인도네시아	8,647
11	스페인	6,275
12	한국	5,797
13	이탈리아	5,640
14	멕시코	5,545
15	호주	5,050
	전 세계 합계	522,090

단위 : 석유환산 톤 / 출처 : 2021년 EIA

1차 에너지란 연료의 열량이나 인위적 변환 과정을 거치지 않은 자연계에 존재하는 에너지를 말한다. 국민 1인당 에너지 소비량 상위국은 산업에너지 이용이 많은 나라들이다. 벨기에가 5.90으로 20위, 러시아 21위, 독일이 4.10으로 34위, 일본이 3.77로 39위다. 프랑스는 일본과 거의 비슷하다.

일본의 재생에너지 발전비율(14.54%)은 태양광에 유리한 호주와 비슷하다. 재생에너지 발전량에서는 세계 5위로, 인구밀집지역이 많은데도 재생에너지 발전시설을 설치하고 있다. 재생에너지는 지리·기후조건에 좌우되기 때문에 숫자만으로는 우열을 논하기 어렵다.

가구부문에서 보면 일본의 일반가정은 전력소비량이 많다는 것을 알 수 있다. 다만 이것은 전체적인 데이터이고, 국민 1인당 데이터는 아니다. 주택면적이나 인구도 반영되지 않았다. 하지만 BEV가 대량으로 보급되면 이 데이터에 일반가정이 소유한 BEV용 공급전기량이 추가된다.

력, 지열 같은 재생가능 에너지도 이용할 수 있다. 이 가운데 화력은 석탄(갈탄이나 이탄도 포함)이나 천연가스, 석유, 바이오매스 같은 연료를 사용한다. 천연가스 차는 거의 없기 때문에 ICE차 연료와 발전연료는 그다지 겹치지 않는다.

아주 단순하게 말하면 ICE차에 대해서는 중동이나 러시아, 미국 같은 산유국들의 발언권이 강했다. 하지만 BEV는 전 세계의 발전 사정이 어떻게 되느냐에 따라 영향력을 갖는 나라가 바뀐다. 우크라이나와 전쟁 중인 러시아를 경제제재하고 있는 유럽은 러시아산 천연가스 구입을 크게 줄였지만, 그로 인해 유럽의 전력사정이 압박을 받고 있다. 천연가스를 사용한 화력발전이 활발한 현재, BEV에 영향을 갖는 나라는 천연가스 산출국이다.

다른 자원은 어떨까. BEV에서 사용하는 자원과 그 산출국을 정리한 표를 봐주기 바란다. ICE 같은 경우는 가솔린차의 배출가스 정화장치인 삼원촉매에 사용하는 백금과 팔라듐, 로듐이 전략적 의미가 있다. 자동차 메이커는 이 자원의 일정 양은 재고로 갖고 있으면서도 항상 확보해야만 했기 때문이다.

BEV에는 이 3종류의 귀금속이 들어가지 않지만 고성능 전기모터용 자석에 필수인 네오디뮴과 디스프로슘 같은 희토류(Rare Earth), 거기에 고성능 LIB(리튬이온 배터리)에 사용하는 코발트 등이 전략자원이다. 그런 영향력에서 벗어나기 위해서 코발트를 사용하지 않는 LIB나 자석을 사용하지 않는 전기모터가 주목받고 있다.

코발트와 망간, 니켈 등은 고성능 강재(鋼材)에 첨가하는 자원이기도 하기 때문에 LIB 생산량 증가와 더불어 가격이 급등하기도 했다. 고성능 강재에는 아주 소량, 비중으로는 10억 분의 1 수준으로 첨가하는 금속이지만, 가볍고 튼튼한 자동차 보디용 초고장력 강판이 필요한 기존 수요에 BEV용 LIB라는 새로운 수요가 겹치면서 가격이 솟구쳤던 것이다. 강재나 LIB 모두 연구개발이 진행되면서 특정한 희귀자원 의존도가 서서히 낮아지고 있기는 하지만, 화석연료를 사용하는 ICE차와 달리 BEV는 자원고갈 차원에서라도 해결해야 할 문제가 많다.

BEV는 고가의 희귀자원을 사용하면서도 같은 크기의 ICE차와 비교했을 때 더 무겁다. VW(폭스바겐) 골프 7세대 모델에서 ICE차와 BEV를 비교하면, 장비를 똑같이 했을 때도 ICE차가 1.3톤인데 반해 BEV는 1.6톤이 나간다. 어른 4명에 여분의 물건을 더 싣고 다니는 셈이다. 이런 무게증가는 LIB 영향이 가장 큰데, 무게증가를 억제하기 위해서 보디를 알루미늄 합금으로 만들면 알루미늄 제련부터 제품화할 때까지의 CO_2 배출도 고려해야 한다. 이렇게 BEV에 따라다니는 자원문제는 매우 복잡하게 얽혀 있어서 다루기가 쉽지 않다.

자원·에너지 관점에서 BEV를 보면 ICE차와 다른 측면이 보인다. 20세기의 자동차 사회가 석유라는 자원에 좌지우지되었듯이 21세기의 BEV 사회도 이미 크고 작은 자원문제를 안고 있다. 물론 각 방면에서 연구개발이 진행 중이므로 시간의 문제지 해결책은 나오겠지만, BEV에 대한 정치가 관여하는 것은 처음부터 ICE차를 뛰어넘었다. 정치가 BEV 보급 속도를 강력하게 결정하고 있다. BEV가 결코 특별한 자동차가 아님에도 불구하고 여기에 정치가 끼어들면 특수성만 부각되기 십상이다. 이 대목이 BEV의 불행인 것이다.

CHAPTER 1　GAINS AND LOSSES FOR ELECTRIC VEHICLES　| Foresight – 고찰

BEV와 전원구성의 이상적 관계
【 일본의 현재와 미래를 생각하다 】

외부에서 충전해 달리는 자동차는 각국의 전력망을 통해 전기를 충전하게 된다.
이것이 무엇을 뜻하고, 전력망에는 어떤 영향을 끼치는지 살펴보자.

본문 : 마키노 시게오　그림 : 홋카이도 일렉트릭 파워 회사 / 고토미 만자와

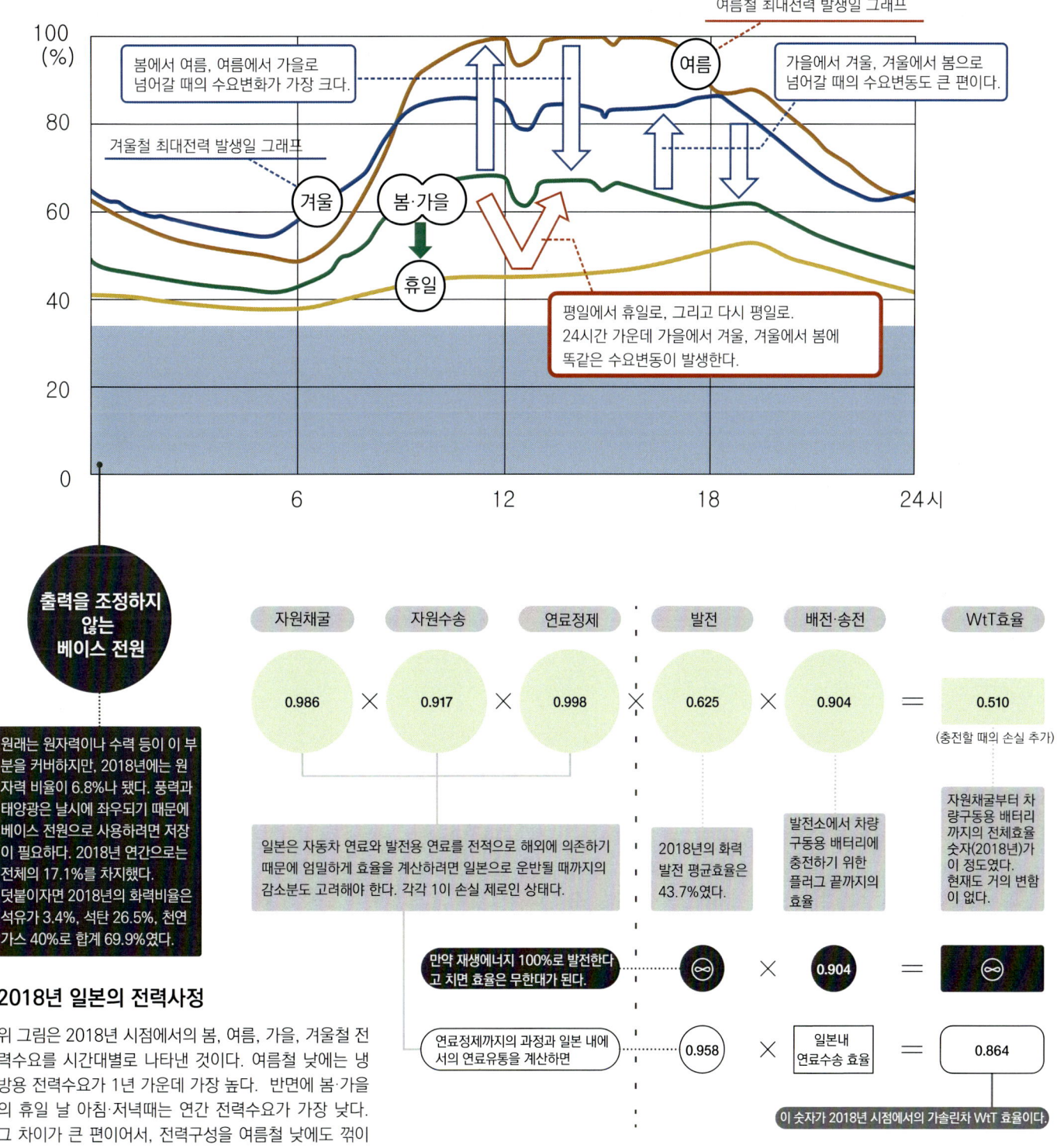

2018년 일본의 전력사정

위 그림은 2018년 시점에서의 봄, 여름, 가을, 겨울철 전력수요를 시간대별로 나타낸 것이다. 여름철 낮에는 냉방용 전력수요가 1년 가운데 가장 높다. 반면에 봄·가을의 휴일 날 아침·저녁때는 연간 전력수요가 가장 낮다. 그 차이가 큰 편이어서, 전력구성을 여름철 낮에도 꺾이지 않도록 설계한다. 재생에너지는 공급이 불안정하기 때문에 그것을 뒷받침해 줄 화력발전 규모가 포인트다.

일본의 여름 날씨는 기온도 습도도 높다. 또 겨울은 춥고 국토면적의 약 80%에서 눈이 내린다. 여름은 고온다습하고 겨울에는 춥고 눈이 쌓일 뿐만 아니라, 해마다 많은 태풍이 지나가는, 세계적으로 봐도 특수한 기후조건에 처해 있다. 일조시간은 긴 편이지만 비도 많이 내린다. 태양광 발전 가동률(1년을 통해 일정량 이상을 발전할 수 있는 시간 비율)은 전국 평균이 약 13%, 풍력발전은 약 20%에 불과하다. 세계은행에서 발표한 데이터에 따르면 일본의 일사량 평균은 3.64kWh(킬로와트 시=1시간에 방출할 수 있는 전력을 1,000W 단위로 나타낸 단위)로, 세계 210개국 가운데 181위다.

전력업계에 물어보면 발전량을 결정하는 데 있어서 가장 중시하는 대목은 어느 정도의 전력을 안정적으로 준비할 수 있느냐는 것이라고 한다. 안정적 공급이 안 되면, 의미가 없다고도 한다. 안정적 공급이란 날씨나 시간대와 상관없이 항상 일정한 출력을 유지할 있어야 한다는 뜻이다. 여기에 적합한 것은 화력과 원자력이다. 수력은 댐의 수위에 따라 가동이 제한 받기도 한다. 태양광과 풍력은 발전할 때 CO_2가 배출되지 않는 재생가능 에너지지만, 날씨의존도가 강하기 때문에 처음부터 논외다. 재생에너지 가운데는 조금 안정적인 지열과 조력도 있지만,

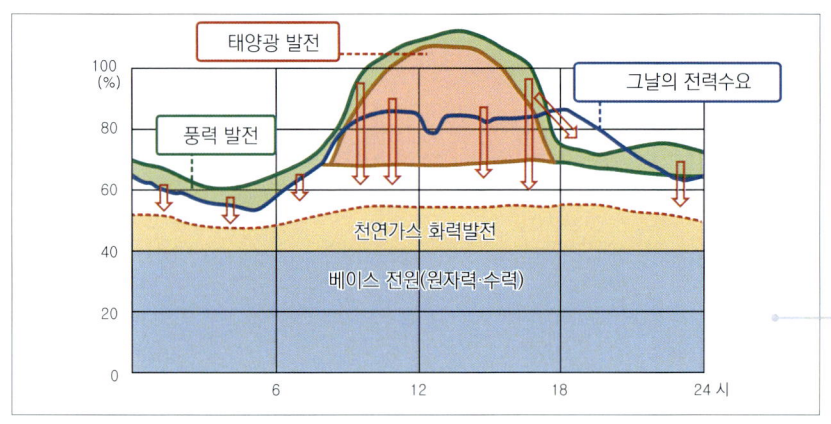

원자력이나 수력, 지열 등 언제나 이용할 수 있는(날씨에 의존하지 않는) 재생에너지로 구성되는 베이스 전력 합계가 40%로 상정되었다.
ECU(유럽연합) 28개국+영국은 이 부분에서 원자력이 25.5%를 차지한다.

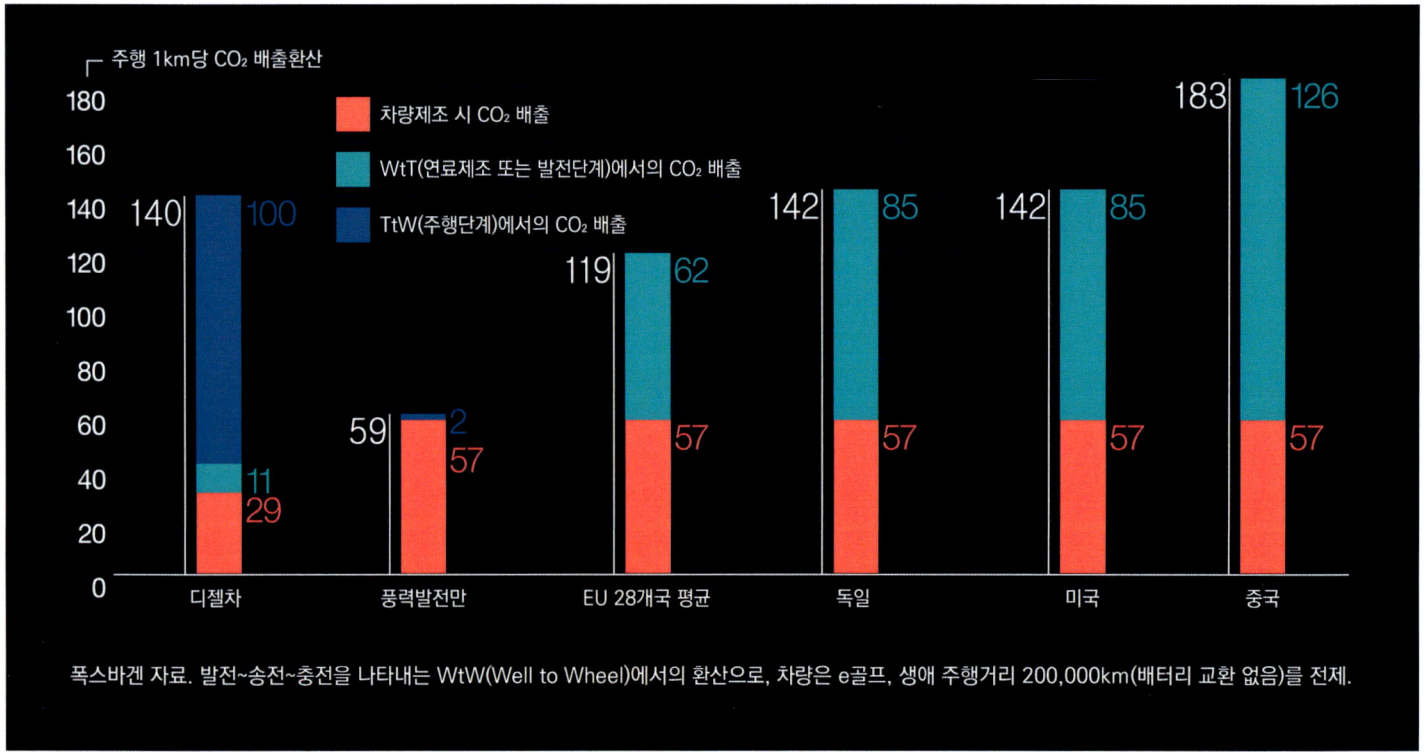

디젤차와 BEV의 CO_2 발생량 비교

이 그래프는 VW이 공개한 데이터다. BEV e골프와 같은 세대의 ICE차를 CO_2 배출량으로 비교한 그래프다. 독일의 발전구성을 고려하면 WtT+TtW=LCA(Life Cycle Analysis=제조부터 전체 주행거리, 폐차까지)에서는 BEV와 디젤차가 거의 같다. 나라에 따라서 BEV가 유리한 경우도 있고, 반대로 불리한 경우도 있다는 그래프다. 전제로 한 주행 200,000km는 BEV에 유리한 조건으로, 이 전제를 150,000km로 바꾸면 BEV의 CO_2 배출은 더 많아진다.

2019년 12월말 시점의 일본

BEV 보유대수는 약 130,000대고, 그 가운데 승용차가 124,000대. HEV 보유대수는 11,820,000대. 2019년 12월말 시점에서의 자동차 총 보유대수는 78,400,000대이므로 BEV는 오차범위에 있는 셈이다.

2030년 12월말 시점의 일본(예측)

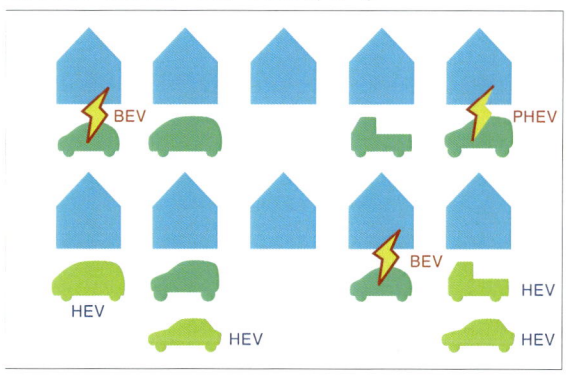

차세대 자동차 연구회가 예측한 보급목표를 경제산업부가 반영. BEV와 PHEV 합계는 20~30%지만, 최댓값을 취해 30%로 나타냈다. HEV는 30~40% 보급목표이므로 40%로 계산했다.

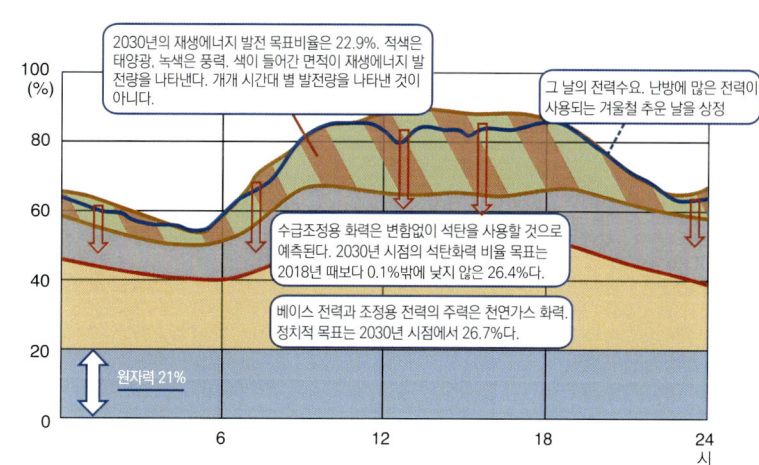

일본에는 큰 도움이 되지 않는다.

또 한 가지, 전력의 철칙은 수요와 공급이 같아야 한다는 사실이다. 발전량(공급)과 소비량(수요)이 같지 않으면, 전력 주파수가 바뀐다. 일본은 일반 가정에 AC(교류) 100V를 공급하면서 지역에 따라 주파수가 50Hz와 60Hz로 나뉜다. 그런데 공급보다 수요가 많은 전력부족 상태에서는 주파수가 떨어지고, 반대로 수요보다 공급이 많은 공급 과다 상태에서는 주파수가 올라간다. 다소의 차이는 문제없지만 가전제품은 규정 주파수(50Hz/60Hz)가 아니면 제대로 작동하지 않기 때문에 문제가 되는 것이다.

수요와 공급의 균형을 항상 일정하게 유지하려면 예측이 어려운 재생에너지의 전력 상태를 감시하면서, 재생에너지가 오버되면 다른 발전방식을 줄이고, 재생에너지가 급격히 떨어지면 다른 발전방식에서 보완하는 작업을 지속적으로 해야 한다. 예를 들어 넓은 지역에 걸쳐 맑은 날씨였다가 갑자기 비가 내릴 경우는 주파수가 낮아져 대규모 정전 상태가 발생할 우려도 있다. 짧은 시간에 출력을 바꿀 수 있는 발전방식은 화력이기 때문에 화력이 재생에너지의 완충장치(보완역할)가 된다.

이상과 같은 전제를 감안해 이번에는 BEV 충전에 대해 생각해 보자. 이 페이지 그림들은 10채의 집과 10대의 자동차다. 일본의 자동차 보유대수는 2019년 12월말 기준으로 약 78,400,000만대. 이 가운데 HEV(Hybrid Electric Vehicle)은 약 10,000,000만대고, 트럭·버스가 15,000,000만대 정도이므로 10대를 기준으로 비교해서 그리 벗어난 수치는 아니다.

12월이므로 겨울철이다. 전력 그래프 그림 속에서 겨울에 초점을 맞췄다. 쾌청한 날에 바람도 조금밖에 불지 않는다면, 지역차이는 있겠지만 재생에너지 비율은 10% 정도를 기대할 수 있다. 낮 동안에 태양광과 풍력으로 발전한 것처럼 그려져 있지만 전체 속 비율을 나타낸 것으로 생각하면 된다. 청색으로 표시한 베이스 전원은 원자력과 수

2030년 이후 예측

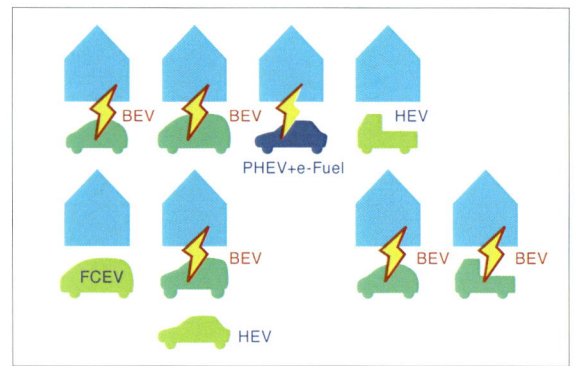

중형 트럭은 HEV, 소형은 BEV 또는 HEV, 버스는 FCEV로 바뀔 것으로 전제. 승용차는 대부분 xEV(어떤 식으로든 전기구동 시스템을 가진 자동차)로 바뀐다. 동시에 일본 인구와 차량보유 대수가 줄어든다.

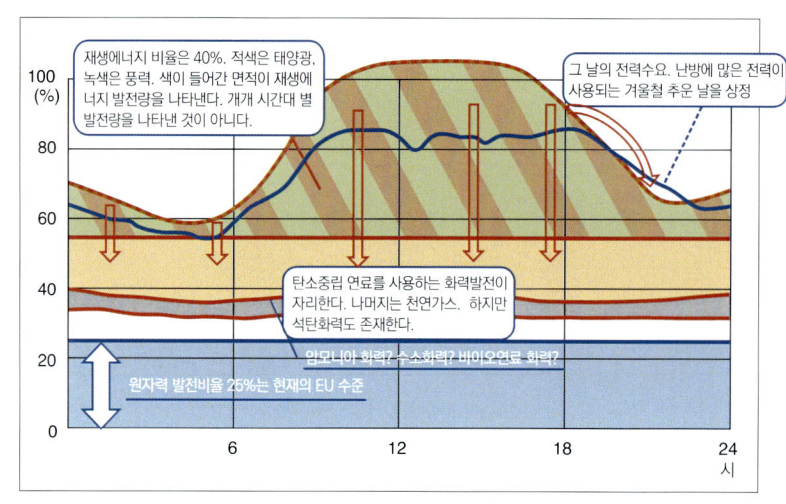

2040년 이후 예측

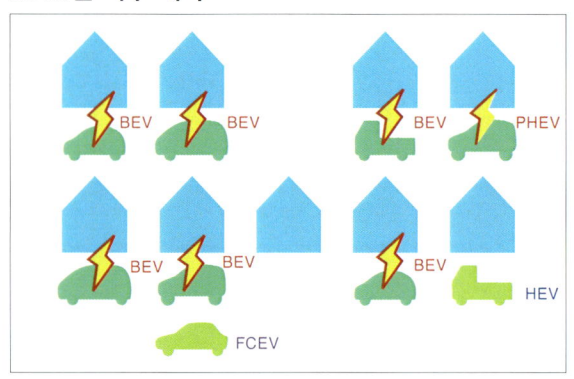

일본 인구는 더 감소하고, 차량보유 대수도 그에 따라 줄어든다. e퓨얼 등 자동차에도 CN(Carbon Neutral) 연소가 보급되면서 HEV와 PHEV도 끊임없이 CN에 가까워진다. FCEV도 증가한다.

EU위원회와 EU정부가 생각하는 2040년에는 그림 속 승용차들 전부가 BEV로 바뀐다. BEV에 충전할 전력이 어느 정도 규모가 될 것인지는 나라마다 계산하지만, 전문가는 '재생에너지가 증가할 것이기 때문에 문제는 없을 것'이라고 한다. '남는 재생에너지 전력은 수소 등으로 바꿔서 언제든지 사용할 수 있다'고 한다. 또 '그렇게 해도 CO_2는 증가하지 않는다'고 한다. 전적으로 믿기는 힘들고, 안정적 공급이야말로 중요하다는 사실이 결여된 느낌도 있다.

양수 발전소

남은 전력을 사용해 물을 퍼올린 다음, 전력이 부족할 때 낙차를 이용한 수력발전을 하는 시설. 사진은 홋카이도 전력이 운영하는 양수 발전소. 상류 조정지와 댐 호수 사이의 낙차 369m를 이용한다. 최대출력은 1,80만kW.

력으로, 전체의 약 13%를 차지한다. 나머지는 거의 화력(황색 부분)이다. BEV는 거의 제로이므로 가정용과 상업용, 공업용 전력만 확보하면 된다.

시계를 앞으로 돌려서 2030년 12월말. 이것은 예측한 것이지만, 자원에너지청 예측으로는 원자력 21%에, 여기에 수력을 더하면 동일본 대지진 전의 베이스 전원과 거의 비슷해진다. 그 발전구성으로 3대의 BEV에 대응한다. 쾌청하고 바람도 강하면 재생에너지 발전으로 20% 이상을 확보할 수 있을 것이다. 2030년 시점의 재생에너지 비율은 22%가 넘을 것이라는 예측이다. 전력수요를 초과한 재생에너지는 화력발전을 줄이는데 사용할 수도 있고, 심지어 BEV 충전으로 돌릴 수도 있다. 낮 동안의 재생에너지가 가장 활발할 때 3대 다 충전해 주면 가장 좋은 시나리오다.

BEV 보유비율이 더 높아져 9대 가운데 5대가 BEV, 1대가 PHEV라는 상황을 생각해 보자. 나머지는 ICE를 탑재한 HEV. 모든 차가 xEV로 바뀐 시대를 상정한 것이다. 10채였던 집은 9채로 줄어들고, 10대였던 자동차도 9대로 줄어들었다. 일본 인구가 줄어들면서 세대수도 감소하고, 자동차 보유대수도 줄어들 것이라는 전망이다. 따라서 일본 전체의 전력수요도 감소한다. 그런 한편으로 재생에너지 발전능력은 크게 늘어나 원자력을 중심으로 했던 베이스 전원이 25%를 차지한다. 화력발전 비율은 줄어든다. 그런 미래가 예상된다.

BEV 보유가 늘면서 가정이나 사무실에서 충전해 타는 PHEV도 증가했다. 그 충전에 필요한 전력의 상당 부분을 재생에너지가 커버한다. 날씨가 좋아서 풍력도 어느 정

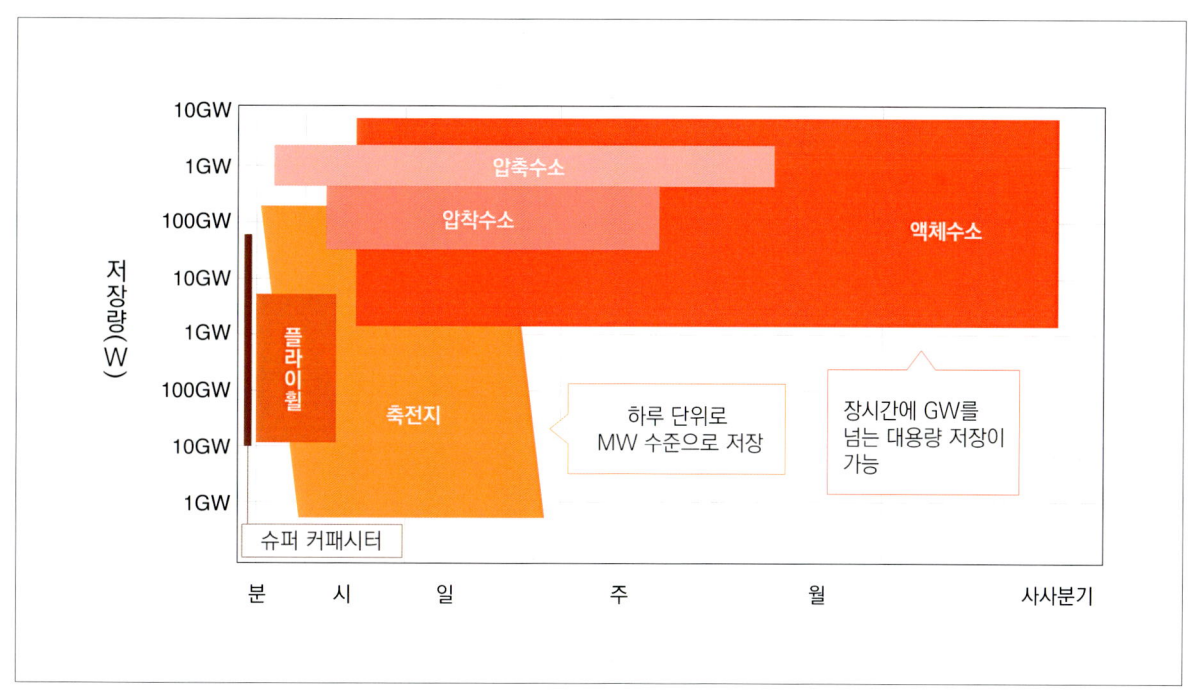

남은 재생에너지 전력을 어떻게 저장할 것인가

전에도 소개했던 그래프로, 전기 에너지를 보존하는 수단과 그 시간흐름 및 저장량 관계를 나타낸 것이다(필자가 작성). 마쯔다의 i-ELOOP는 제동에너지를 커패시터에 저장했다가 다음 출발 때 바로 사용할 수 있는데, 전기는 그런 사용방법이 가능하다. 2차 배터리에 저장할 때도 효율을 감안하면 기껏해야 며칠이다. 배터리 용량을 키우면 저장 시스템 가격이 비싸진다. 재생에너지 발전 전력으로 물을 만들면 저장시간은 길어진다. 수소로부터 e퓨얼(CH_4 등)이나 암모니아(NH_3)를 만들 수도 있다.

도 강한 날이면 그래프처럼 남은 재생에너지 전력으로 화력의 반을 줄이는 것도 가능할 것이다. 그리고 1일 단위로 생각했을 때, 전력이 부족해지는 시간대를 감안해 재생에너지 발전을 어떠한 형태로든 저장해 둘 수도 있다. 양수발전을 사용할 수도 있고, 남은 태양광 전력으로 물을 전기분해해 수소나 암모니아로 바꿔서 화력발전에 사용하는 기술도 확보될 것이다.

다만 재생에너지 발전이 2~3일 동안 전혀 작동하지 않을 때는 저장해둔 재생에너지만으로는 부족하다. 화력발전에 의존할 수밖에 없을 것이다. 다시 시간이 흘러 2040년대에 들어서면 재생에너지 비율이 늘어나고 저장기술도 더 발전하면, 가령 1주일 동안 재생에너지가 멈춘다 하더라도 일상생활에 대한 영향은 없을지도 모른다. 이 대목은 기술개발과 거기로 돌릴 수 있는 자금이 계속 투자되어야 한다는 점이 전제다.

하지만 그래도 문제는 남는다. 9채 집이 자유롭게 사용하는 6대의 BEV와 1대의 PHEV가 완전히 자기 맘대로 좋은 시간에 충전하게 되면 어떻게 될까. 형태를 바꾼 재생에너지 전력이 있다 하더라도 때때로 충전 시간이 7대가 다 겹치면, 한꺼번에 전력 수요가 공급보다 높아질 우려가 있다. 그로 인해 전력 주파수가 바뀌고 화력발전까지 갑자기 멈추게 된다면?

독일에서는 우체국이나 시청 등에서 사용하는 BEV를 일제히 충전해 상당한 지역에 걸쳐 정전이 발생한 사례가 있다. 또 재생에너지가 저조한 시간대에 많은 BEV가 충전에 들어가면 수급균형을 유지하기 위해서 우선 화력발전 출력이 높아져야 한다. 국경을 넘어서 송전망이 연결된 유럽이라면 다른 나라로부터 전력을 돌려쓸 수 있겠지만, 그 돌려쓴 전력이 재생에너지라고는 단정할 수 없다.

이렇게 10채의 집, 10대의 자동차라는 간소한 모델로만 생각해도, BEV 충전을 어떻게 커버할 지를 생각하면 밝지만은 않다. 가정이나 학교, 공장에서만 전력을 사용한다면 어느 정도 수요를 예측할 수 있다. 수급균형도 잡기 쉽다. 하지만 거기에 BEV가 끼어들면 언제 충전할지조차 예상하기 힘들고, 심지어 재생에너지까지 감안하면 전력 간 출력조정도 복잡해진다. 이것이 BEV가 안고 있는 과제다.

CHAPTER 1　GAINS AND LOSSES FOR ELECTRIC VEHICLES　|　Examination - 검토

재생에너지가 있으면 BEV는 환경 친화적일까

[열쇠는 충전유도가 갖고 있다]

가령 재생에너지 전문 전력회사와 계약한다 하더라도 가정에 공급되는 전력은 마구 섞여 있어서 전기를 고를 수는 없다.
BEV가 보급되었을 때의 전력에 관해 하타무라 고이치 박사한테 물어봤다.

본문&사진 : 마키노 시게오　그림 : BP·펠릭스 보잉·HERO·ICCT·큐슈 일렉트릭 파워

풍력발전
재생가능에너지는
환경 친화적이다!
그런데…

하타무라 고이치
Dr. Koichi Hatamura

㈜하타무라 엔진연구 사무소 사장
공학박사·기계기술사

마쓰다에서 세계 최초의 양산 밀러 사이클 엔진 등을 개발. 2001년 퇴사. 이듬해에 하타무라 엔진연구 사무소를 설립해 HCCI 엔진 등을 연구해 왔다.

　마쓰다에서 세계 최초의 리솔름(Lysholm) 과급 밀러 사이클 엔진을 개발한 하타무라 고이치 박사는, 사실 ICE(내연기관) 전문가로 마쓰다에 입사했던 것이 아니다. 생물공학을 전공해 신교통 시스템 브레이크 및 하이브리드 시스템 개발 직원으로 마쓰다에 입사했다. 하지만 그 프로젝트가 좌초되면서 ICE 개발에 관여하게 되었다. '엔진 같은 건 없는게 좋다'고 하는 걸 보면, 필자한테는 어떤 의미에서 ICE를 부정하는 기술자로도 보인다. 잘못 봤다 하더라도 분명히 ICE 옹호파는 아닌 것 같다. 그저 단순히 '그냥저냥 수

긍은 하지만 안 되는 건 안 되는 것' 정도의 수치로 판단하는 쪽이다. 현재의 EU(유럽연합)가 주장하는 BEV(Battery Electric Vehicle)만 있으면 된다는 논조에도 회의적이다. 아직 세상은 많은 BEV를 받아들일 준비가 되어 있지 않다는 입장이다. 그래서 필자는 하타무라 박사와 의견을 교환했다. 주제는 재생에너지만 있으면 BEV는 최고일까? 이다. 이하는 박사와의 문답을 정리한 글이다.

◇◇◇　◇◇◇

마키노(이하 M): 현재의 일본에 BEV가 필요한가, 필요하지 않은가. 이것을 10채의 집과 10대의 자동차라고 하는 단순한 모델로 설명한 것이 앞서의 글이다. 현재의 전력 상태에서 BEV가 계속해서 증가한다면, 도저히 BEV 충전을 감당하지 못할 것 같다. 10대 가운데 1대를 BEV로 바꾸면 그만큼 전력은, 운이 좋으면 태양광 발전의 혜택을 받을 수 있는 낮에, 어떻게든 충전할 수 있는 정도로 밖에 보이지 않는다. 태양이 비추지 않으면 부담은 화력으로 넘어갈 테고.

하타무라: 학술적으로 시뮬레이션한 논문이 있다. 2030년 일본의 전력구성 예측에서 BEV 보급대수 1천만대를 전제로 한 것이다. 전비(電費)는 혼다 e의 135Wh/km(1km 주행하는데 135Wh의 전력량이 필요하다는 의미)를 사용했다. 문제는 언제 충전하느냐다. 귀가 후 충전할 때는 화력발전이 늘어나 CO_2 배출량 증가가 5.3백만 톤이나 많아진다(아래 그래프). 충전을 최적화하는, 즉 재생에너지를 사용할 수 있을 때 충전하면 3.9백만 톤, 태양광 발전과 풍력 발전이 너무 많을 때는 '나중에 전력을 사용할 수 있도록' BEV에 저장했다가, 재생에너지를 사용할 수 없을 때 V2G(Vehicle to Grid=자동차로부터 전력망으로 공급)를 사용한다. 즉 충·방전을 최적화해 BEV를 사용하면 CO_2 배출증가를 억제할 수 있다. 귀가 후에 바로 충전하면, 재생에너지 전력은 거의 사용할 수 없다는 뜻이다.

M: BEV를 사용할 때 충전에 필요한 전력은 어떤 발전소로부터 오는가, 즉 마지널(Marginal) 전원 개념인데 일반적으로 사용하는 개념은 아니다. 모든 발전소가 같은 비율로 발전량을 증가하고 그것을 BEV가 충전한다고 가정해서 전원평균인 CO_2 배출계수(발전량 당 CO_2 배출량)를 사용한다. 하지만 이것은 현실적이지 않다. VW(폭스바겐)의 배출가스 게이트를 고발했던 유럽의 비영리단체 ICCT(International Council on Clean Transportation)는 전원평균을 사용한 BEV LCA에서의 CO_2 배출량을 계산해 HEV보다 압도적으로 적다는 보고서를 내

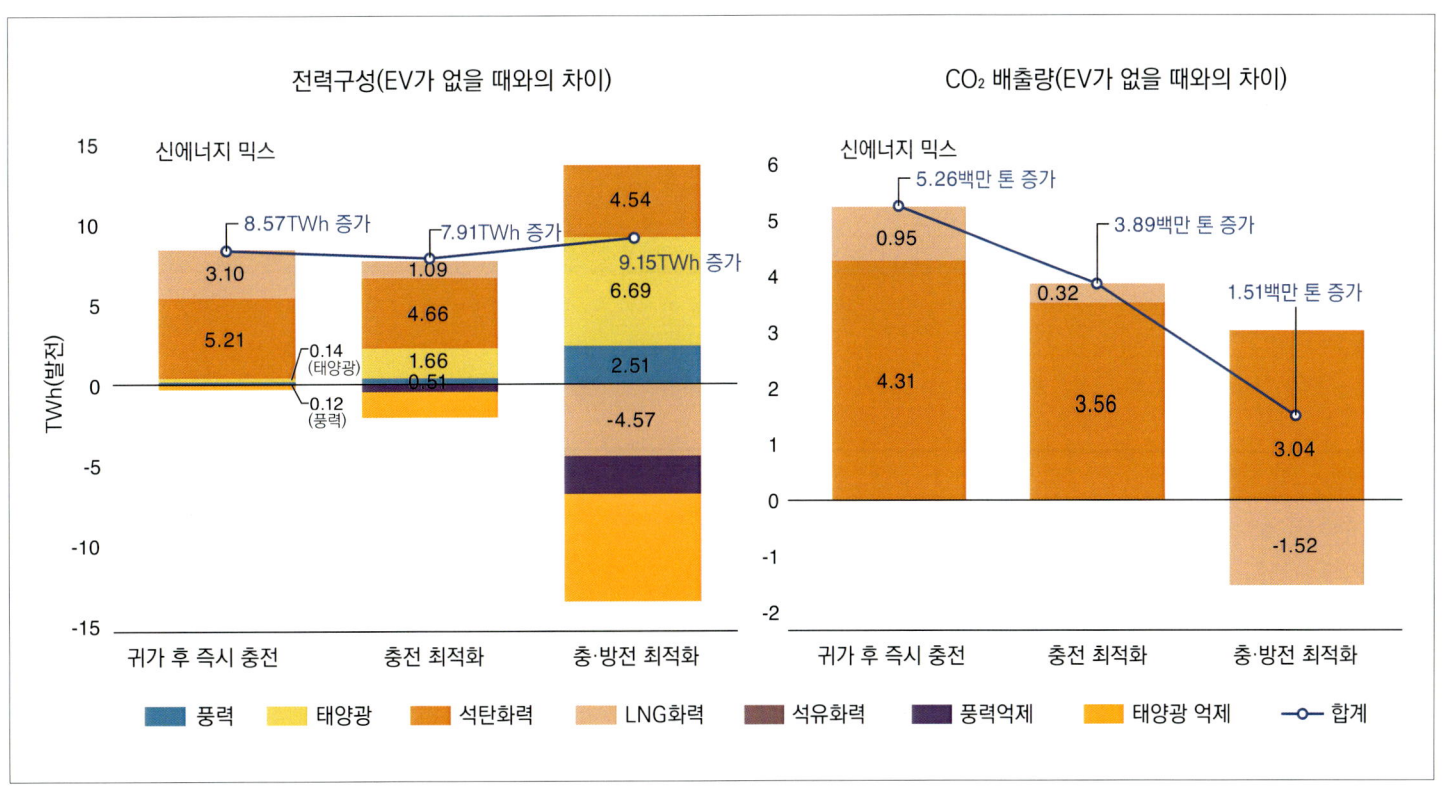

언제든 충전할 수 있는 BEV의 취약점

2030년 일본의 발전구성 예측(화력 비율 56.1%, 재생에너지 비율 22.9%)을 바탕으로 BEV 보급대수 1,000만대로 계산한 데이터. BEV는 언제든 충전이 가능하지만, 일상적으로 자동차를 사용하는 운전자 대부분은 귀가 후에 충전한다. 사실 이런 패턴이 전력수요가 증가하는 시간대에 몰리는 셈이기 때문에 화력발전의 출력증가를 초래한다.

낮에 태양광 전력이 남을 때

재생에너지는 불안정해서 실제로 옆 그림같은 상황이 발생했다. 이 날은 일요일이었는데, 전력수요가 적은 날이지만 낮 동안에는 태양광이 활발했다. 태양광으로 만든 전기를 양수동력으로 돌려서 야간에 발전해도 낮에는 전력이 과잉되기 때문에 태양광 발전을 억제했다. 재생에너지가 활발할 때의 규칙은 ①화력 출력억제와 양수발전 활용, ②다른 지역으로 송전, ③바이오매스 출력억제, ④태양광·풍력 억제, ⑤원자력, 수력, 지열 억제 등이지만 ⑤는 기술적으로 어렵다.

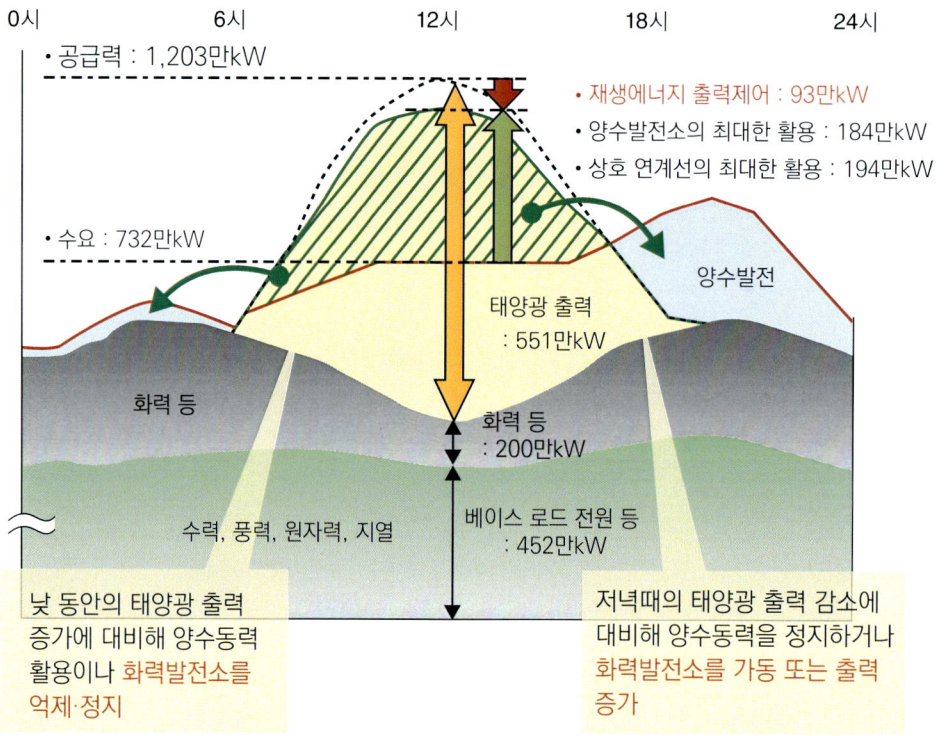

〈 규슈의 전력수급 (2018년 10월 21일 사례) 〉

- 공급력 : 1,203만kW
- 재생에너지 출력제어 : 93만kW
- 양수발전소의 최대한 활용 : 184만kW
- 상호 연계선의 최대한 활용 : 194만kW
- 수요 : 732만kW
- 태양광 출력 : 551만kW
- 화력 등 : 200만kW
- 베이스 로드 전원 등 : 452만kW

낮 동안의 태양광 출력 증가에 대비해 양수동력 활용이나 화력발전소를 억제·정지

저녁때의 태양광 출력 감소에 대비해 양수동력을 정지하거나 화력발전소를 가동 또는 출력 증가

e퓨얼은 항공업계가 먼저 사용할 걸로 보인다. 규제에 맞추려면 이 방법밖에 없다. 연료용 기름 할증 제도가 있어서 비용을 전가하기도 쉽다. 자동차 업계에서는 '자동차로 돌리는 일은 최후의 수단'이라는 목소리가 높다. 하지만 우크라이나 전쟁 이후에는 전력 일변도라는 위험성 때문에 다시 논의되고 있다.

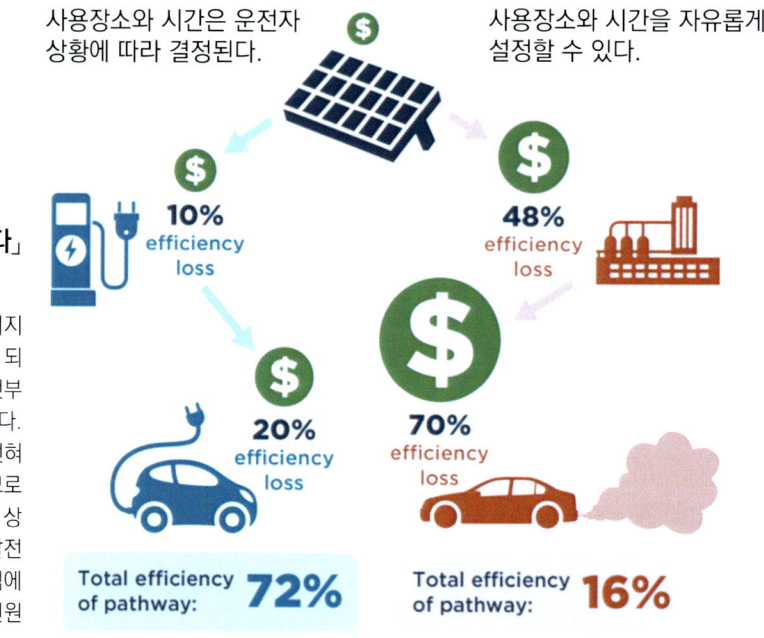

「e퓨얼은 필요 없다」는 근거

ICCT는 e퓨얼의 에너지 효율을 16%밖에 안 되기 때문에 검토하는 것부터가 낭비라고 발언했다. 반면에 BEV 충전은 전혀 컨트롤을 할 수 없으므로 시간대나 재생에너지 상태에 따라서는 화력발전 증가를 유발한다. 그럼에도 ICCT는 마지널 전원 자체를 부정한다.

기도 했다. 더구나 그 시점이 EU가 CO_2 배출억제 행동지침(Fit for 55)을 발표하기 직전인 2021년 7월이었다. 나는 저널리스트기 때문에 항상 추측을 해보게 된다. 또 과거에 EU와 그 주변을 자동차 CO_2라고 하는 주제로 취재한 경험에서 말해보면, 거기에 정의가 있을지 없을지 관계없이 BEV 보급 이외의 생각을 모두 죄악시하는 수준의 느낌까지 받았다. 그래서 ICCT가 마지널 전원을 부정하는 행위 이면에는 뭔가가 있다는 인식을 지울 수가 없다.

하타무라 : 난 그렇게까지는 의심하지 않는다. ICCT가 말하는 'e퓨얼은 효율이 나빠서 낭비적이라는 주장'도 말하려고 하는 의미는 알겠다. 재생에너지로 만든 전기는 BEV에 그대로 사용하는 것이 분명히 효율적으로는 좋다. 하지만 운전자가 BEV에 언제 충전할지를 관리하기란 쉽지 않다. 사용장소와 시간을 자유롭게 선택할 수 있다는 점이 e퓨얼의 장점이다. 예를 들어 칠레에 설치한 풍력발전기는 독일보다 4배나 많은 전기를 만들기 때문에 부분적인 효율만으로는 말하기 어렵다는 것이다.

M : EU위원회와 EU의회 입장에서 BEV는 이미 종교 같아서, 그들 맘에 들지 않는 상대한테는 십자군을 보내 진압할 것이다. e퓨얼 공격도 그런 일환으로, 검토하는 것조차도 낭비라고 주장하는 속내에는 검토하

지 말라는 의도가 있는 것처럼 보인다.

하타무라 : 나는 e퓨얼은 가능성이 있다고 본다. e퓨얼 즉, 재생에너지로 생산한 수소는 가장 효율이 좋은 장소와 시간에 생산할 수 있지만, BEV 충전은 전적으로 운전자 맘이다. 재생에너지가 남을 때 충전해 줄지 어떨지는 모르겠지만.

M : 유럽에서 한 폭언은 더 있다. 한 영국 학자는 '마지널 전원 같이 바보스러운 이야기는 없다'까지 말했다. 전력수요가 증가해도 cap(상한규제)-and-Trade ETS(Emission Trading System)가 있기 때문에 CO_2 배출량이 증가하지 않는다는 주장이다. 이것이 EU의 기본적인 생각 같아 보이는데, CO_2를 TtW(Tank to Wheel=차량용 연료탱크 또는 차량용 배터리 에너지로 주행하는 것. 주행단계에서만 에너지 소비를 바라보는 개념)로 규제하겠다는 개념이 바닥에 깔려 있을 것이다. 실제 BEV 도입으로 늘어나는 전력수요 증가를 뒷받침하는 것이 화력이라고 해도, BEV 수요보다 재생에너지가 늘어나기 때문에 CO_2는 늘지 않는다고 말한다. 하지만 BEV 충전수요가 증가한 만큼 화력이 뒷받침하는 것이 사실이다.

하타무라 : 나는 마지널 전원이라는 개념이 맞다고 본다. BEV를 충전할 때 그 시점에서의 가정용·산업용 전력수요에 대해 증가하는 분량을 어떤 방법으로 발전할 것인가. 이것이 마지널 전원이다. 그런데 그 방법이 석탄화력이면 큰 문제지만.

M : 마지널의 의미는, 경제에서 사용할 때는 한계 수익점, 수지 균형이라는 의미니까 BEV에도 이 표현은 적절하다. 일본에서 WtT(Well to Tank=연료자원 채굴에서 운송, 정제를 거쳐 자동차의 연료탱크 또는 차량구동용 배터리에 저장될 때까지의 전체 과정) 발전효율은 2018년 시점에서 에너지청 계산에 따르면 0.510이었다. 하지만 각 분야를 취재해 보면 많은 사람이 0.4대라고 말한다. 이 숫자는 2022년 여름까지도 바뀌지 않았다. 0.4로 가솔린으로 환산하면 가솔린차가 효율이 좋다.

하타무라 : 스웨덴에서의 BEV 마지널 전원은 뭘까 하고 계산했던 학자가 폴란드의 석탄 화력이었다고 말한다. 국경을 초월한 송전망으로부터 받는다는 것이다. 원자력과 수력에서 90% 정도 충당하고, 남으면 수출

마지널 전원과 전원평균

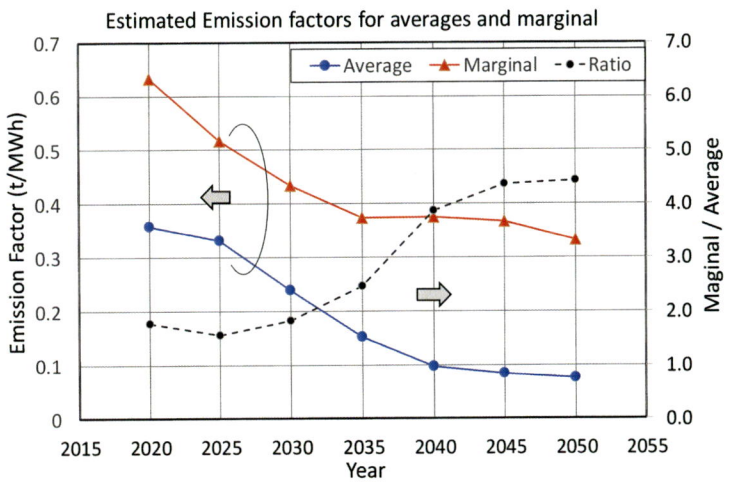

Emission factor	Average	Thermal power
2013 Actual value	0.57 kg/kWh	0.65 kg/kWh
2030 Actual value	0.25 kg/kWh	0.60 kg/kWh

독일의 2020~2050년 전원평균과 마지널 전원의 배출계수 차이(Felix Boing 예측)

이것이 독일의 시뮬레이션 결과다. 2020년은 마지널과 전원평균 차이가 2배 정도지만, 2030년에 재생에너지가 늘어나면 전원평균은 0.1 정도가 된다. 그건 좋은 일이지만, 마지널 전원으로 계산하면 하루 중에 전력수요가 1% 증가했을 때 어떤 전력을 사용할지 정해야 하기 때문에 그 차이가 2050년에는 4배로 벌어진다.

BEV는 압도적으로 뛰어나다?

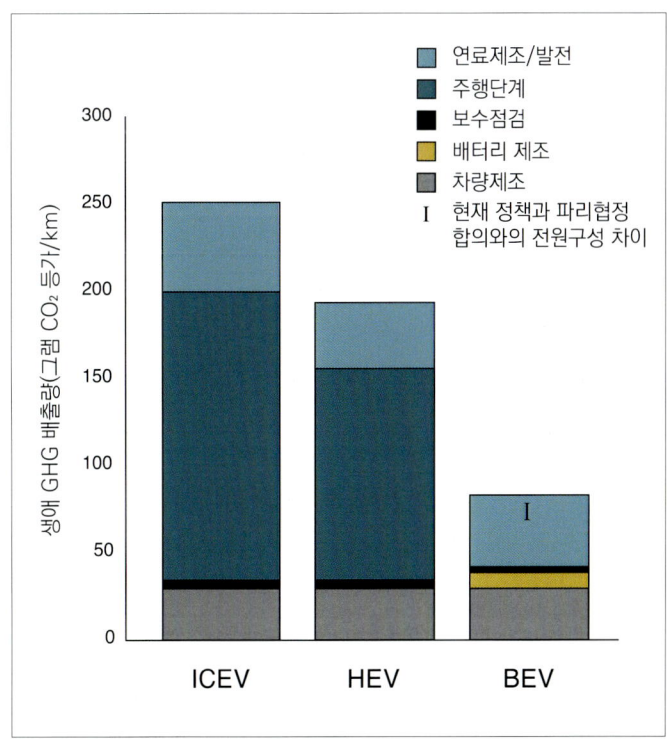

ICCT가 실시한 BEV의 CO_2 배출량 평가. '상태파악 측면에서는 바람직하다'는 하타무라 박사. 계산할 때 전원평균 CO_2 배출계수 0.199kg/kWh를 사용한 것을 보면 무언의 BEV 장려로밖에 볼 수 없다. 양식 있는 전문가의 계산이라고는 생각되지 않기 때문이다. 이것이 필자의 느낌이다.

하고 모자라면 이웃나라에서 사면된다. 일본은 앞서의 시뮬레이션에서도 말했지만, BEV를 집에 돌아와 충전하면 마지널 전원이 석탄화력·천연가스 화력이기 때문에 화력발전 CO_2 배출계수를 사용하면 실제에 가깝다.

M : 낮에 태양광 전력이 수요보다 많아서 남을 때는 태양광이 마지널 전원이 된다. 저녁 이후에 전력수요가 증가할 때 V2H(Vehicle to Home=BEV에서 가정으로의 전기 공급)로 사용하면 그 만큼 화력발전을 억제할 수 있다. 이런 식으로 생각하는 것이 마지널 전원이고, 이건 지극히 당연한 말을 하는 건데도 왜 그런지 동의를 얻지 못한다. 일본에서 마지널 전원이라는 계산방법을 사용하는 건 열병합 발전(Cogeneration)과 재생 에너지뿐이다.

하타무라 : 분명히 BEV로 전력을 사용하면서 나오는 CO_2 배출량은 과소평가되었다. 그렇게 BEV가 우등생이 되면서 HEV(Hybrid Electric Vehicle)이나 e퓨얼이 필요 없다고 한다. 유럽·미국도 이런 방향이다.

M : 조심스러운 건 중국인데, BEV로만 나가는게 아니라 세상의 전력이 정상화될 때까지는 HEV가 필요하다고 국가가 유도하고 있다. 그런 배경에는 원자력발전 100개 계획이 있어서인데, 탈탄소는 원자력 발전이라고 생각하는 것이다. 근래 들어 EU나 미국도 원자력 발전이 명예를 회복한 느낌인데, 중국의 현실노선은 눈여겨 볼만하다. 모든 것이 안정공급 우선, 세상에 혼란을 주지 않아야 한다는 점을 우선시하고 있다.

하타무라 : CO_2 배출을 전원평균으로 생각하면, 전기화가 돼도 CO_2는 그다지 증가하지 않기 때문에 점점 전기화로 나아가려고 한다. 반대로 2050년 때는 CO_2 배출계수가 크게 줄어들면서, 에너지를 절약해도 CO_2는 거의 줄지 않게 된다. CO_2 크레딧 계산도 전원평균이기 때문에, 여기서도 하려는 의지가 나질 않는다. 하지만 마지널 전원으로 생각하면 에너지 절약 효과가 2~3배나 된다. 정치가로서 머리가 아플 만한 문제라는 건 이해가 된다.

M : 그렇다고 해서 이제 와서 '당황할 일이 아니다', '천천히 조금씩 하자'고는 할 수 없다. 하지만 사실을 말하지 않고 왜곡된 상태로 BEV를 보급하는 건 전혀 의미가 없다. BEV는 환경 친화적이라는 말 속에는 사실 조건이 따른다는 점을 분명히 밝혀야 한다. 본지에는 그럴 의무가 있다.

하타무라 : 장기적 마지널 전원은 무엇일까. 이것은 정책으로 결정되기 때문에 실제로는 알 수 없다. 하지만 바꿔 말하면 정책을 결정하면 정해진다. 2010년 무렵 영국의 한 논문은 '전력수요가 증가할 때는 원자력 발전을 늘려야 한다'고 주장한 바 있다. 이에 따르면 장기적 마지널 전원은 원자력 발전이다. BEV가 증가하면 마지널 전원은 원자력 발전이 된다. 그래서 CO_2는 나오지 않는 것이다. 이런 정책도 있다. BEV 증가를 억제시켜 전력수요가 줄어드는 만큼 석탄화력을 빨리 종식시키겠다는 정책을 세우면, 마지널 전원이 석탄화력이 되면서 BEV가 내연기관 자동차보다 CO_2 배출량이 많아진다.

M : 전력 전문가를 취재해보면 전력구성과 장래 계획 사이에는 복잡한 계산이 있어서 단순해질 수 없다고 한다. 평일 낮의 태양광이 없는 흐린 날에 맞춰서 전력을 구성하기 때문에 BEV가 있건 없건 관계가 없다는 것이다. '태양광이 없는 흐린 날 낮에 대량의 BEV가 충전을 시작하면 어떻게 되나' 하고 물었더니 '그런 건 나중에 태양광을 사용할 수 있으면 보완할 수 있다'는 것이다. 석탄화력이 많은 지역은 어디든지 간에 BEV의 마지널 전원이 석탄화력이 될 시간대가 많다. 하지만 그렇게 인정하고 싶지 않은 것이 전력 전문가다.

하타무라 : 뭐, 여러 가지 사정도 일을 테고, 전력은 나라 정책과 강하게 묶여 있기 때문에 우리가 머리로 부정한다고 해도 될 일이 아니다. 다만 논리적으로 생각해 보면 재생에너지가 남아돌아 발전을 억제할 만한 시간대 외에는, BEV는 탄소중립이 아닌 셈이다. 양수발전을 사용하면 된다고도 하지만, 댐의 물을 사용하면 그 다음의 양수발전이 감소하는 만큼 화력이 보충해야 한다.

M : 그 재생에너지 억제 시간대에서 만든 전기를 잘 저장해 뒀다가 사용해야 하는데, e퓨얼이 그런 수단이 될 수 있다. 축전지는 저장해 놓는 시간이 짧다. 일본은 수소 발전을 하면 된다. 유럽 자동차 산업은 칠레에서 e퓨얼을 만들어 수입하는 방식도 생각하고 있다.

하타무라 : 유익하다고 생각하는 것은 배터리 교환방식 BEV다. 재생에너지가 남을 때(전력가격이 싸다) 사업자가 충전해 두면 탄소중립이 될 수 있다. 개인한테 맡기는 충전보다 훨씬 유익하다.

M : EU는 '일반서민은 맹목적으로 BEV를 믿으면 된다'는 자세였지만, 요즘 들어서는 지나친 탄소중립 노선에 대해 펀드 분야나 기업 사이에서 반발도 나오고 있다. 개인적으로는 '생명체로서 독극물을 배제하는 행위'라고 생각하는데, 이것을 계기로 논의가 활발해졌으면 하는 바람이다.

GAINS AND LOSSES FOR ELECTRIC VEHICLES

도해특집 : 전기자동차의 정체

CHAPTER 2

Mechanical Configuration

기계구성

전기자동차의 생명선, 배터리
〖 치밀한 관리로 성능과 수명을 양립 〗

EV 성능이 실용적인 수준으로 올라오면서 본격적으로 보급되기 시작한 2000년대 후반부터 현재에 이르기까지,
EV의 진화를 뒷받침해 준 것이 리튬이온 배터리 기술이다. 배터리는 구조도 중요하지만 또 다른 열쇠는 배터리를 제어하는 기술이다.

본문 : 다카하시 잇페이

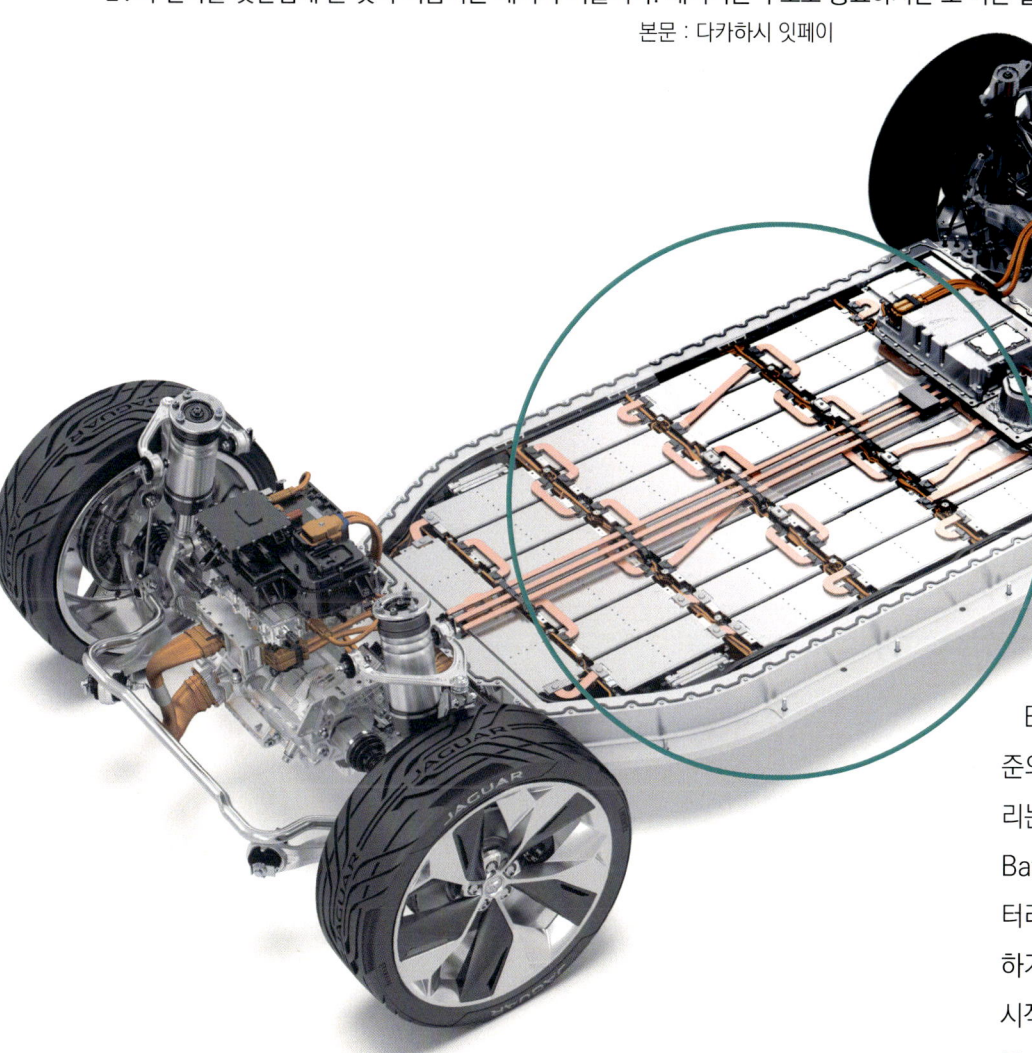

EV주행에 필요한 전력량을 실용적 수준의 에너지 밀도를 가진 차량구동용 배터리는 현재 리튬이온 배터리(Lithium ion Battery)를 빼고는 달리 없다. 다른 많은 배터리처럼 LiB도 전해액이라는 액체를 이용하기 때문에 제조되는 순간부터 노화되기 시작하는, 즉 생물과 같다. LiB는 전해액으로 유기용매를 사용하기 때문에 전기분해가 높은 전위(전압)에서 잘 일어나지 않는다는 특징이 있다. 그 때문에 정격 3.7V의 전압과 높은 에너지밀도를 발휘하기는 하지만, 고온으로 올라가면 정격전압이라 하더라도 전기분해가 일어난다. 더구나 일단 전기분해가 일어나 가스가 발생하면 원래 상태로 돌아가지 않는다. 그래서 LiB는 입출력 전력부터 셀 온도까지 다양한 요소를 감시하면서 전해액의 전기분해 같은 반응이 일어나지 않도록 세밀하게 관리해야 한다.

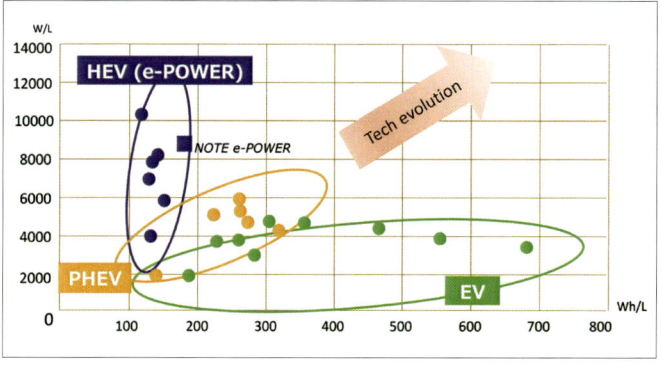

배터리에 요구되는 성능은 전기기술 종류에 따라 다르다. 배터리 전력에만 의지해 주행하는 BEV는 용량이 중요하다. 반면에 HEV는 파워 어시스트와 회생 모두 치밀한 반응이 요구되기 때문에 출력이 중시된다. 가장 어렵고 고민되는 것은 PHEV의 용도다. 용량과 출력이 거의 상충 관계에 있기 때문에 적절한 타협점을 찾을 수밖에 없다.

차량구동용 배터리 구조

사진 속 배터리는 혼다 클래리티 PHEV의 배터리 유닛. 배터리 용도는 PHEV용이지만, 다른 구조는 BEV용과 똑같다. 총 전력량은 17kW로, BEV보다는 약간 떨어진다. VAD2로 불리는 파나소닉제품의 각형 셀(27.3Ah)을 직렬64×병렬2로 모아서 합계 168개로 접속한다. 유닛으로서의 총 전압은 310.8V다. 셀 냉각은 수냉식으로, 전용 워터펌프와 라디에이터가 있다.

셀 12개(병렬2×직렬6)를 모아놓은 배터리 모듈. 바닥에는 수로가 있는 냉각판이 깔려 있다. 이 사진은 3개의 배터리 모듈을 연결한 배터리로, 우측 2개 사이로 양쪽 전극을 연결한 버스 바(오렌지 색 수지로 덮여 있는 구리 평판)가 보인다.

사진 아래쪽의 모듈 윗면을 덮고 있는 검은 수지 케이스 아래로 BMS(Battery Management System)가 들어간다. BMS는 배터리를 안전하고 오랫동안 사용하기 위해서 필수라고 할 수 있는 배터리 전용 제어장치다.

좌 : 모듈 아래쪽으로 측면 돌출된 냉각판과 냉각판을 잇는 수로가 보인다. 모듈 측면 위쪽으로는 셀 온도나 전압을 검출하기 위한 배선도 보인다. 미세한 전압 변화를 통해 충전상태를 추정하기 위해서 셀 전압을 mmV 단위로 파악한다.

우 : 냉각수 호스가 모이는 배터리 유닛의 가운데 부분. 호스 뒤쪽으로는 고전압 주행용 배터리 유닛부터 램프 종류 같이 전장품에 이용하는 12V 계통의 전력공급용 DC-DC 컨버터가 보인다.

배터리 셀 종류와 특징

차량구동용 배터리 셀에는 아래처럼 주로 3종류의 형태가 존재한다. 가장 단순한 파우치 형식은 다른 2가지 형태와 달리 배터리 셀 내부구조를 시트 형태의 부자재로 감쌌을 뿐이지만, 견고한 케이스 안에 들어가 있다는 점은 셋 다 공통이다. 한정된 공간에 어쨌든 많은 셀을 집어넣으려면 용량에 기여하지 않는 케이스 없는 파우치 타입이 유리하다. 하지만 냉각까지 고려하면 상황은 달라진다.

Nissan

Nissan

↑ 파우치형
양극과 음극을 구성하는 금속박(각각 표면에는 활물질 층이 형성된다), 양쪽의 접촉을 막아주면서 이온을 통과시키는 분리막 그리고 전해액까지 3가지를 시트 형상의 부자재로 감싸기만 한 구조다. 출력이나 용량에 직접 기여하지 않는 부분이 거의 없다는 점이 특징이다.

Blue Energy

→ 각형
셀을 각형 케이스에 넣고, 볼트 구멍이 있는 터미널과 함께 패키지로 만든다. 내부에는 원통형 전극구조와 비슷한 롤 형상의 전극구조가 평평하게 눌린 형태로 들어간다. 케이스가 견고하기 때문에 온도팽창 영향을 잘 받지 않는다.

↓ 원통형

Tesla

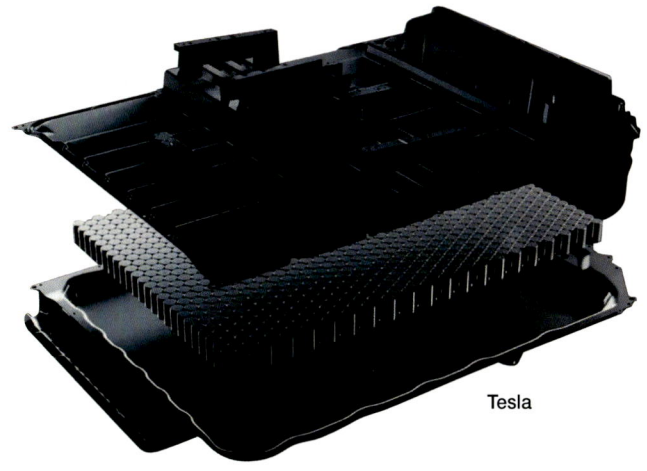
Tesla

전극 등의 구조를 롤 형태로 말아서 캔 같은 금속제품 케이스 안에 넣는 형식. 압력에 대응하기 쉬운 형상이기 때문에 열팽창으로 인한 전극 간 거리변화가 적으며, 안정적인 출력을 얻을 수 있다. 원통으로만 배치되기 때문에 틈새가 생기지만, 냉각기가 지나가는 통로로 이용할 수도 있다.

리튬이온 배터리의 충·방전

LiB는 이름 그대로 리튬(Li) 이온이 전하를 운반한다. 충전할 때는 양극에서 음극으로, 방전할 때는 음극에서 양극으로 리튬이온이 이동한다. 각각의 전극 표면에 형성된 활물질 층이 전하를 받고 내보내는 장소로 기능한다. 일반적으로 활물질 층은 스폰지 형태의 구조를 통해 표면적을 확보하는데, 활물질 층이 두꺼우면 용량 상으로는 유리하다. 반면에 활물질 층 내부에서는 이온의 이동속도가 떨어지기 때문에 출력측면에서는 약점으로 작용한다.

수치 : 도시바

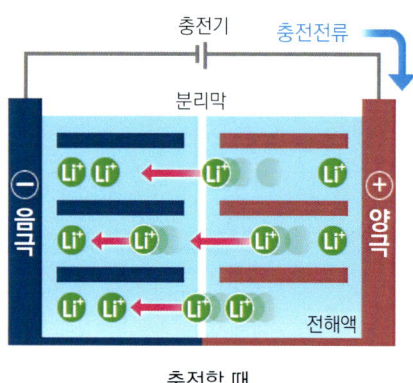
충전할 때

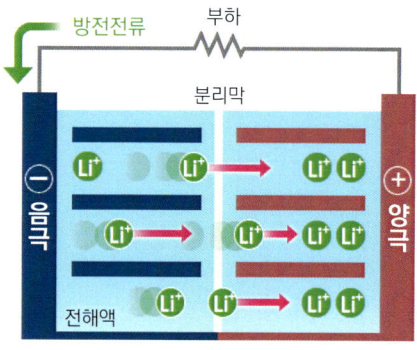
방전할 때

바이폴라 전극 구조

니켈수소 배터리는 물 계통으로 불리는 수용액을 전해액으로 이용하기 때문에 이온 이동이 빨라서 출력이 좋다는 것이 장점이다. 이 장점을 더 끌어올리기 위해서 토요타가 개발에 성공한 새로운 구조가 바이폴라 전극 구조다. 전극 양쪽에 활물질 층이 형성되어 있기 때문에 직렬로 접속했을 때의 내부저항을 크게 줄일 수 있다. 이로 인해 체적당 파워 밀도는 리튬이온보다 높다. 열쇠는 전해액의 월경을 완전히 밀폐시킬 수 있는 구조로 만들 수 있느냐다.

수치 : 토요타

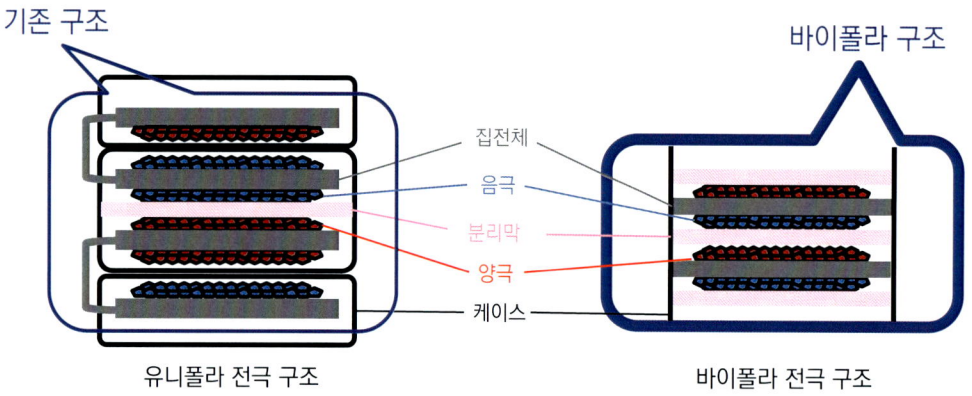

전고체 배터리 구조와 미래전망

전고체(全固體) 배터리는 EV 시장에 게임 체인저로 등장할 것으로 예상되고 있다. 전고체 배터리는 전해액을 고체로 바꾼 LiB다. 액체를 이용하지 않기 때문에 전기분해 같은 열화가 액체 LiB보다 더 잘 일어나지 않는다는 점이 기본적인 장점이다. 그런 열화를 불러오는 온도조건 제약이 크게 완화된다는 뜻이고, 그것은 더 가혹한 충·방전에도 견딜 수 있다는, 즉 에너지 밀도를 향상시킬 수 있다는 의미이기도 하다.

수치 : 혼다

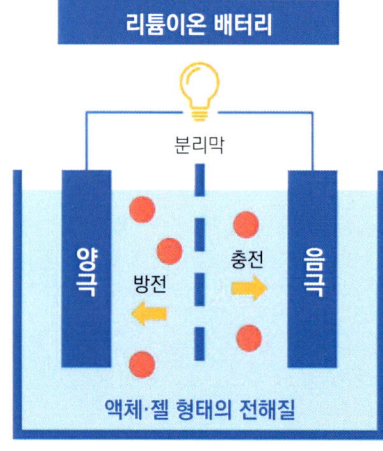
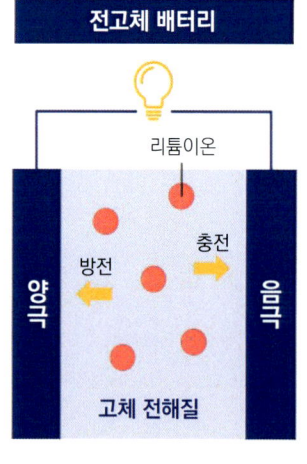

파우치형 전고체 배터리. 전고체 배터리는 온도나 충·방전 등, 가혹한 상황에서의 내구성이 높은 만큼 에너지밀도 향상도 가능하다. 그렇다고 차원을 달리할 정도의 엄청난 성능향상을 가져오는 건 아니다. 진동에 대한 대책 등, 고체이기 때문에 해결해야 할 문제도 있다.

CHAPTER 2　GAINS AND LOSSES FOR ELECTRIC VEHICLES　|　Mechanical Configuration　-　기계구성

작으면서도 고출력·고효율을 발휘하는 모터

[폭넓은 운전조건에 대응하는 자동차 전용설계]

모터는 일찍이 가정용부터 산업용까지 폭넓게 사용해 왔다. 하지만 자동차용 모터는 약간 특수한 측면이 있다.
비상식적일만큼 높은 성능이 전방위적으로 요구되는 배경에는 아직도 충분하다고 할 수 없는 배터리 성능 때문이다.

본문 : 다카하시 잇페이

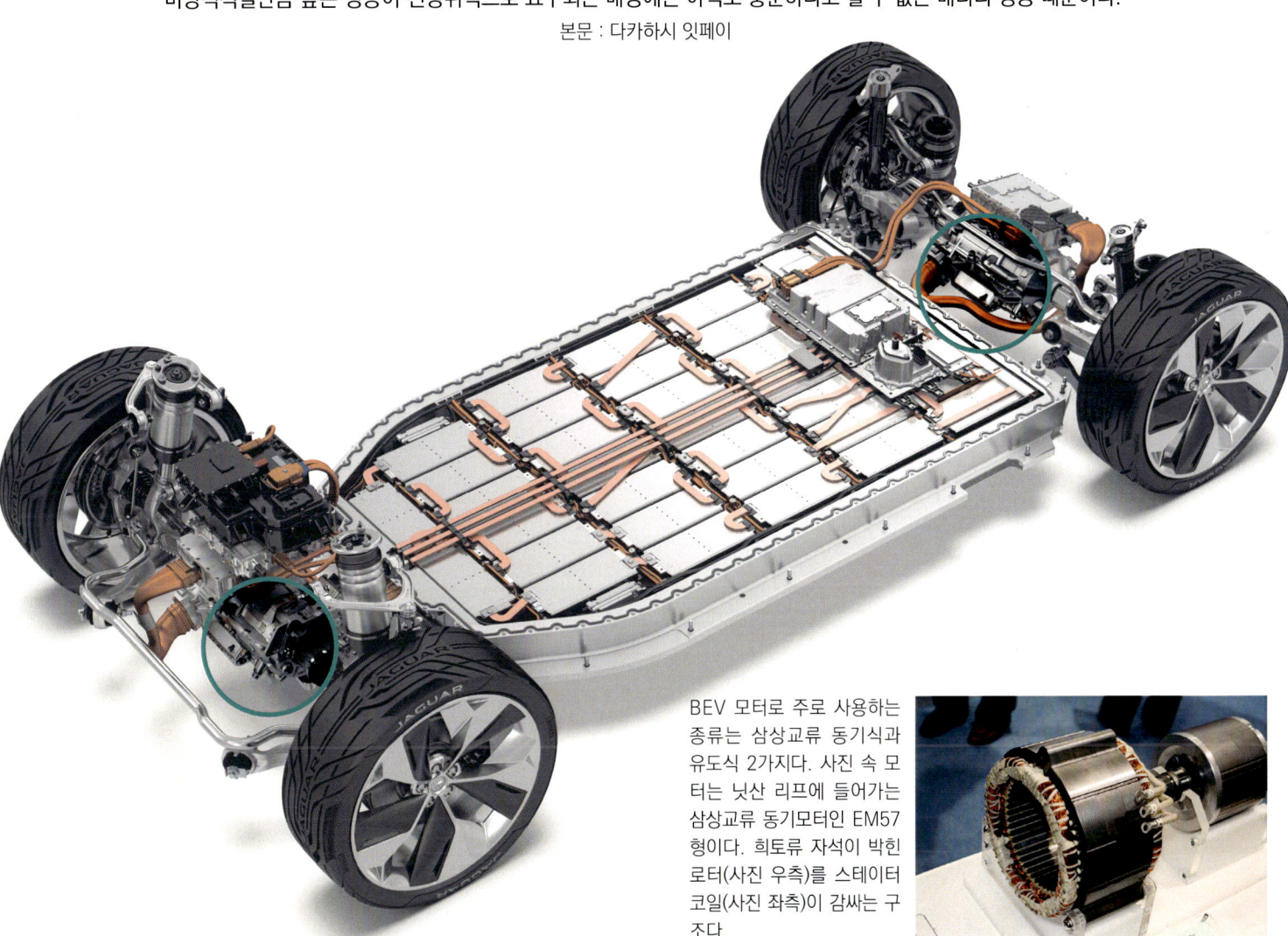

BEV 모터로 주로 사용하는 종류는 삼상교류 동기식과 유도식 2가지다. 사진 속 모터는 닛산 리프에 들어가는 삼상교류 동기모터인 EM57 형이다. 희토류 자석이 박힌 로터(사진 우측)를 스테이터 코일(사진 좌측)이 감싸는 구조다.

ii 사실은 자동차를 구동하는 EV용 모터는 아직도 개선 중인 부분들이 적지 않다. 현재의 자동차 모터는 배터리의 한정된 전력을 낭비 없이 사용해야 하면서도 동시에 성능까지 요구되기 때문으로, 그 요구치가 비상식적일 정도로 높다. 그런 요구를 실현하기 위해서 시행착오가 계속되고 있는 것이 현실이다.

그런 시행착오의 원인은 아직도 비싸고 거대한 배터리와 성능 때문이다. 전동 파워트레인의 효율은 100%까지 거의 다다른 수준인데, 그 거의라는 여지조차 0.몇% 수준이다. 게다가 그 (고효율)영역을 확대하기 위한 노력도 축적되고 있다. 1990년대부터 2000년대에 걸쳐 널리 보급된 파워 일렉트로닉스 기술로 인해 모터 기술도 성숙한 시절을 맞이했지만, 모터가 배터리 성능을 보완해야 하는 EV 시대에는 충분하다고 할 수 없었다.

현재 주류로 자리한 모터는 강력한 희토류 자석을 로터에 박아 자계로 이용하는 영구자석 계자형의 삼상교류 동기모터다. 유도모터를 사용하는 EV도 증가하는 추세지만, 차량구동용 모터에서 중시되는 성능지표인 출력밀도(단위용적 당 출력) 측면에서 보면 영구자석 계자형인 삼상교류 모터를 능가하는 모터는 아직 없다고 봐도 무방하다.

BEV용 모터의 개발과제

단순한 파워트레인 구성보다 차량 배치구조를 자유롭게 할 수 있다는 점이 BEV의 장점 가운데 하나지만, 그런 장점을 충분히 살리려면 필수적으로 모터를 작게 만들어야 한다. 회전부품으로만 구성되는 모터는 고회전화를 통해 작고(지름 단축) 가볍게 만들 수 있지만, 필요한 출력을 유지하면서 작게 만들려면 출력밀도를 높여야 한다. 그때 냉각성능 향상은 물론이고, 고주파에 따른 철손 증가 등, 넘어야 할 장애물도 적지 않다.

모터 회전속도와 크기 관계

왼쪽 그림은 메르세데스 벤츠의 하이브리드 시스템용 모터. 비교적 초기(2014년) 제품이라는 한계도 있었지만, 2.2리터 디젤 엔진의 크랭크샤프트에 감속기 없어 접속하는 방식이어서 크기가 클 수밖에 없었다.

고회전·소형화에 필요한 기술

모터 토크는 로터 지름과 길이에 비례하기 때문에 작게 만들면 토크 하락이 뒤따른다. 그래서 출력을 유지하고 감속 기어로 토크를 늘리려는 것이 고회전·소형화이다. 거기에는 당연히 고회전에 대응하는 기술이 필요하다.

고회전 모터의 지향점은 20,000~30,000rpm 영역까지 엔진 회전속도를 크게 높이는 것이다. 그래서 영구자석이나 철판 등으로 구성되는 로터의 무게를 지탱하기 위한 전용 베어링을 개발하는 것이다.

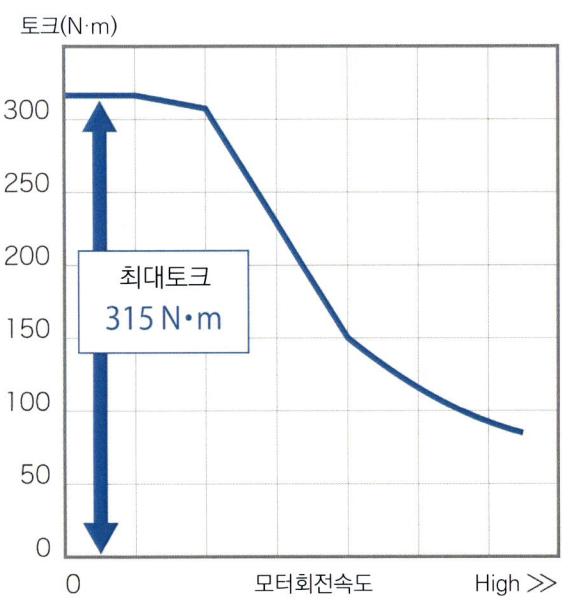

주행용 모터의 토크 특성

고회전에서 토크와 효율을 방해하는 역기전력이라는 존재

회전하기 시작하는 동시에 최대토크를 발휘하는 모터의 토크 곡선. 고회전 때의 토크 하락은 회전속도 상승과 함께 영향을 키우는 역기전력으로 인한 현상으로, 문제는 여기에 대처하다 보면 에너지 효율이 떨어진다는 점이다.

모터의 고회전·소형화가 지향하는 점은 출력밀도 향상이지만, 그것은 작은 공간에 더 많은 전류가 흐른다는 뜻이고, 또 좁은 장소로 많은 전류가 집중된다는 뜻이기도 하다. 그래서 문제가 되는 것이 열이고 그에 따른 냉각이다.

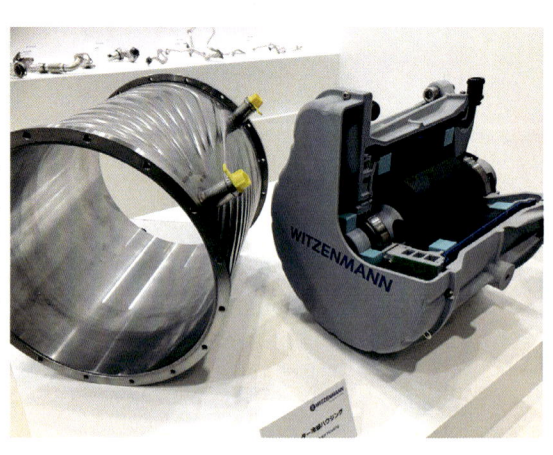

자동차에 사용하는 모터 종류

현재 BEV에 사용하는 모터는 주로 삼상교류 동기모터와 유도모터 2종류다. 그 중에서도 사용하기 쉬운 모터는 영구자석 계자형인 삼상교류 동기모터다. HEV용까지 시야를 넓히면 그 비율은 훨씬 높다. 영구자석을 사용하면 고출력 밀도를 비교적 쉽게 확보할 수 있기 때문이다. 출력밀도 측면에서는 유도모터가 뒤처지기 때문에 HEV용으로는 적합하지 않지만, 광범위하게 효율을 낼 수 있다는 점에서 점점 더 BEV에 사용하는 추세다.

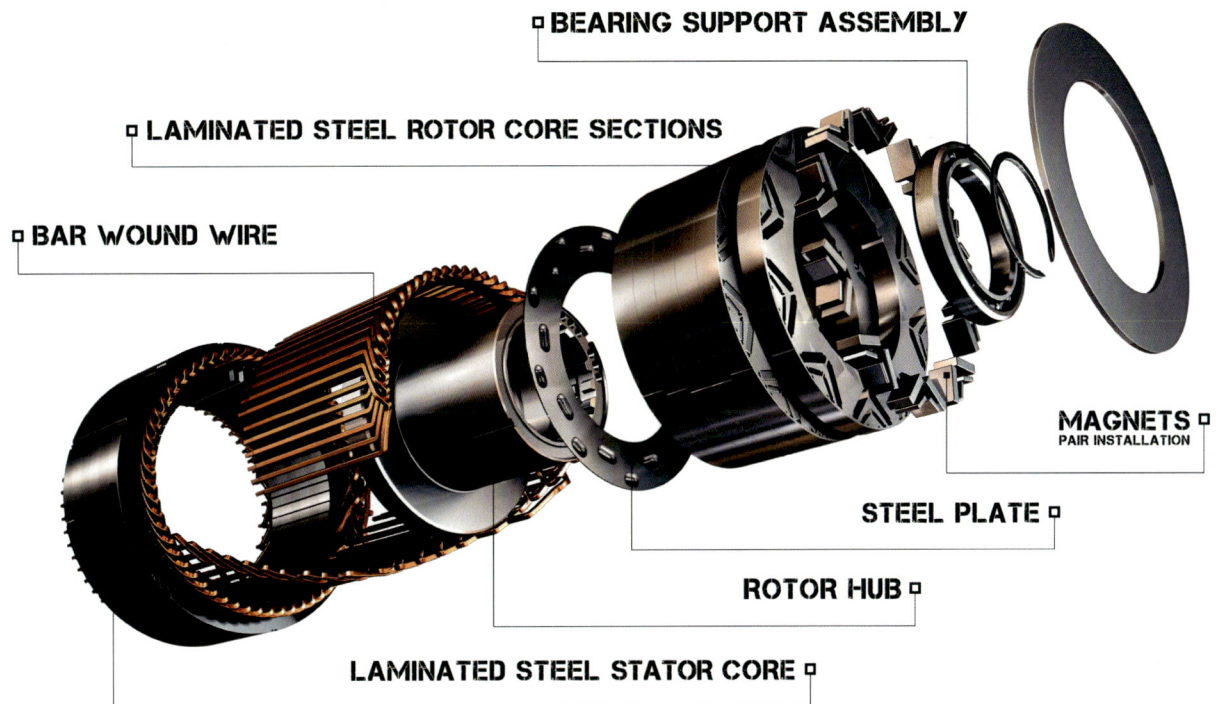

집중권과 분포권

차량구동용 모터는 운전에 필요한 회전자계 형태가 이상적이다. 소음이나 진동 억제 같은 장점을 끌어내기 쉬운 분포권(좌)이 주류다. 하지만 코일 끝 부분(코어에서 밖으로 돌출되는 끝 부분)이 커지기 쉽고, 이 부분에서 도통손(구리 손실)이 생기는 단점도 있다. 그 때문에 축 방향으로 치수적인 제약이 있거나 할 때는 집중권(우)을 이용한다.

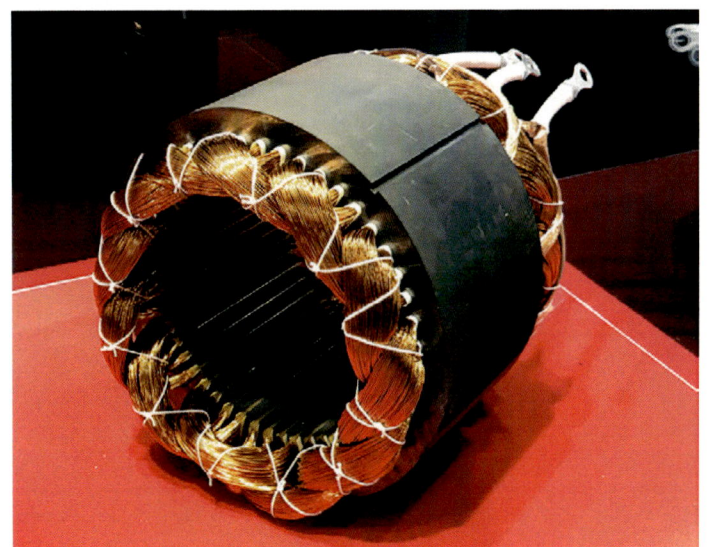

좌 : 각단면의 구리선(평각선)을 이용하는 헤어핀 와인딩으로 만든 스테이터 코일 단면. 슬롯으로 불리는 홈에 직사각형 단면의 평각선이 군더더기 없이 채워져 있다.

우 : 일반적인 원형단면의 구리선(환선)으로 형성된 스테이터 코일 단면. 환선(丸線)은 방향성 제약이 없기 때문에 와인딩 머신을 사용해 고속으로 얇게 감을 수 있어서 비용억제가 가능하다. 근래에는 권선방법 개선을 통해 점적률을 높이고 있다.

점적률을 높여서 열 발생을 최소한으로 억제

모터 내 한정된 공간에 더 많은 전류가 흐르게 하면서도 줄(Joul)열 발생은 최소한으로 줄이기 위한 연구가 계속되고 있다. 근래 많이 사용하는 것은 각단면 도체(구리선)을 규칙적으로 배치해 점적률(占積率)을 높이는 기술이다.

자석배치와 전자강판

고회전으로 인해 전류가 고주파로 바뀌면 스테이터나 로터 코어를 구성하는 전자강판 쪽에 생기는 와전류(渦電流)로 인해 손실도 커진다. 철손(鐵損)이라고 하는 이 손실을 줄이려면 코어가 되는 전자강판을 얇게 만들어 와전류 통로를 좁힘으로써 규모 자체를 줄이는 방법이 효과적이다. 그래서 모터에 이용하는 전자강판을 0.2mm 전반까지 얇게 만든다. 이 정도로 얇은 강판을 프레스 가공으로 정확하게 찍어 낸 다음 코어로 만들려면 뛰어난 생산가공기술이 필요하다. 또 로터 쪽에 박는 영구자석은 기본적으로 강력한 것을 넣어야 토크를 쉽게 얻을 수 있지만, 그와 동시에 회전속도 상승에 따른 역기전력 발생이라는 문제가 생긴다. 그래서 현재는 로터 코어를 스테이터 코일의 자력으로 끌어당기는 릴럭턴스 토크(Reluctance Torque)도 같이 이용해, 영구자석에 대한 토크 의존도를 낮추는 기술을 이용 중이다.

A rotor for the i-DCD drive motor

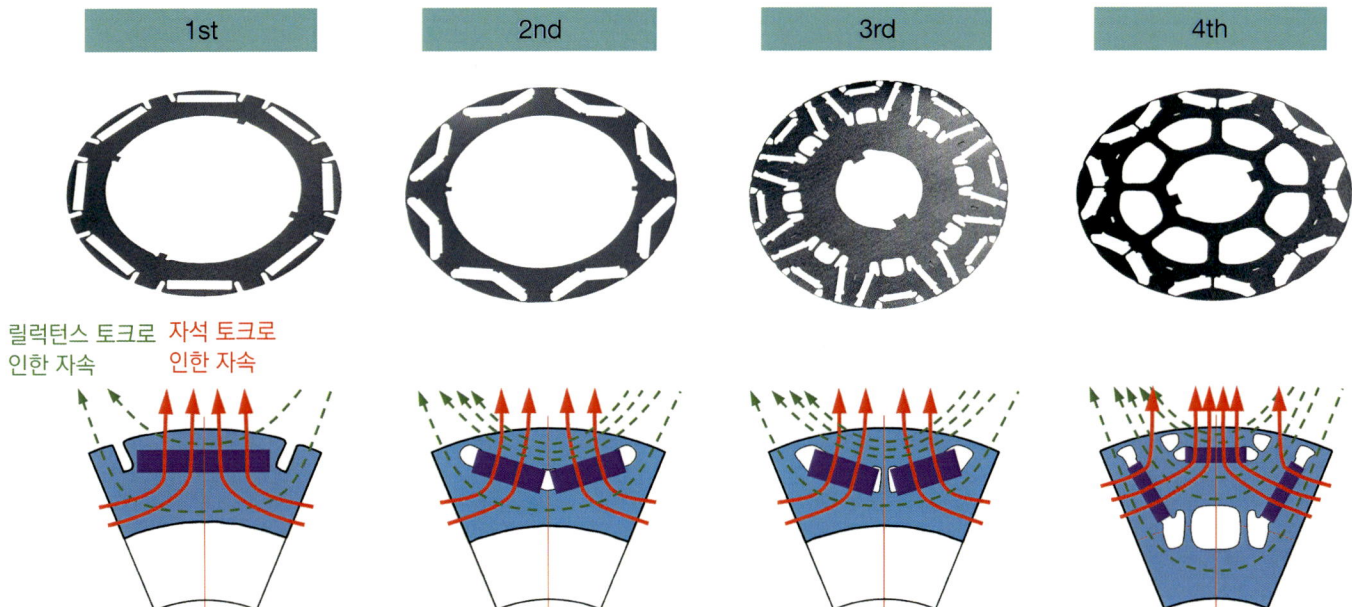

릴럭턴스 토크를 유효하게 이용하기 위한 자석배치

로터를 구성하는 전자강판을 스테이터 쪽 자력이 끌어당기는 릴럭턴스 토크까지 같이 사용해 자석 토크와 합성하는 기술. 위 그림은 토요타 프리우스 사례. 세대를 거치면서 릴럭턴스 토크 이용비율을 늘리는 방식으로 고회전을 달성했다. 핵심은 자석과 철판 그리고 각각에 작용하는 자속 방향이다. 유효하게 이용하기 위해서 자석 배치를 바꿔나갔다.

유도모터

영구자석이 필요 없을 뿐만 아니라 고효율 영역을 비교적 넓게 확보할 수 있다는 것이 장점이다. 가장 큰 특징은 원형 모양의 로터 표면을 둘러싸는 구리 부품으로, 위아래 캡 형태로 배치된 구리 부분을 잇는 구리 색 선이다.

직류 브러시 모터

직류 전원을 가하면 작동하는, 가장 단순한 모터 가운데 하나다. 축에 설치된 정류자(Commutator)와 브러시의 회전으로 인해 항상 전류 극성이 바뀐다. 말하자면 기계식 인버터라고 말할 수 있다.

왼쪽은 변속기 내부에 들어가는 모터. 통상은 코일 끝 부분이 둘레 방향으로 서 있지만, 모터 둘레 크기를 낮추기 위해서 우측사진처럼 끝 부분을 90도 굽혀놓았다. 상당히 괜찮은 아이디어였다는 것이 설계자의 설명이다.

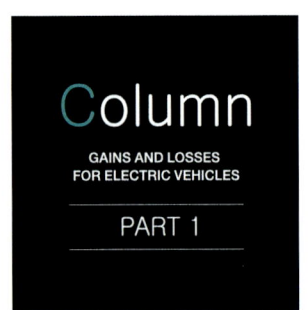

Column
GAINS AND LOSSES FOR ELECTRIC VEHICLES
PART 1

코일을 묶어서 끝부분을 옆으로 휘게 만드는 기술
작은 것이 상품가치를 높인다
그런데 어떻게 만들면 좋을까…

[아이신 회사의 굴절 카세트 코일 제조현장]

본문&사진 : 마키노 시게오 그림 : 아이신(AISIN)

5중 감기 카세트 코일을 사용하는 스테이터 제조공장. 우측 끝 보빈(Bobbin)에서 각선(角線)이 공급되면 형상을 정리하고, 이곳 아래층 아래에서 만들어진 스테이터 코어에 코일을 결합한다. 그리고 코일의 용접 끝부분이 90도 굽혀져서 왼쪽 끝으로 완성품이 나온다.

외부인한테는 절대 안 보여 주는 제조공정. 대표적인 것이 타이어의 카커스 코드를 감는 공정이다. 이유를 물어보면 '많은 로봇이 공중에서 복잡하게 움직이는, 마치 손뜨개질 같기 때문'이라고 한다. 감는 방법은 타이어 메이커마다 다르지만, 아는 사람이 보면 금세 파악하기 때문에 절대로 보여주지 않는 공정이라고 한다.

반면에 차량용 모터 코일을 감는 공정은 몇 번이나 봤다. 다양한 방법이 있어서 흥미롭기도 하다. 원형 단면의 전선 다발을 모터 스테이터 쪽 슬롯에 「싸악~」하고 박아넣는 인서트 공법은 그야말로 「싸악~」하는 느낌이다. 크리스마스 때의 칠면조 요리를 보면 항문 쪽으로 야채든 뭐든 집어넣는데 그 모습하고 비슷하다.

각단면 전선을 슬롯 안으로 빡빡하게 감는 세그먼트 감기는 「싸악~」하는 느낌은 아니다. 몇 번이나 본 느낌은, 약간 각이 진 U자형 각(角)전선을 한쪽에서 자동으로 슬롯으로 끼우고 반대쪽 돌기부분을 하나, 둘하고 「싸악~」하고 비튼 다음, 풀어진 끝은 전부 다 용접해 전기회로로 완성하는 기술이었다. 한쪽에 용접 끝단만 쭉 있고 거기에 절연 코팅을 하기 때문에, 계속 보다 보면 곤충의 겹눈을 보는 것처럼 오싹한 느낌이다.

그런데 같은 세그먼트 감기라도 신형 크라운용 블루이 넥서스(BluE Nexus)의 6단 스텝AT+1 모터에 사용하는 모터는 다르다. 긴 쪽 방향을 줄이기 위해서 각(角)전선의 용접 끝을 90도 밖으로 굽힌다. 더구나 전선은 U자형이 아니라 6각형의 5중 감기라고 들었다. 따라서 용접할 곳 자체가 적다.

'이걸 대체 어떻게 만드는 거지…'

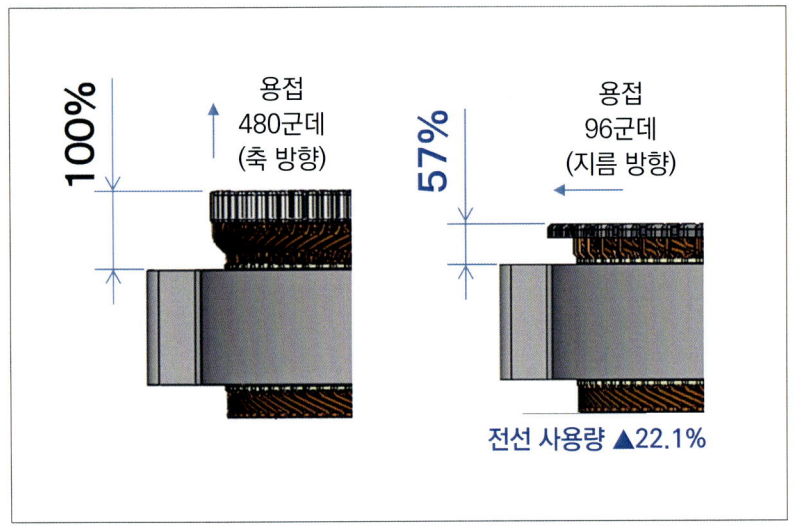

통상적인 U자형 코일을 사용하면 용접해야 할 곳이 480군데. 그래서는 굽힐 수가 없다. 5중 감기 카세트 코일을 사용해 용접 부위를 5분의 1로 줄임으로써 바깥쪽으로 굽혀도 용접할 곳이 겹치지 않게 되었다. 전선사용량과 용접 공정수는 줄고 모터는 약간 가벼워졌으며, 또 축 방향으로는 작아졌다.

5중 감기 연속 코일의 완성품을 보면 '과연' 하는 생각이 들면서도 짧은 쪽과 긴 쪽을 어떻게 만드는지 궁금해진다. 공정에서는 각선을 감을 때 각속도와 텐션을 제어해 놀랄 정도의 속도로 만든다. 하지만 이런 형상으로 만들기 때문에 스테이터에 삽입하는 방법을 찾아내야 했다.

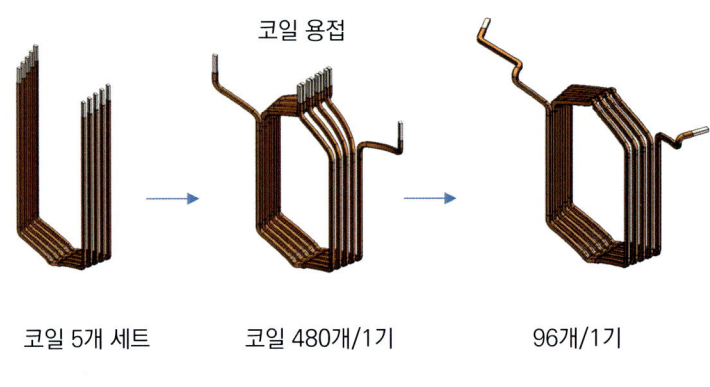

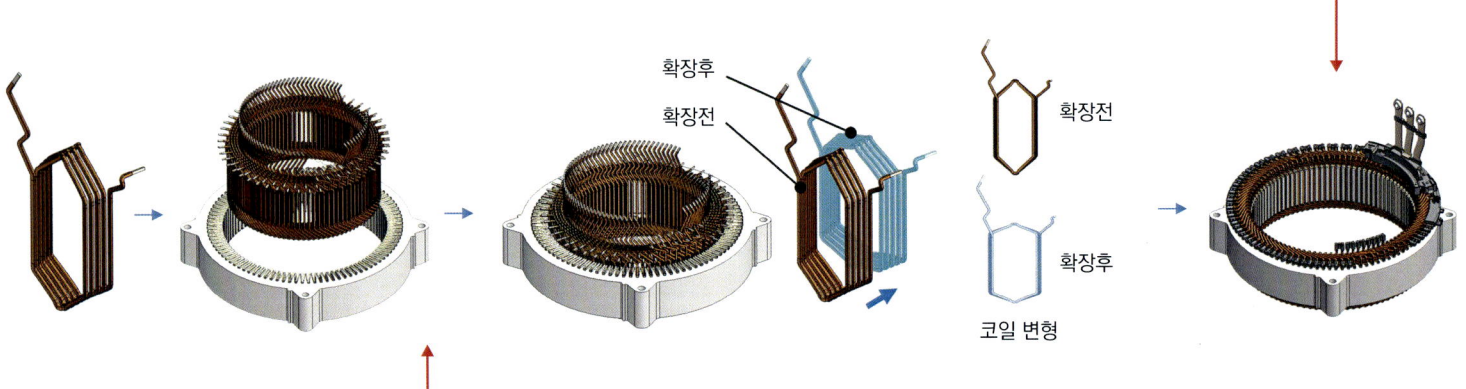

스테이터를 방사선 형태로 분할하면 5중 감기 코일을 슬롯에 삽입하는 작업도 간단하다. 하지만 코일을 분할하면 철손이 커진다. 그래서 생각해 낸 것이 그림같이 코일을 확장해서 조립하는 방법이었다. 다음 페이지 사진의 공작기계 안에서 이 작업이 이루어진다.

코일을 스테이터 안쪽부터 서서히 슬롯에 끼운다. 코일도 서서히 바뀌어 약간 넓어지면서 상하 방향이 찌그러진 형상이 된다. 이것을 코일 확장조립기가 한다. 생각했던 것만큼 시간이 걸리지 않는데 놀랐다. 열을 주지 않으면서 그냥 기계 힘으로만 빠르게 그러면서도 정확하게 끼운다.

코일의 용접단을 90도로 굽힌 이유

코일의 용접단이 많으면 절대로 구부러지지 않는다. 그래서 용접단이 겹치지 않도록 둘레 쪽으로 쭉 배치해야 한다. 그러기 위해서는 코일을 다중 감기로 해야 하고, 그러면 스테이터를 분할해야 한다. 하지만 그렇게 하면 효율이 떨어지는 문제가 있다. 그래서 전혀 새로운 코일 삽입방식을 생각해 낸 것이다. 모터 길이를 줄이기 위한 집념의 결과다.

실물 커팅 모델을 본 순간부터 궁금했던 필자는 나름대로 여러 가지를 상상해 봤다. 과거에 취재했던 공장은 소재나 부품을 비롯해 차량과 선박, 항공기, 식품까지 해서 300군데 이상이나 된다. 같은 공장을 40년 동안 5번 둘러본 적도 있다. 못 가본 지역은 미국 대륙뿐이다. 아마추어로서는 빠지지 않는 경험이다.

5중 감기 제조방법은 상상할 수 있다. 하지만 그것을 스테이터 슬롯에 넣는 공정은 U자선처럼 한쪽으로 쉽게 넣는 식으로는 끝나지 않는다. 게다가 스테이터와 코일 사이에는 절연지가 들어간다. 또 최종적으로 방사형상이 되는 용접 끝을 90도로 굽힌다. 그거야말로 많은 로봇들이 뜨개질바늘을 들고 공중에서 복잡한 움직이는, 다인(多人) 직물 같은 것이리라 상상했다.

그러다가 제조현장을 볼 기회가 왔다.

각선은 보빈으로 공급되고, 거기서 빼내 부분적으로 피복을 벗긴다. U자선 같은 경우는 피복을 벗기는 공정이 바쁘게 돌아가지만, 아이신의 5중 감기 코일은 말 그대로 「5중」이기 때문에 피복을 벗기는 공정이 5분의 1로 줄어든다. 부분적으로 피복을 벗긴 다음, 가운데를 절단하면 절단된 양쪽 끝으로 각각 피복이 없는 용접부분이 만들어진다. 이 공정은 어디서 봐도 똑같다.

다음으로 거북이 등껍질 같은 6각형 각선을 감는다. 긴 변과 짧은 변이 있기 때문에 전선이 나오는 속도와 텐션을 제어하면서 감는다. 그리고 긴 수염처럼 나온 최종 부분을 금형으로 모아놓고 3차원 형상으로 만든다. 아이신은 이렇게 만들어진 5중 감기 각선의 6각형을 카세트 코일(Cassette Coil)이라고 부른다. 현재는 모터 하나에 96세트의 카세트 코일이 들어간다.

이 5중 감기 카세트 코일을 기계를 사용해 먼저 반원 형태로 만든다. 48개 코일에 반원. 이것을 180도×2로 해서 360도로 만드는데, 각선으로 바구니 형태의 물체를 만드는 것이다. 이미 이 시점에서 나의 아마추어적인 상상력은 완전히 무너졌다. 5중 감기 코일을 스테이터 안쪽부터 툴(공구)을 고정한 워크(제조물) 회전으로 하나씩 넣는 필자가 상상한 방법이 아니다. 바구니 형태의 각선 집합체를 만든 다음 그것을 스테이터 안쪽부터 하나씩 슬롯에 빡빡하게 끼운다.

그런데 끼우는 방법이 독특하다. 모든 슬롯에는 미리 절연지가 들어간다. 얇은 종이가 찢어지지 않도록, 주름지지 않도록, 바구니 형태의 코일 집합체를 조금씩 집어넣는다. 원통을 8분할 한 지그가 외주 쪽으로 열리면서 각선을 슬롯에 밀어넣는다. 당연히 6각형 카세트 코일이 변형되지만 밀어넣으면서 최종 형상을 만드는 것을 감안한 방식이다.

이 공정에서 사용하는 코일 확장기는 촬영 허가를 받았지만, 스테이터 안쪽에서의 작업 상태는 모른다. 바구니 형태의 코일은 위쪽에서만 볼 수 있다. 보이지는 않았지만 설명을 듣고 상상했다.

'코일 가이드라고 하는 홀더에 지그를 연결하고, 그 지그를 따라 코일을 컨트롤하면서 넣는 식이죠'

'위쪽과 아래쪽 각각 8개의 확장 고리, 상하 동시에 모든 고리가 외형 방향으로 조금

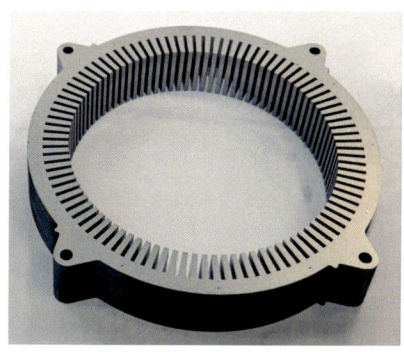

코일 확장조립기. 작업공정을 직접 볼 수는 없기 때문에 앞 페이지 중간의 일러스트까지 감안해 이 작업을 상상하는 수밖에 없지만, 위쪽의 상확장(上擴張) 스티커가 붙은 지그가 내려와 코일 용접단을 옆으로 굽히는 모습은 확인할 수 있었다. 위아래 사진을 비교해 보기 바란다. 다만 기계내부에서 코일이 슬롯에 삽입되는 모습은 전혀 보이지 않는다.

앞 페이지 사진은 스테이터로, 슬롯이 96군데다. 그 안에 코일이 밀착되도록 삽입한다. 위 우측 사진은 완성 후 모습이다. 슬롯마다 우윳빛 슬롯 종이(절연지)가 보인다. 스테이터는 0.25mm 정도의 얇은 전자강판을 겹쳐서 만드는데, 타공 방향 위상을 어긋나게 하기 때문에 4그룹의 줄무늬가 보인다.

씩 넓어지면서 코일이 들어가죠. 그때 정원을 유지하기 위해서(8분할이므로 방사형태가 된다) 제조물을 회전시키는 방식으로 고리와의 위상을 바꾸면서 작업합니다'

'지그로서는 정원(正圓)이 아닙니다. 그래서 위아래를 확장해줘야 하죠. 지름 방향으로 면으로 눌러서 넓히는 식이죠. 8등분 고리가 조금씩 넓어지는 겁니다. 코일이 홈을 따라 넓어지는 힘으로 머리 부분이 내려가죠'

'코일이 슬롯에 들어갈 때 미리 넣어둔 슬롯 종이가 변하지 않도록 지그로 눌러줍니다. 슬롯 종이 틈새를 벌리고 거기로 코일이 들어가죠. 코일이 들어와서 지그에 달을 것 같으면 지그가 밑으로 내려갑니다. 그것을 조금씩 전체 둘레에 걸쳐서 하는 거죠'

'코일을 누르고, 지그를 회전시키는 동작과 지그가 내려가는 동작은 각각 독립적입니다. 전체가 회전하면서 지그가 조금씩 넓어져 슬롯 종이가 변하지 않도록 깨끗이 누르고, 눌리면서 코일이 확장되는 것이죠. 코일이 슬롯에 들어가면 지그는 아래로 빠지는 것이구요'

설명은 이랬다. 필자가 눈여겨 본 용접부분의 90도 굴절은 일괄 굴절이었다. 마지막에 원둘레 방향의 엣지와이즈(Edgewise)를 일괄적으로 구부리고, 안지름 쪽 리드선을 코일 엔드와 같은 높이로 만든다… 등등의 설명을 들으면서 필자는 코일 확장기 내부를 상상해 봤다. 그렇다 해도 어림잡아 50m 정도의 이 제조라인을 과연 누가 생각해 냈을까. '다 같이 생각해낸 결과'라는 말은 들었지만, 3년 후에 방문했다면 각선 코일은 완전히 간소하게 바뀔지도 모르겠다. 공중에서 형성하는 코일, '대단한 실력이군, 이 사람들…'

CHAPTER 2 | GAINS AND LOSSES FOR ELECTRIC VEHICLES | Mechanical Configuration - 기계구성

항우를 연상시키는 위대한 파워, 인버터

[파워 일렉트로닉스 기술로 직류를 교류로 변환]

리튬이온 배터리는 많은 전기를 저장할 수 있지만, 그 전기는 직류로만 한정된다.
하지만 모터는 교류가 필수다. 그래서 이용하는 것이 인버터다.

본문 : 다카하시 잇페이

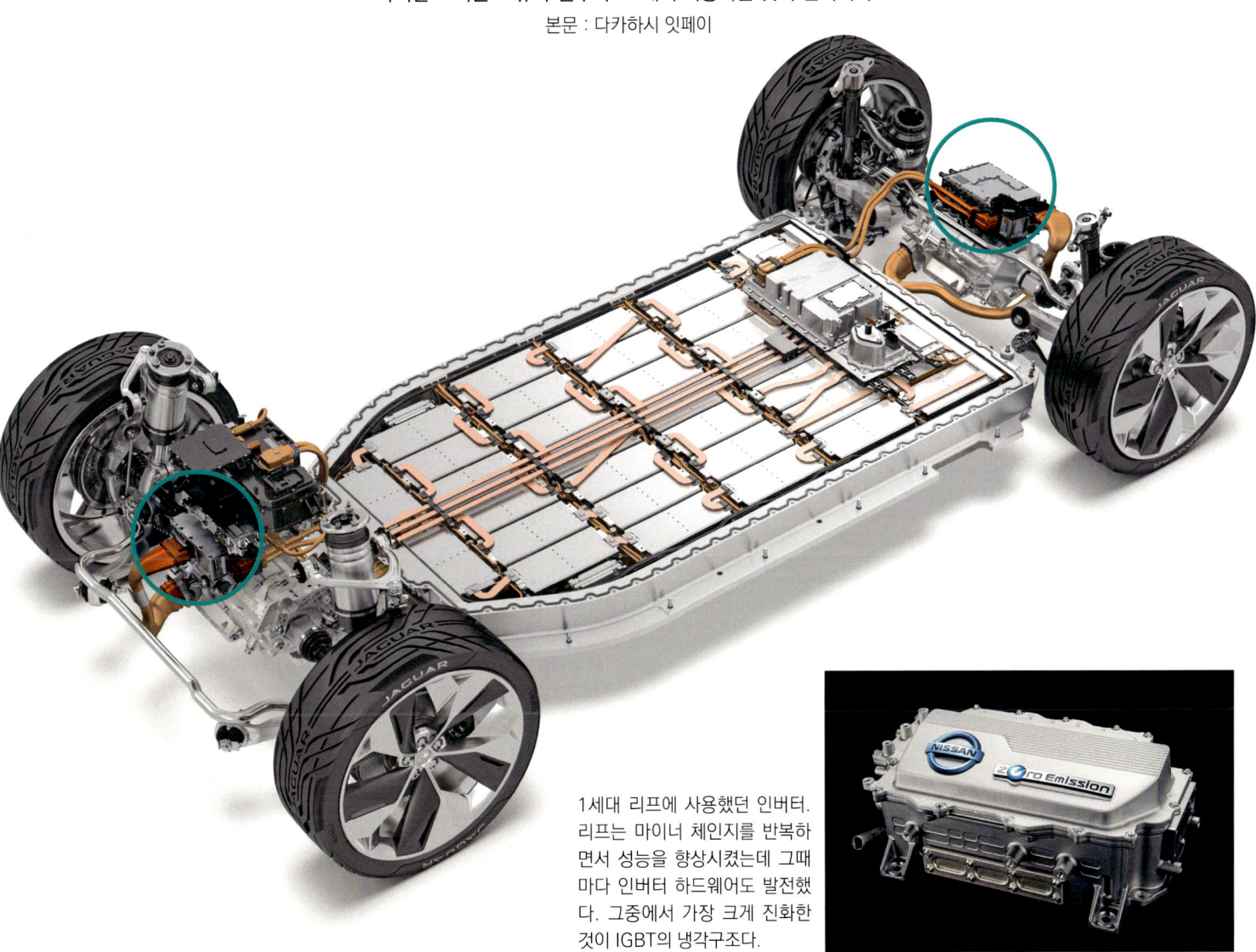

1세대 리프에 사용했던 인버터. 리프는 마이너 체인지를 반복하면서 성능을 향상시켰는데 그때마다 인버터 하드웨어도 발전했다. 그중에서 가장 크게 진화한 것이 IGBT의 냉각구조다.

모터가 작동하려면 교류 전기가 필요하다. 이것은 전 세계에 존재하는 모든 모터가 공통으로, 예외는 없다는 생각해도 틀리지 않다. 왜냐면 모터는 N극과 S극이라는 2개의 극성을 바꿔가면서 로터 주위를 회전하는 자속과 로터에 들어간 영구자석 또는 전자석 사이에서 상호작용을 통해 작동하는 물건이기 때문이다. 하지만 모터 내부를 보면 알 수 있듯이, 거기에는 로터말고 다른 가동부품이 없다. 즉 자계 회전은 기계적으로 만드는 것이 아니라 전기적으로 만들어진다.

그래서 이용하는 것이 교류전기다. 모터 케이스 안쪽에 배치한 코일(이것이 스테이터 코일)에 순서 있게 교류전기를 흘리면 회전하듯이 자계가 이동한다. 그 이동속도, 즉 회전수를 바꾸면 로터 회전수를 제어할 수 있고, 그 제어역할을 하는 것이 인버터(Inverter)다.

그때 사용하는 전원은 물론 배터리에서 나온다. 당연한 말이지만 배터리에 저장할 수 있는 전기 형태는 직류뿐이다. 이 직류를 스위치를 통해 극성을 바꾸는 동시에 교류가 그리는 사인커브까지 재현해 내는 것이 인버터의 역할이자 목적이다. 다만 거기서 이용하는 스위치는 기계적이 아니라 파워 소자로 불리는 반도체로, 트랜지스터의 일종이다.

전기구동에서의 인버터 역할

삼상교류 동기모터든 유도모터든 간에 차량구동용 모터에는 삼상교류 전원이 필요하다. 아래 그림은 닛산 리프의 인버터로, 위로 돌출된 2개의 단자가 배터리로, 아래로 돌출된 3개는 모터와 연결된다. 배터리 직류는 극성이 고정된 정적인 전류인데 반해, 삼상교류는 각각이 120도씩 어긋난 위상의 사인커브 3개로 이루어져 있으면서, 항상 극성이 바뀌는 동적인 전류다. 전자인 직류에서 후자인 교류로 바꿔주는 것이 인버터의 주요 역할이다.

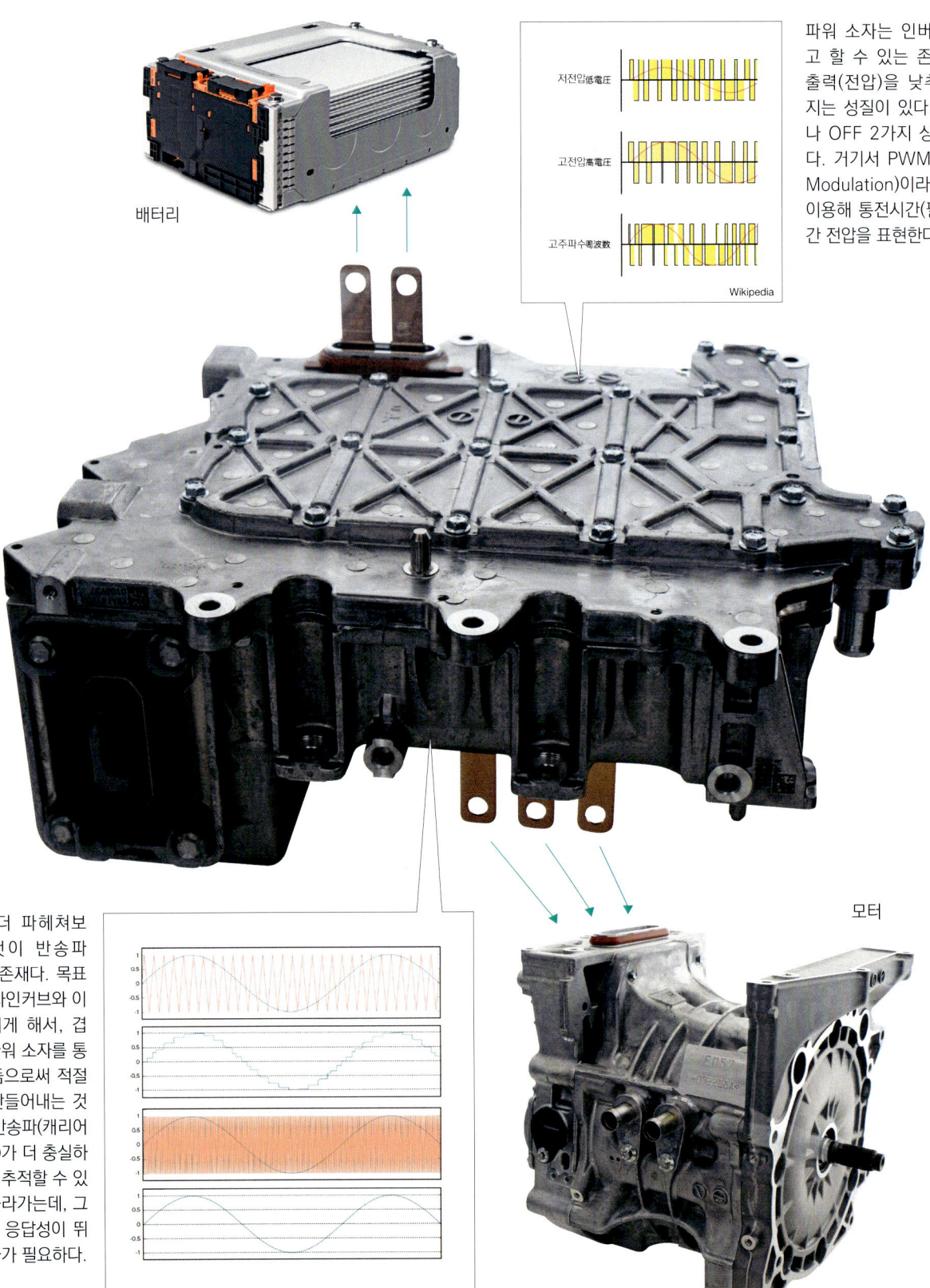

파워 소자는 인버터의 주역이라고 할 수 있는 존재지만 중간에 출력(전압)을 낮추면 손실이 커지는 성질이 있다. 그래서 ON이나 OFF 2가지 상태로만 사용한다. 거기서 PWM(Pulse Width Modulation)이라고 하는 방법을 이용해 통전시간(펄스 폭)으로 중간 전압을 표현한다.

PWM을 좀 더 파헤쳐보면 나오는 것이 반송파(Carrier)라는 존재다. 목표로 하는 교류 사인커브와 이 캐리어를 겹치게 해서, 겹치는 부분만 파워 소자를 통전 상태로 만듦으로써 적절한 펄스폭을 만들어내는 것이다. 세밀한 반송파(캐리어 주파수가 높다)가 더 충실하게 사인커브를 추적할 수 있어서 효율이 올라가는데, 그러기 위해서는 응답성이 뛰어난 파워 소자가 필요하다.

직류로부터 삼상교류를 만들어내기 위한 회로

직류로부터 삼상교류를 만들어내기 위해 사용하는 것이 삼상 브릿지라고 하는 회로다. 가장 아래쪽 회로가 삼상 브릿지 회로로, 예로서 IGBT(Insulated Gate Bipolar Transistor)를 사용한 회로도다. 같은 기호가 가로로 3개, 세로로 2개 합계 6개, 이것이 IBGT다. 어렵게 생각하지 말고 각각이 스위치라고 보면 된다. 위쪽 3개가 플러스 쪽 전류를 만들 때의 스위치고, 아래쪽이 마이너스 쪽 전류를 만드는 스위치다. 이것을 PWM과 조합하면 삼상교류로 바꿀 수 있다.

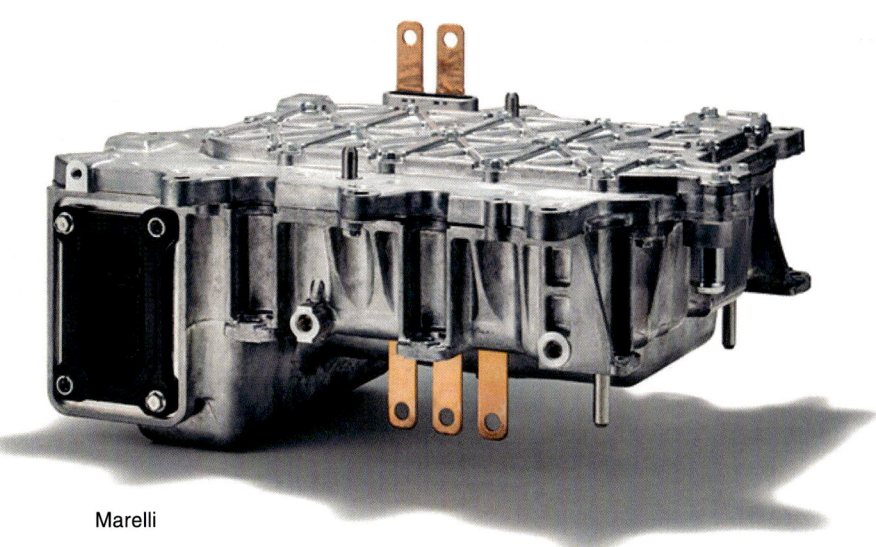

Marelli

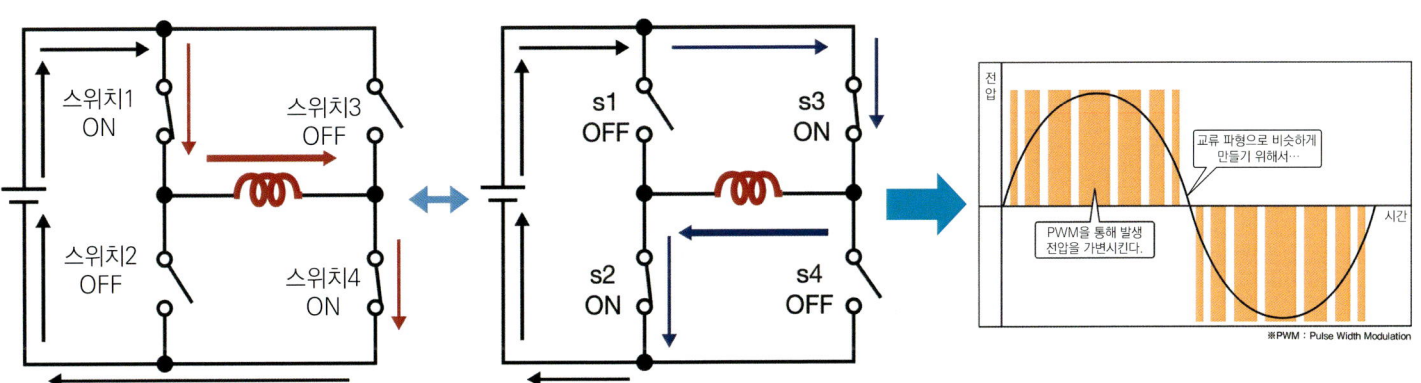

극성을 바꾸기 위한 기본회로

4개 스위치를 조합해 적색으로 표시한 코일 부분으로 흐르는 전류 방향을 교체하는 단상 브릿지 회로(예시). PWM과 조합하면 사인커브를 그리는 교류 표현도 가능하다.

실제 인버터에 사용하는 삼상 브릿지 회로

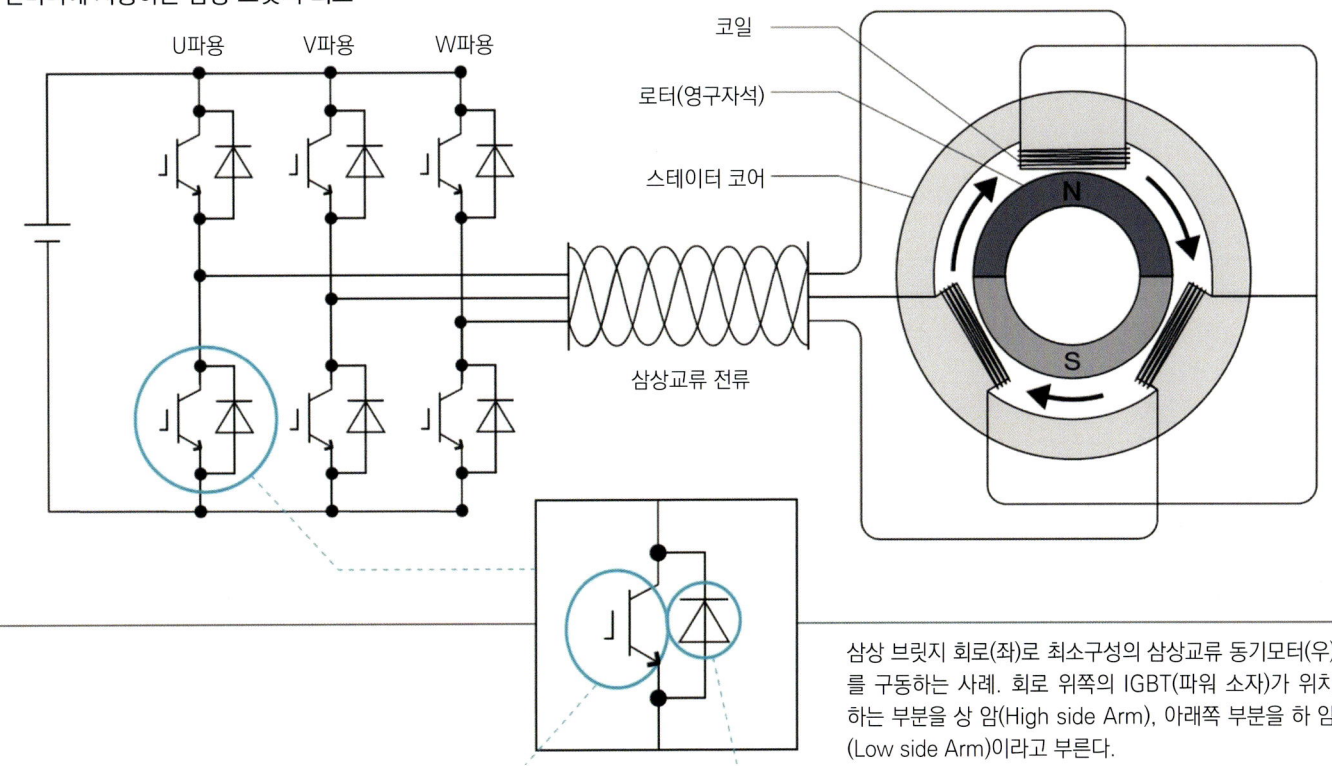

삼상 브릿지 회로(좌)로 최소구성의 삼상교류 동기모터(우)를 구동하는 사례. 회로 위쪽의 IGBT(파워 소자)가 위치하는 부분을 상 암(High side Arm), 아래쪽 부분을 하 암(Low side Arm)이라고 부른다.

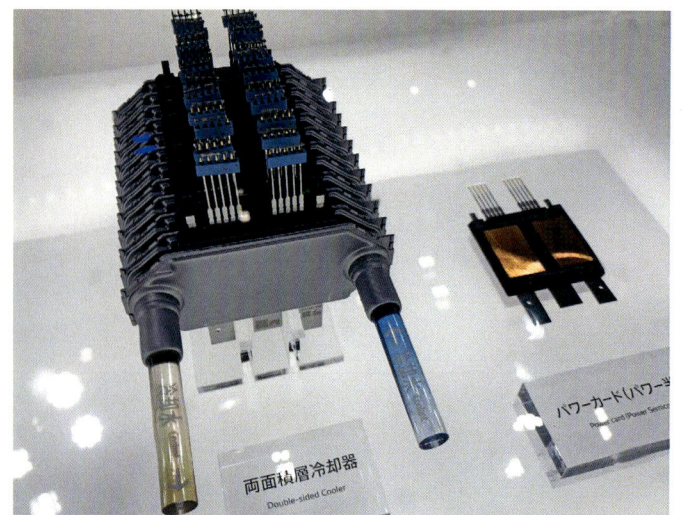

냉각의 중요성과 그 방식

차량구동용 인버터(트랙션 인버터)에 사용하는 파워 소자에 있어서, 현재의 주류인 IGBT는 실리콘을 바탕으로 하기 때문에 소자가 견디는 상한온도가 150~170도 정도다. 작동할 때는 이것을 넘지 않도록 냉각하는 것이 필수다. 이 온도는 다루는 출력에 비례하기 때문에 냉각을 강력하게 하면 큰 출력으로 연속해서 운전하는 것도 가능하다. 즉 운전영역을 확대할 수 있다는 뜻이다. 반대로 말하면 냉각 없이는 운전영역이 한정적일 수밖에 없다.⇒

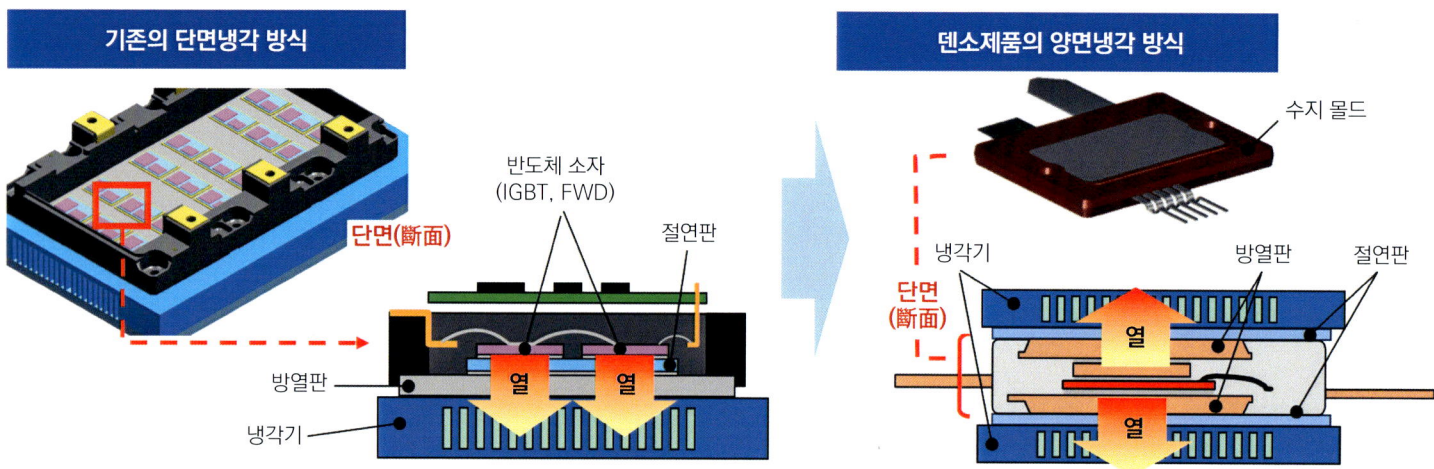

실리콘 카바이드가 여는 세계

차세대 파워 반도체로 기대를 모으는 것이 SiC(Silicon Carbide)를 베이스로 하는 반도체다. 현재의 IGBT가 베이스로 하는 실리콘보다 내열성이 훨씬 뛰어난 SiC를 이용하면 소자 두께를 대폭 낮출 수 있다. 그러면 통전했을 때(ON으로 했을 때) 저항(ON저항)을 줄일 수 있다. 응답성도 좋고 캐리어 주파수를 고주파화할 수 있는 등, 성능 상으로는 장점밖에 없다. 유일한 문제는 가격이다.

■ SiC와 Si 재료 비교

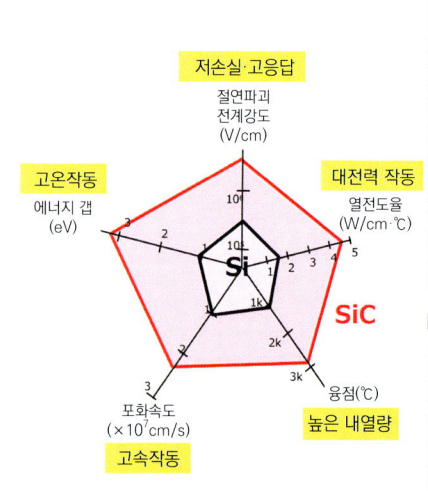

■ 도통 손실

■ 스위칭 손실

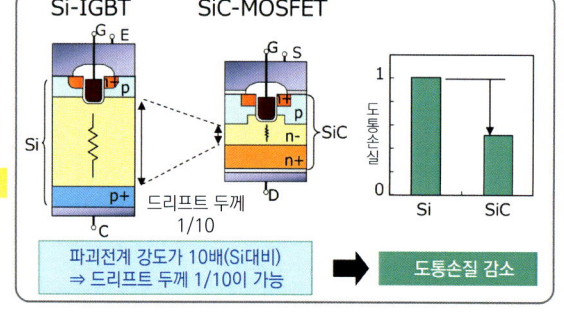

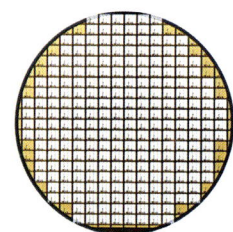

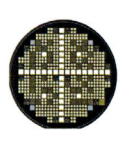

TOYOTA

Denso

오른쪽으로 쭉 늘어선 셀 조립기. 우측 안쪽이 인버터 조립라인이다. 하얀 봉 뒤쪽이 기어 서브라인. e액슬 케이싱 안에 넣는 스테이터와 기어와 관련된 부품 차이는 우측의 셀 조립기에서 대응한다. 전자동 라인을 통해 자동운반 기계(AGV)가 물건을 배달하고, 작업이 끝나면 다시 전자동 라인을 통해 돌아간다.

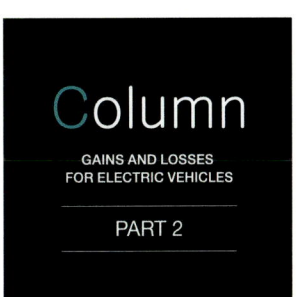

Column
GAINS AND LOSSES FOR ELECTRIC VEHICLES

PART 2

아이신의 e액슬 조립라인은

(전자동 + 수작업) × 다품종 혼합

[설계가 가능하면 생산도 가능]

본문&사진 : 마키노 시게오 그림 : 만자와 고토미

블루이 넥서스의 e액슬. 전방용 150kW와 80kW가 똑같아 보이지만 약간의 사양차이가 있다. 후방용은 외관자체부터 완전 다르다. 이 3기종이 현재 공장에서 생산되고 있다. 아마도 앞으로는 점점 제품 종류가 늘어날 것으로 예상된다.

아마도 e액슬은 순식간에 늘어날 것 같다. HEV(Hybrid Electric Vehicle)가 됐든 BEV(Battery Electric Vehicle)가 됐든지 간에, 어떤 식으로든 전기구동 장치를 사용하는 xEV라고 하는 넓은 틀 안에서 생각하면 이만큼 편리한 장치는 없다. 특히 기존 모델에 빠르고 편리하게 장착하기를 원하는 해외 자동차 OEM한테 어필하기에는 안성맞춤이다. '1년 이내에 적용해서 차량을 양산하고 싶다'거나 '우리의 e아키텍처를 사용하게 해달라'든가, '탑재공간은 이 치수를 지켜달라'거나 '단가는 이 정도로 해달라, 안 되면 접근이 안 된다' 같은 요구에 사실상 적극 대응할 수 있는 곳은 일본 서플라이어다.

아이신은 이미 프랑스 PSA(현 스텔란티스)와 중국 광저우자동차에 xEV용 구동장치를 공급 중이다. 변속기를 포함해 해외 OEM용 사업에서는 VW(폭스바겐)과 BMW, 포드 등 많은 OEM과 거래해 왔다. 당연히 e액슬도 그렇게 할 것이다. 그래서 생산라인을 만들었다. 현재는 월 2만 개 생산이 가능하다. 프런트용 150kW와 80kW 모델, 리어용까지 3기종을 혼합생산하고 있다.

e액슬 공장의 콘셉트를 물어보았다. 다품종 소량생산을 통해 생산변동에 임기응변이 가능하고, 설비단가는 최하로 하고, 최대한 무인화를 지향하고… 등등. 요컨대 구동시스템 장치로서 영원하고 끝없는 테마를 추구하는 것이다. 이 정도면 몇 십 년 앞까지 내다보는 것일까. 하지만 아무리 앞을 내다봐도 어쩔 수 없는 측면도 있다. 제품을 계속 만들면서 파악되는 일도 많기 때문에 어쨌든 임기응변에 철저하면 잘 대응할 수 있을 것이다. 공장을 한 번 둘러보고 설명을 듣고 나서 필자가 도달한 결론이다.

그러기 위한 수단으로 생산라인 전체를 완전자동 무인구역과 인력구역으로 나누었다. 사양차이가 늘어날 것을 감안해 사양차이에 대응하는 공정을 인력을 통한 셀 생산 대응으로 정했다. 전자동 구역과 인력구역

거의 완전히 전동화된 밝고 조용한 공장 안에 사람은 아주 적다.
사람이 수작업으로 하는 일은 기계보다 사람이 빠르고 정확하게 하는 공정뿐이다.
로봇이 묵묵히 프로그램을 수행하고, 운반은 자동제어되는 AGV의 몫이다.
앞으로 점점 기종수가 늘어나고 생산대수도 증가할 e액슬.
최첨단이지만 비용을 절약해 만든 공장에서 자동차 전동화(Electrification)의 최전선을 보았다.

사이는 컨베이어가 아니라 AGV(자동운반기계)로 연결했다. 이것이 가장 큰 특징이다. 또 전자동 구역이나 인력구역 모두 조립실수를 없애기 위해서 스테이션마다 화상처리 등과 같은 센서를 사용해 검사시스템을 효과적으로 적용했다. 이로써 인력구역에서는 작업지원 시스템이 다품종 생산을 실수 없이 조력한다.

다만 이런 시스템을 제대로 빈틈없이 운용하려면 많은 비용이 들어간다. 그래서 철저하게 비용을 절약했다.

먼저 전자동 구역. 20군데 정도 되는 스테이션은 모두 동일한 바닥면적으로, 주로 6축 로봇을 사용한다. 최대 무게 50kg짜리 작업물을 들어올릴 필요가 있지만, 로봇은 35kg 소형 운반용 로봇을 사용한다. 모든 작업에서 암을 너무 펴지 않고 최소한의 움직임으로 끝낼 수 있도록 공정을 설계했기 때문에 35kg 운반 로봇이라도 충분하다고 한다. 좁은 바닥면적 안에 로봇과 로봇 앞으로 컨베이어 라인, 뒤로는 공구 선반과 로봇 제어판이 있다. 스테이션을 둘러싼 금속망이 바비큐용 망이라는 소리를 듣고는 놀라기까지 했다.

작업내용에 따라 로봇이 툴을 바꿔 잡는다. 많은 작업을 전용기계가 아니라 한 가지 사양으로 하는 표준 조립기를 아이신에서는 심플 조립기라고 한다. 쉽게 툴이 사람의 손이다. 공통 플랫폼 안에 설비를 배치한 다음 나중에 옵션을 추가할 수 있도록 설계해, 현재는 15가지를 가동한다. 눈앞으로 흘러온 작업물의 태그 정보를 파악해 로봇이 작업한다.

로봇이 하는 작업은 자체적으로 만든 어플로 제어한다. 기성제품인 태블릿 단말기 상에서 설비 제어나 작업내용 변경이 가능한 것이다. 로봇이 사용하는 툴을 바꿀 때, 그 툴 이름이 표시된 부분만 클릭해주면 된다. 언어는 일본어와 영어, 중국어 등을 사용할 수 있어서 해외에서 건설요청이 와도 이 전자동 라인을 그대로 옮겨가면 된다.

이 전자동 라인은 공통공정 설비다. 로터 삽입과 기어 조립, 케이스 완성 등, e액슬이 갖는 공통된 공정처리가 가능하다. 바꿔 말하면 적용하지 않는 게 좋은 작업은 수작업

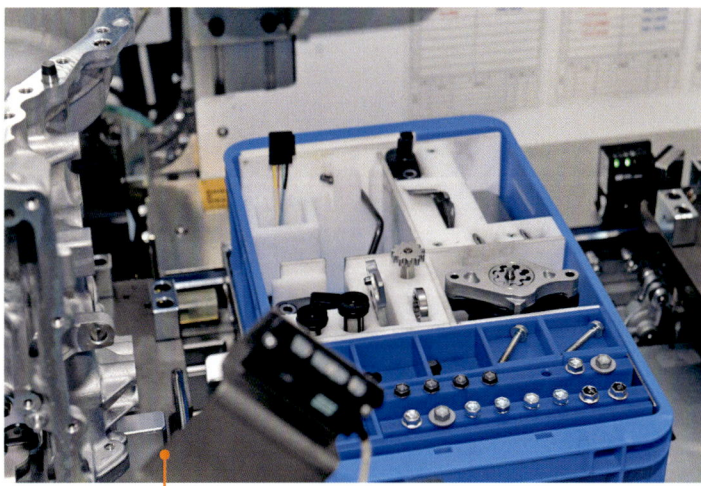

사진 깊숙한 쪽이 기어 스플라인. 왼쪽이 셀 조립기. e액슬에 장착하는 모터 스테이터와 로터나 기어 종류는 다른 장소에서 만들어 이곳 라인으로 옮겨온다. 부품 자동수납 시스템을 통해 물류공정수가 기존대비 70%나 단축되었다. 공정수 감소는 그대로 비용 감소로 이어진다.

생산기종별로 가지런히 키트화된 부품. 벨트 컨베이어를 사용해 연속해서 흐르는 공정이 아니라, 스테이션 한 곳에서 많은 공정을 소화하기 때문에 필요한 부품을 꺼내기 쉽고, 체결 실수가 없도록 상자에 담아온다. 작업물과 함께 이 박스를 AGV가 옮긴다.

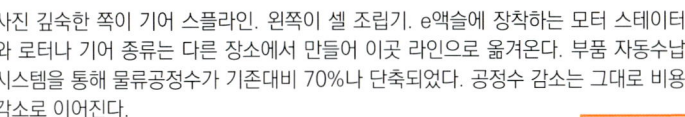

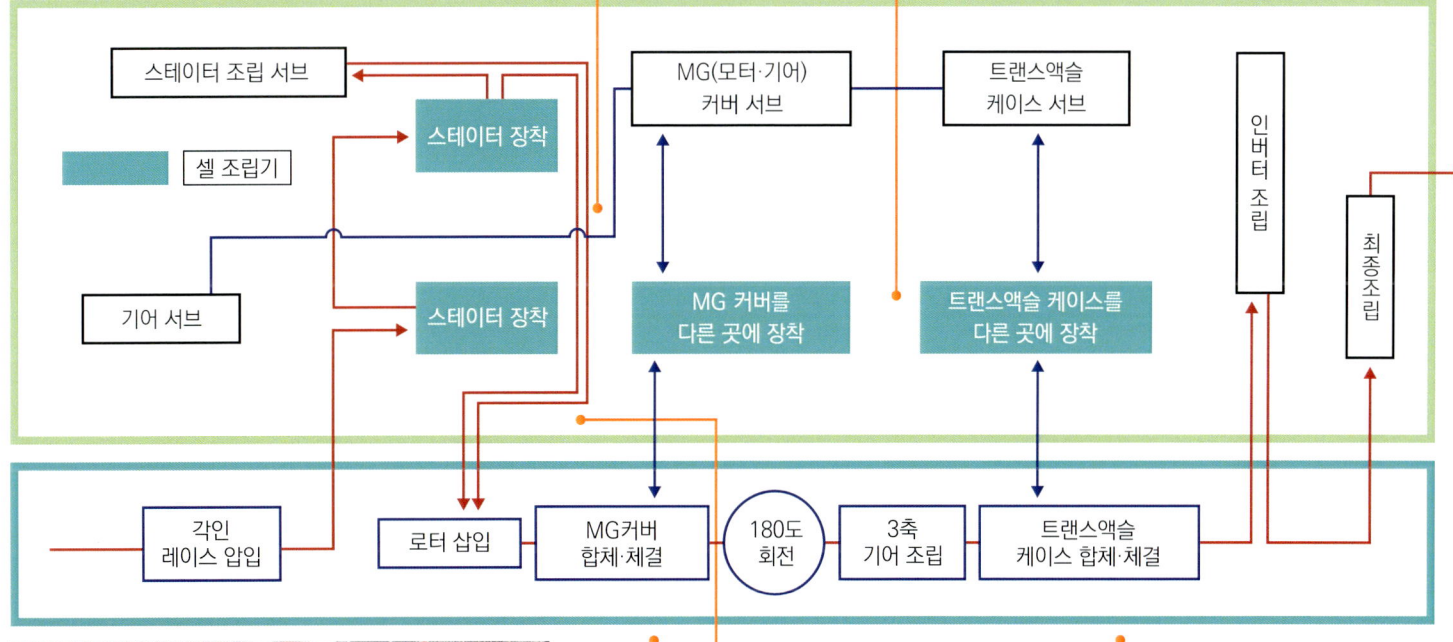

모터 케이스에 영구자석을 박은 로터(위쪽 사진)를 삽입한다. 무게가 100kg정도 나가기 때문에 로터 위아래를 지그로 체결한 다음, 스테이터 안쪽과 접촉하지 않도록 삽입한다. 향후 다양한 모터가 등장할 것이라는 예측 하에, 이 공정도 유연하게 대응할 수 있도록 설계했다.

로터(가운데 사진)를 삽입한 다음 M/G(Motor/Generator) 커버를 씌운다. 오른쪽 사진이 그런 공정모습이다. 로봇이 FIPG(액체 개스킷)을 케이스 형상을 따라 도포한 다음, 도포에 단락이 없는지를 화상으로 판정하고 나서 M/G 커버를 씌우고 체결한다. 이런 일련의 공정도 완전자동이다.

부품을 사와서 자체제작한 AGV. 좌우 가운데에 위치한 바퀴를 180도로 돌려서 움직일 수 있다. 제자리 회전도 가능. 1회 충전으로 2시간 동안 움직인다. 위에 실은 작업대로 회전한다. 작업물과 태블릿, 부품을 합친 무게가 60kg 이상이다.

으로 처리한다. 그런 작업을 하는 구역에는 스태프 한 명과 셀 조립기를 배치한다. 여기서 주차 브레이크용 부품이나 전동 오일펌프 추가 등, 제품사양에 맞춰서 작업한다. 장착하는 부품 차이, 그에 따른 공정시간 변화, 생산대수 변동, 공정순서 차이 등을 소화하겠다는 목적도 있다.

셀 생산 모습을 보면, 키트 바구니에 부품이 잘 정돈되어 있어서 제품별 작업내용 태그를 판독해 스태프 눈앞에 있는 화면으로 보여준다. 작업항목이 많기 때문에 작업지원 시스템은 필수다. 동시에 스태프는 자신이 가장 작업하기 좋은 자세가 되도록 작업대 높이를 조정할 수 있다. 볼트는 너트 라이너로 체결하고 체결토크나 체결 각도가 기록되기 때문에 이 데이터를 추적할 수 있다. 화면에 표시되는 언어는 여러 가지로 표시할 수 있다.

수작업을 통한 셀 생산 구역과 전자동 구역을 연결하는 도구는 AGV다. 바닥에 붙인 녹색 자기 테이프를 따라서 경로가 유도되기 때문에 필요한 장소에 필요한 작업물을 옮겨다 준다. 약 50대가 움직이지만 부딪치거나 급정지하는 일 없이 질서정연하게 움직인다. 정지 정확도는 플러스마이너스 10mm다. 조만간 AGV에 독일 SICK제품의 라이다(LiDAR)를 장착해 자기 테이프 없이 무궤도로 운행할 계획이다.

아이신의 e액슬 제조라인은 사내에서 하드웨어와 소프트웨어를 검토하고, 설계하고, 아이신 공작기계가 제조를 담당하면서 유연성 있는 다품종 혼합라인으로 만들어졌

◀ 녹색 띠가 AGV 유도용 자기 테이프다. 현재는 이 방식을 사용하고 있지만, 조만간 각 AGV에 라이다를 장착해 공장 안에서 3차원 맵을 바탕으로 움직이는 무궤도 방식으로 바꿀 예정이다. 이미 시범적으로 라이다를 장착한 AGV가 운행 중이다. 덧붙이자면 탑재 배터리가 방전되기 전에 AGV가 자동으로 충전할 곳으로 돌아간다.

다. 비용은 철저히 절약해 판매되는 제품으로 충분한 것은 시판제품을 사용했다. 바비큐 망까지 사용했을 정도다. AGV도 부품을 사와서 사내에서 제작했다. 그런 노력 끝에 비용은 약 반으로, 도입기간은 3분의 1로 줄일 수 있었다. 모든 것을 자체적으로 해결하고 블랙박스로부터도 벗어났을 뿐만 아니라, 개량도 임기응변이 가능하다. 무엇보다 이런 방식은 예전부터 아이신 정기나 아이신 AW, 아이신 AI도 해온 방식이다.

또 한 가지. 이 일은 경영적 판단이기 때문에 공장취재 때는 물어보지 못했지만, 아이신은 e액슬의 향후 구상을 확정했기 때문에 이 생산라인을 구축했을 거라고 생각한다. 매출은 결코 적지 않다. 하지만 재료비 비율이 높아서 적극적으로 부가가치를 제안하지 않으면 이익 폭을 넓힐 수 없다. 그렇다면 거래처 사정에 맞는 옵션 선택지를 다양화할 수밖에 없다. OEM의 요구사항을 해결하는 것이 아니라 사전에 요구할 만한 것들을 해결해 놓는 것이다. 경쟁사는 해외 OEM의 자체 제품이나 중국 서플라이어 제품 또는 임금이 싼 지역에서 만드는 일본 서플라이어 제품일지도 모른다.

그것이 전제라면 해답은 명확하다. 고정비를 철저히 낮추어 평균적인 제품이든 특별한 제품이든 간에 고객사의 오더를 완벽하게 소화할 수 있는 시스템을 제안함으로써, 필요하다면 어디든 공장을 만들겠다는 결단을 바로 내릴 수 있게 준비해 두는 것이다. 한 마디로 말하면 e액슬 태스크포스(기동부대)의 운용이다. 그 핵심이 이 공장이라고 생각한다.

🟢 전자동 라인인 심플 조립기 전경. 인접한 조립 스테이션끼리는 컨베이어로 연결된다. 네모지게 짜여진 6축 로봇(화낙회사 제품) 베이스는 통일되어 있으며, 틀 전체 치수도 정해져 있다. 로봇 옆의 선반에 교체용 툴이 위치한다. 로봇 컨트롤러가 내장된 PMC를 사용해 제어하는데, 조작은 시판 태블릿 단말기로 한다. 금속망은 바비큐용 망이다.

🟢 셀 조립기 전경. 기종마다 다른 조립순서나 부품에 관해 지시를 내리는 화면이 스태프 앞에 위치한다. 또 장착을 정확히 했는지 체크하는 일도 자동이다. 작업환경이나 배치는 남녀 구분이 없어서 이 세트 그대로 세계 어디에서든 사용할 수 있다.

GAINS AND LOSSES FOR ELECTRIC VEHICLES

도해특집 : 전기자동차의 정체

Catalog

시판 중인 BEV 카탈로그

〖 데이터 측면에서 바라본 경향 〗

이 챕터에서는 일본 국내시장에서 판매 중인 BEV의 가격을 포함한 제원을 소개한다.
지금까지의 자동차와는 어떤 점이 다르고 어떤 점이 바뀌지 않았는지, 숫자를 통해 경향을 파악해 보자.

본문&그림 : MFi

BEV를 소개할 때 반드시라고 해도 무방한 것이, 중량물=배터리를 차체 가운데 아래쪽에 배치하는데 따른 좋은 영향이다. 자동차 가운데 대다수를 차지하는 FWD차가 앞쪽(Front Overhang)에 많은 무게를 배치하는데 반해, BEV는 앞뒤 휠 안에 무거운 장치를 배치하기 때문에 달리고 돌고 서는 움직임이 많이 다른 느낌을 받는다.

구체적으로 ICE차와 BEV의 무게를 비교

차량가격과 배터리 총 전력량 비교

크고 무거운 데다가 가격까지 비싼 배터리. 그런 배터리가 차량가격에 끼치는 영향을 조사한 그래프다. 일반적으로 「필요 충분한 가격」의 일본차와 「많은 것을 담아 성능을 발휘」하는 외국차라는 경향을 엿볼 수 있다. 다만 가격은 환율 관계도 있어서 완전히 같은 조건이 아니라는 점을 유의하기 바란다. 일본차의 왼쪽 끝은 사쿠라/eK크로스EV. 상당히 경쟁력 있는 위치에 있다는 사실을 알 수 있다.

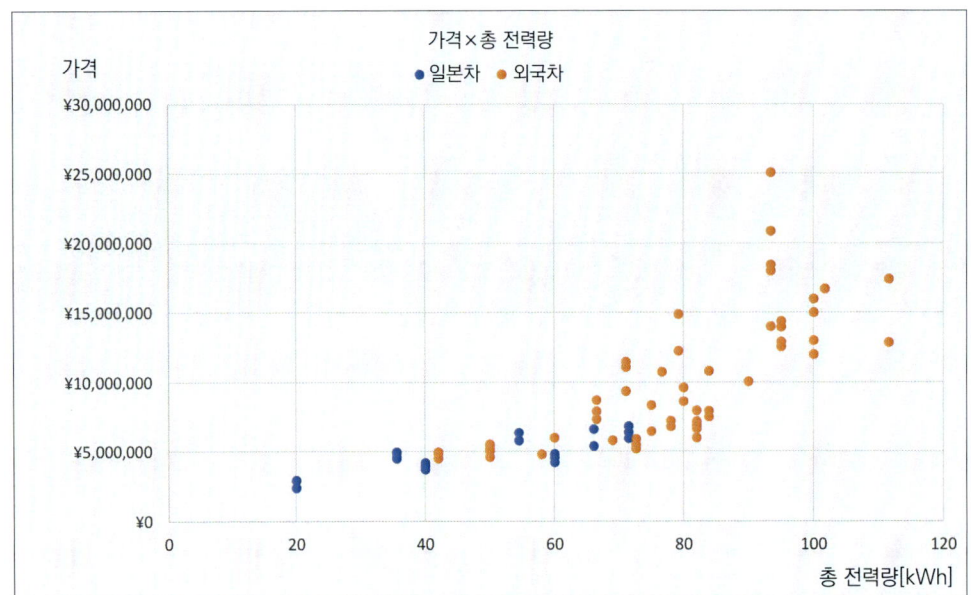

차량무게와 1회 충전 주행거리 비교

전기차가 얼마나 갈 수 있는지는 상당히 중요한 선택기준이다. 최장 689km라고 주장하는 테슬라의 모델3는 무게가 1,850kg일 정도로 근래의 BEV로서는 상당히 가벼운 인상이다. 외국차는 거의 무게가 2톤 이상으로 승부하는데 반해, 일본차는 그 정도 무게는 넘지 않도록 통제하는 것 같다. 일본차의 최장거리는 솔테라의 567km/1910kg.

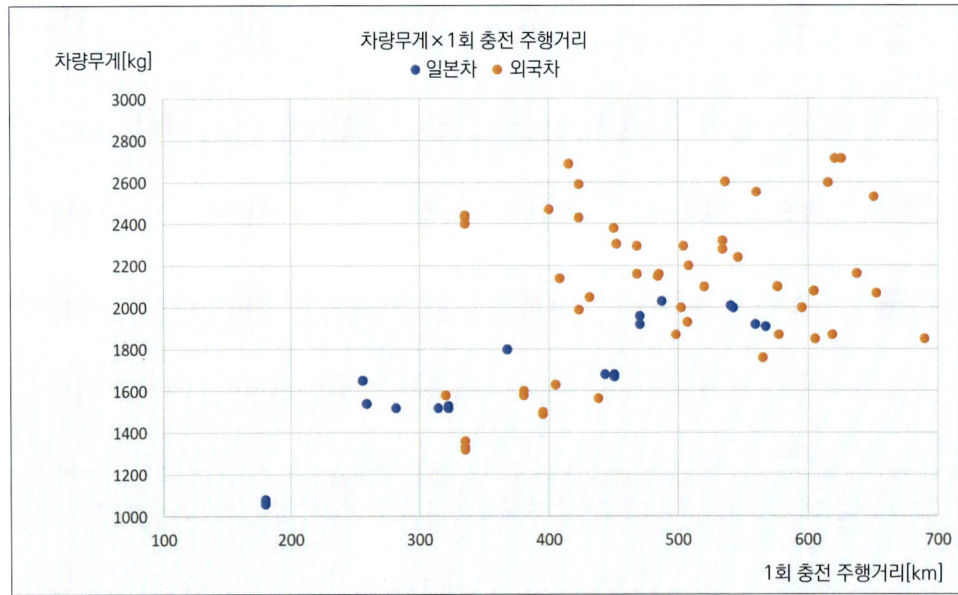

해 보자. 조금 지난 데이터지만 2016년 모델인 혼다 피트는 4기통 1.5리터+CVT인 15XL 모델이 1,060kg이었고, 피트 EV 모델은 1,470kg이다. 410kg이 증가한 것이다. 15XL에 탑재한 L15형 엔진은 건조중량이 84kg, CVT 단일 무게는 이 토크용량 정도면 대략 60kg 정도로 추측된다. 합계 124kg 정도지만 구동바퀴 하중 측면에서 보면 앞 축에 걸린다는 계산이다.

그렇다면 BEV는. 피트 EV의 전동시스템 무게는 발표되지 않았기 때문에 추측에 불과하지만, 총 전력량 20kWh인 배터리 팩은 같은 용량의 닛산 사쿠라가 약 150kg이라는 사실로부터 판단하건데 10년 전 자동차 무게다. 각형 셀을 사용하는 것을 고려하면 200kg 정도 차이가 난다. 모터+인버터/컨버터는 엔진+변속기보다 가볍지만, 의외로 무게가 나가는 고전압 케이블이나 세밀한 부분에서 내연기관 자동차와 다른 주파수 대책을 세워야 하므로 흡음재 등을 포함해서 410kg 정도 더 나가는 것으로 추측된다.

410kg은 몸무게 55kg인 사람 7.45명을 더 태우는 무게다. 소형차로서는 상당히 부담되는 수치가 아닐 수 없다. 하지만 먼저 최대토크를 발휘하는 구동용 모터 특성 외에, 앞서의 무겁지만 차량 중앙 아래에 배치하는 배터리 덕분에 기존차량 이상의 가속성능을 구현하는 BEV 특성, 전기모터를 자동차에 사용하는 최대 이익이 회생 에너지 획득이라는 점을 감안하면 가·감속이 많은 시내주행에 어울리는 파워트레인이라고도 말할 수 있다. 다만 고속영역으로 들어가면 효율이 떨어지고 차량으로서도 ICE차와 별 차이 없이 움직이는 BEV도 많다. 이것을 양립시키기 위해서는, 가령 유럽 지역의 고성능 BEV처럼 고속영역 쪽에 고효율 포인트를 둔 모터로 설계한다거나, 모터에 변속기를 달거나, 거대한 배터리를 사용하는 식의 방법이 필요하다.

차량무게와 배터리 총 총 전력량 비교

얼마나 큰 배터리를 장착했는지를 비교한 그래프. 큰 배터리=무거운 배터리이므로 그래프는 깔끔하게 우측 위쪽으로 올라가고 있다. 외국차라도 작고 가벼운 BEV를 지향하는 것은 당연하기 때문에, 일본시장에서 피아트 500e는 42kWh/1,330kg의 스펙으로 판매 중이다. 이 차를 포함해 스텔란티스 모델에도 작고 가벼운 BEV가 많다.

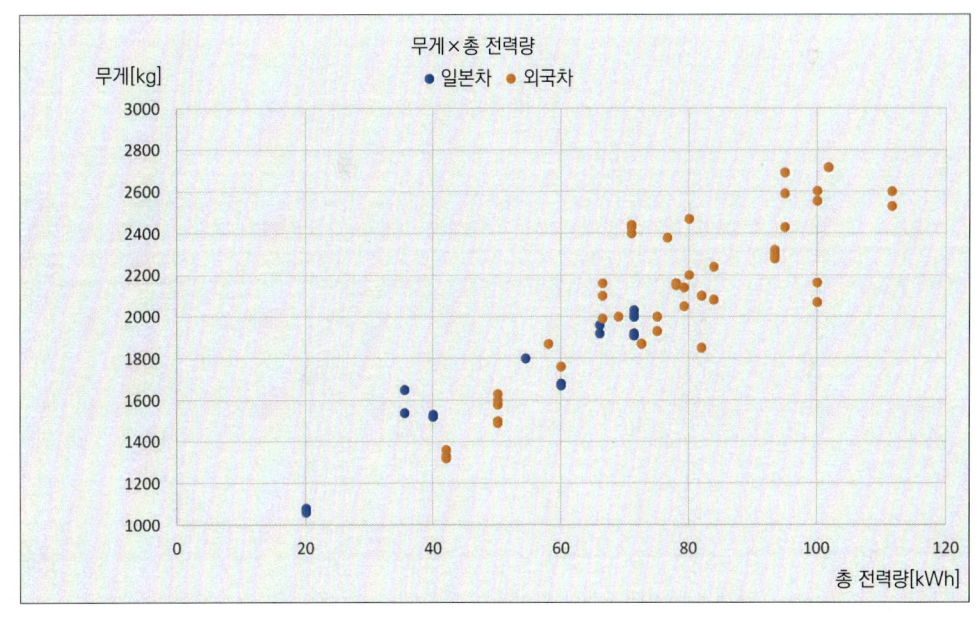

최고출력과 시스템 총 전압 비교

최고출력과 배터리 총 전압값을 비교한 그래프. 최근 BEV는 앞뒤 모터를 탑재하는 경우가 많은데, 그럴 때는 앞뒤 합계로 산출했다(실제는 시스템 최고출력치가 존재한다). 눈에 띄는 것은 800V의 포르쉐 타이칸. 그보다 조금 낮게 아우디 그리고 현대가 있다. 출력은 압도적으로 외국차 모델들이 스펙을 추구한다. 일본차 가운데 최고 전압값은 마쯔다의 418V고, 대부분은 비슷비슷하게 350V 정도 수준이다.

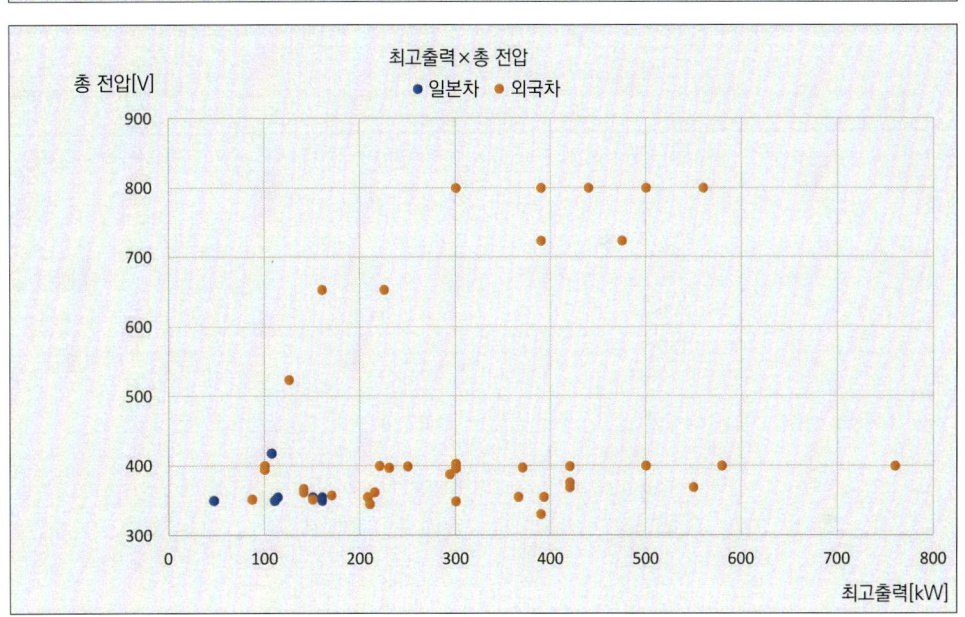

CHAPTER 2 | GAINS AND LOSSES FOR ELECTRIC VEHICLES | Catalog – 목록

일본시장에서 현재 판매 중인 BEV
일본 메이커 편

〚 2020년대에 들어와 많은 모델이 등장, 각 카테고리 별 선택이 가능 〛

미쓰비시 i-MiEV, 닛산 리프는 2010년에 발표되었다. 그 후 다른 회사에서도 몇 가지 BEV가 나오긴 했지만, 하이브리드 전성시대를 맞고 있는 일본 시장에서 BEV는 소수파에 불과했다. 하지만 근래의 화두인 탄소중립을 실현하기 위해서 일본 메이커도 계속해서 BEV를 시장에 투입하고 있다. 경자동차부터 중형급까지 다양한 모델들이 선보이고 있다.

본문 : MFi 사진&그림 : 토요타·렉서스·닛산·혼다·스바루·마쯔다·미쓰비시

닛산 사쿠라
(NISSAN SAKURA)

플랫폼은 ICE용 경자동차인 데이즈 것을 사용하지만, 배터리 탑재공간과 각 부분의 강도를 강화했다. 구동용 모터는 노트 e파워 AWD의 후방용 모터를 활용하면서 축 배치 등을 바꿨다. 배터리 팩의 기본구성은 리프와 같이 사용하는 식으로 기존 부품을 활용. 보조금 포함해서 구입가격은 약 2천만 원 선. 2022년 5월 발표 후 3주 동안 11,000대를 수주한 히트모델이다.

「X」스펙
차량가격 약 24,000,000원

크기 : 전장3,395mm × 전폭1,475mm × 전고1,655m
휠베이스(mm) : 2,495mm
차량무게 : 1,070kg
전방 모터 형식 : MM48
정격출력 : 20kW
최고출력 : 47kW/2,302~10,455rpm
최대토크 : 195Nm/0~2,302rpm
배터리 총 전압 : 350V
총 전력량 : 20kWh
WLTC모드 전력소비율 : 124Wh/km
1회충전 WLTC모드 주행가능 거리 : 180km

「G」스펙
차량가격 약 30,000,000원

크기 : 전장3,395mm × 전폭1,475mm × 전고1,655m
휠베이스(mm) : 2,495mm
차량무게 : 1,080kg
전방 모터 형식 : MM48
정격출력 : 20kW
최고출력 : 47kW/2,302~10,455rpm
최대토크 : 195Nm/0~2,302rpm
배터리 총 전압 : 350V
총 전력량 : 20kWh
WLTC모드 전력소비율 : 124Wh/km
1회충전 WLTC모드 주행가능 거리 : 180km

미쓰비시 ek크로스 EV(MITSUBISHI ek X EV)

경량터보보다 2배나 높은 195Nm의 최대토크를 활용한 민첩한 가속, 배터리 탑재 때문에 3링크 리지드로 바꾼 후방 서스펜션, 1회충전 당 180km의 주행거리 등, 기본 메커니즘은 닛산 사쿠라와 같다. 사쿠라를 포함해 오카야마현 미쓰비시 자동차 미즈시마제작소에서 생산한다.

닛산 사쿠라와는 형제차 관계에 있는 모델

「G」스펙
차량가격 약 24,000,000원

크기 : 전장3,395mm×전폭1,475mm×전고1,655m
휠베이스(mm) : 2,495mm
차량무게 : 1,060kg
전방 모터 형식 : MM48
정격출력 : 20kW
최고출력 : 47kW/2,302~10,455rpm
최대토크 : 195Nm/0~2,302rpm
배터리 총 전압 : 350V
총 전력량 : 20kWh
WLTC모드 전력소비율 : 124Wh/km
1회충전 WLTC모드 주행가능 거리 : 180km

「P」스펙
차량가격 약 24,000,000원

크기 : 전장3,395mm×전폭1,475mm×전고1,655m
휠베이스(mm) : 2,495mm
차량무게 : 1,080kg
전방 모터 형식 : MM48
정격출력 : 20kW
최고출력 : 47kW/2,302~10,455rpm
최대토크 : 195Nm/0~2,302rpm
배터리 총 전압 : 350V
총 전력량 : 20kWh
WLTC모드 전력소비율 : 124Wh/km
1회충전 WLTC모드 주행가능 거리 : 180km

혼다 Honda e (HONDA Honda e)

기존 플랫폼을 사용하지 않고 제로에서 개발한 혼다의 BEV. 개발 당초에는 FF 레이아웃을 계획했지만, 모터 토크를 살린 주행이나 패키징, 디자인을 중시해 차체 후방에 탑재한 모터로 후륜을 구동하는 RR 레이아웃으로 변경했다. 그렇게 해서 최소회전반경 4.3m 를 실현했다. ICE보다 훨씬 낮은 무게중심 높이나 이상적인 앞뒤 무게배분을 통해 핸들링을 향상시켰다. 계기판 좌우의 6인치 모니터로 후방을 확인하는 사이드 카메라 미러 시스템을 적용했다.

후륜구동으로 최소회전 성능도 향상

「P」스펙
차량가격 약 50,000,000원

크기 : 전장3,895mm×전폭1,750mm×전고1,510m
휠베이스(mm) : 2,530mm
차량무게 : 1,540kg
전방 모터 형식 : MCF5
정격출력 : 60kW
최고출력 : 113kW/23,497~10,000rpm
최대토크 : 315Nm/0~2,000rpm
배터리 총 전압 : 355.2V
총 전력량 : 35.5kWh
WLTC모드 전력소비율 : 138Wh/km
1회충전 WLTC모드 주행가능 거리 : 259km

닛산 리프(NISSAN LEAF)

2017년에 2세대로 풀 모델 체인지된 일본 메이커 BEV의 대표적 모델. 플랫폼이나 전방 도어 같은 일부 보디 패널, 서스펜션 등은 1세대 모델과 같지만 제어시스템을 개선해 출력이나 주행거리를 높였다. 총 전력량 40kWh인 표준 모델 외에 60kWh로 배터리 용량을 확대한 e⁺ 사양, 전용 튜닝한 하체와 모터 제어를 적용한 니스모(NISMO), 호화로운 내·외장의 오텍(AUTECH) 등, 선택지가 다양하다.

일본 내 BEV 시장을 확대해 온 선구자

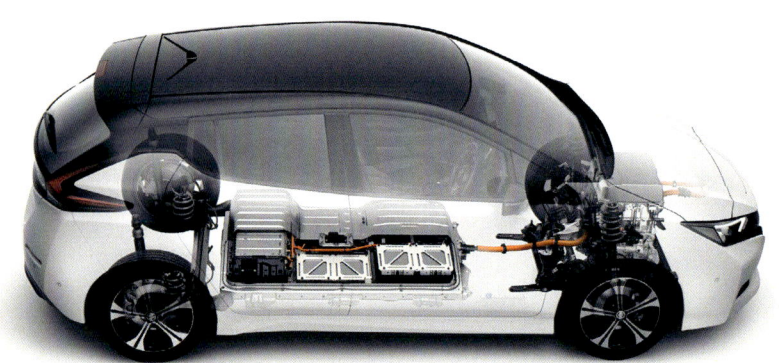

「X」스펙
차량가격 약 37,000,000원

크기 : 전장4,480mm×전폭1,790mm×전고1,560m
휠베이스(mm) : 2,700mm
차량무게 : 1,520kg
전방 모터 형식 : EM57
정격출력 : 85kW
최고출력 : 110kW/3,283~9,795rpm
최대토크 : 320Nm/0~3,283rpm
배터리 총 전압 : 350V
총 전력량 : 40kWh
WLTC모드 전력소비율 : 155Wh/km
1회충전 WLTC모드 주행가능 거리 : 322km

「NISMO」스펙
차량가격 약 42,000,000원

크기 : 전장4,480mm×전폭1,790mm×전고1,560m
휠베이스(mm) : 2,700mm
차량무게 : 1,520kg
전방 모터 형식 : EM57
정격출력 : 85kW
최고출력 : 110kW/3,283~9,795rpm
최대토크 : 320Nm/0~3,283rpm
배터리 총 전압 : 350V
총 전력량 : 40kWh
WLTC모드 전력소비율 : 177Wh/km
1회충전 WLTC모드 주행가능 거리 : 281km

「G」스펙
차량가격 약 40,700,000원

크기 : 전장4,480mm×전폭1,790mm×전고1,560m
휠베이스(mm) : 2,700mm
차량무게 : 1,520kg
전방 모터 형식 : EM57
정격출력 : 85kW
최고출력 : 110kW/3,283~9,795rpm
최대토크 : 320Nm/0~3,283rpm
배터리 총 전압 : 350V
총 전력량 : 40kWh
WLTC모드 전력소비율 : 155Wh/km
1회충전 WLTC모드 주행가능 거리 : 322km

「e+ X」스펙
차량가격 약 42,200,000원

크기 : 전장4,480mm×전폭1,790mm×전고1,560m
휠베이스(mm) : 2,700mm
차량무게 : 1,670kg
전방 모터 형식 : EM57
정격출력 : 85kW
최고출력 : 160kW/4,600~5,800rpm
최대토크 : 340Nm/500~4,000rpm
배터리 총 전압 : 350V
총 전력량 : 60kWh
WLTC모드 전력소비율 : 161Wh/km
1회충전 WLTC모드 주행가능 거리 : 450km

「e+AUTECH」스펙
차량가격 약 45,700,000원

크기 : 전장4,480mm×전폭1,790mm×전고1,565m
휠베이스(mm) : 2,700mm
차량무게 : 1,680kg
전방 모터 형식 : EM57
정격출력 : 85kW
최고출력 : 160kW/4,600~5,800rpm
최대토크 : 340Nm/500~4,000rpm
배터리 총 전압 : 350V
총 전력량 : 60kWh
WLTC모드 전력소비율 : 164Wh/km
1회충전 WLTC모드 주행가능 거리 : 443km

「EV」스펙
차량가격 약 45,100,000원

크기 : 전장4,395mm × 전폭1,795mm × 전고1,565m
휠베이스(mm) : 2,655mm
차량무게 : 1,650kg
전방 모터 형식 : MH
정격출력 : 80.9kW
최고출력 : 107kW/4,500~11,000rpm
최대토크 : 270Nm/0~3,243rpm
배터리 총 전압 : 418V
총 전력량 : 35.5kWh
WLTC모드 전력소비율 : 145Wh/km
1회충전 WLTC모드 주행가능 거리 : 256km

마쯔다 MX-30(MAZDA MX-30)

ICE보다 훨씬 빠른 모터 토크를 제어해 앞뒤 하중이동을 실현하는 「일렉트릭 G-벡터링 컨트롤 플러스」, 구동력 변화를 소리로 전달해 자동차와 일체감을 갖게 하는 접근방식 등, 마쯔다의 독자적 기술을 적용했다. RX-8 이후 처음인 센터 오픈 방식의 프리 스타일 도어도 특징이다.

전기구동이 연출할 수 있는 사람과 차의 일체감을 추구

「EV Basic Set」스펙
차량가격 약 45,800,000원

크기 : 전장4,395mm × 전폭1,795mm × 전고1,565m
휠베이스(mm) : 2,655mm
차량무게 : 1,650kg
전방 모터 형식 : MH
정격출력 : 80.9kW
최고출력 : 107kW/4,500~11,000rpm
최대토크 : 270Nm/0~3,243rpm
배터리 총 전압 : 418V
총 전력량 : 35.5kWh
WLTC모드 전력소비율 : 145Wh/km
1회충전 WLTC모드 주행가능 거리 : 256km

「EV Highest Set」스펙
차량가격 약 49,500,000원

크기 : 전장4,395mm × 전폭1,795mm × 전고1,565m
휠베이스(mm) : 2,655mm
차량무게 : 1,650kg
전방 모터 형식 : MH
정격출력 : 80.9kW
최고출력 : 107kW/4,500~11,000rpm
최대토크 : 270Nm/0~3,243rpm
배터리 총 전압 : 418V
총 전력량 : 35.5kWh
WLTC모드 전력소비율 : 145Wh/km
1회충전 WLTC모드 주행가능 거리 : 256km

렉서스 UX(LEXUS UX)

ICE 탑재 모델을 바탕으로 만든 개량 BEV. 엔진이나 변속기가 없는 대신에 대용량 배터리 팩을 장착하기 때문에 무게가 약 280kg 늘어났다. 바닥 이외의 플랫폼도 다양하게 보강했다. 스티어링 기어 박스에는 브레이스(Brace)를 추가해 조향감을 가볍게 했다. 흡음·차음재 특성이나 배치도 모터에 맞춰서 변경했다.

ICE 탑재 차량과의 NVH 특성 차이에 주력

「300e "version C"」스펙
차량가격 약 58,000,000원

크기 : 전장4,495mm × 전폭1,840mm × 전고1,540m
휠베이스(mm) : 2,640mm
차량무게 : 1,800kg
전방 모터 형식 : 4KM
정격출력 : -
최고출력 : 150kW/-
최대토크 : 300Nm/-
배터리 총 전압 : 355.2V
총 전력량 : 54.4kWh
WLTC모드 전력소비율 : 140Wh/km
1회충전 WLTC모드 주행가능 거리 : 367km

「300e "version L"」스펙
차량가격 약 63,500,000원

크기 : 전장4,495mm × 전폭1,840mm × 전고1,540m
휠베이스(mm) : 2,640mm
차량무게 : 1,800kg
전방 모터 형식 : 4KM
정격출력 : -
최고출력 : 150kW/-
최대토크 : 300Nm/-
배터리 총 전압 : 355.2V
총 전력량 : 54.4kWh
WLTC모드 전력소비율 : 140Wh/km
1회충전 WLTC모드 주행가능 거리 : 367km

풀 라인업을 향한 토요타 전기차 제1탄

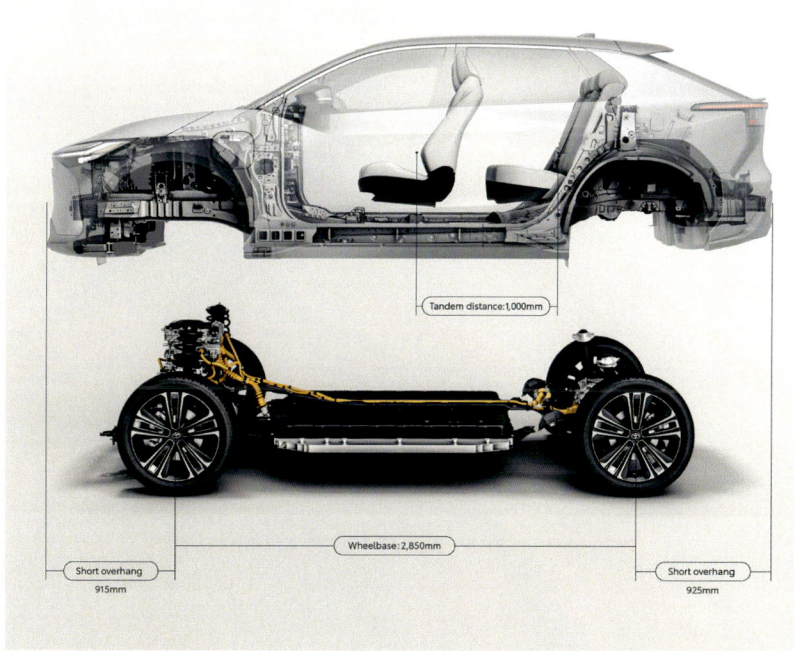

토요타 bZ4X (TOYOTA bZ4X)

토요타는 2025년까지 15종의 BEV를 투입할 계획이라고 밝혔다. 그런 가운데 bZ시리즈 최초의 모델이 bZ4X다. 플랫폼은 스바루와 공동으로 개발. 숏 오버행과 롱 휠베이스라는 특징적인 스타일과 D세그먼트 세단에 필적하는 실내공간을 자랑한다. 히트펌프 방식 에어컨이나 복사열을 활용한 앞좌석 탑승객용 다리 히터 등, 겨울철 전력소비에도 심혈을 기울였다. 일본시장에서는 리스로만 판매하며, 개인고객에게는 렌탈 같은 서브스크립션 서비스(Subscription Service)로 제공된다(KINTO가 담당).

「Z FWD」스펙
차량가격 리스 전용

크기 : 전장4,690mm × 전폭1,860mm × 전고1,650m
휠베이스(mm) : 2,850mm
차량무게 : 1,920kg
전방 모터 형식 : 1XM
정격출력 : 73kW
최고출력 : 150kW/-
최대토크 : 266Nm/-
배터리 총 전압 : 355.2V
총 전력량 : 71.4kWh
WLTC모드 전력소비율 : 128Wh/km
1회충전 WLTC모드 주행가능 거리 : 559km

「Z AWD」스펙
차량가격 리스 전용

크기 : 전장4,690mm × 전폭1,860mm × 전고1,650m
휠베이스(mm) : 2,850mm
차량무게 : 2,010kg
전방 모터 형식 : 1YM
정격출력 : 59kW
최고출력 : 80kW/-
최대토크 : 169Nm/- 후방 모터 형식 : 1YM
정격출력 : 59kW 최고출력 : 80kW/-
최대토크 : 169Nm/-
배터리 총 전압 : 355.2V
총 전력량 : 71.4kWh
WLTC모드 전력소비율 : 134Wh/km
1회충전 WLTC모드 주행가능 거리 : 540km

스바루 솔테라
(SUBARU SOLTERRA)

토요타와 공동개발한 BEV전용 플랫폼인 e스바루 글로벌 플랫폼을 적용한 bZ4X의 형제차. 구동용 모터는 기어 트레인이나 인버터를 하나로 일체화해 작게 만들었다. 4륜구동 제어는 스바루의 노하우를 살려 세밀하게 컨트롤한다. bZ4X에는 설정하지 않은 파워 모드를 추가해 3모드를 선택할 수 있다.

「ET-SS FWD」스펙
차량가격 약 59,400,000원

크기 : 전장4,690mm×전폭1,860mm×전고1,650m
휠베이스(mm) : 2,850mm
차량무게 : 1,910kg
전방 모터 형식 : 1XM
정격출력 : 73kW
최고출력 : 150kW/5,379~7,500rpm
최대토크 : 266Nm/0~5,379rpm
배터리 총 전압 : 355.2V
총 전력량 : 71.4kWh
WLTC모드 전력소비율 : 126Wh/km
1회충전 WLTC모드 주행가능 거리 : 567km

스바루의 독자적인 드라이브 모드나 회생 컨트롤을 적용

「ET-SS AWD」스펙
차량가격 약 63,800,000원

크기 : 전장4,690mm×전폭1,860mm×전고1,650m
휠베이스(mm) : 2,850mm
차량무게 : 2,000kg
전방 모터 형식 : 1XM
정격출력 : 59kW
최고출력 : 80kW/4,535~12,500rpm
최대토크 : 160Nm/0~4,535rpm
후방 모터 형식 : 1YM   정격출력 : 59kW
최고출력 : 80kW/4,535~12,500rpm
최대토크 : 169Nm/0~4,535rpm
배터리 총 전압 : 355.2V
총 전력량 : 71.4kWh
WLTC모드 전력소비율 : 133Wh/km
1회충전 WLTC모드 주행가능 거리 : 542km

「ET-HS AWD」스펙
차량가격 약 68,200,000원

크기 : 전장4,690mm×전폭1,860mm×전고1,650m
휠베이스(mm) : 2,850mm
차량무게 : 2,030kg
전방 모터 형식 : 1XM
정격출력 : 59kW
최고출력 : 80kW/4,535~12,500rpm
최대토크 : 169Nm/0~4,535rpm
후방 모터 형식 : 1YM   정격출력 : 59kW
최고출력 : 80kW/4,535~12,500rpm
최대토크 : 160Nm/0~4,535rpm
배터리 총 전압 : 355.2V
총 전력량 : 71.4kWh
WLTC모드 전력소비율 : 148Wh/km
1회충전 WLTC모드 주행가능 거리 : 487km

닛산 아리아
(NISSAN ARIYA)

리프보다 큰 차체에 SUV 플랫폼으로 만든 닛산의 차세대 BEV 모델. 새로 개발한 플랫폼도 마찬가지지만 권선계자 방식 모터나 수냉식 냉각 시스템을 적용한 배터리 등, 주요 장치도 새로워졌다. FWD 모델 외에, 앞뒤로 탑재한 모터를 정밀하게 제어해 프리미엄 스포츠카에 필적할만한 운동성능을 구현한 e포스 AWD 모델도 있다.

CHAPTER 3   GAINS AND LOSSES FOR ELECTRIC VEHICLES | Interview – 취재

사쿠라의 정체
[닛산 경자동차형 BEV의 목적]

소형차를 저렴한 BEV로 만드는 사례는 많이 있다. 일본에서도 경자동차를 전기자동차로 바꾸는 작업이 활발하다.
작지만 넓은 차. 싸면서도 저연비를 자랑하는 차. 이렇게 인식되고 있는 경자동차 어떻게 BEV로 바꿀 것인가. 닛산에 그에 관한 묘책을 물어보았다.

본문 : 세라 고타   그림 : 닛산

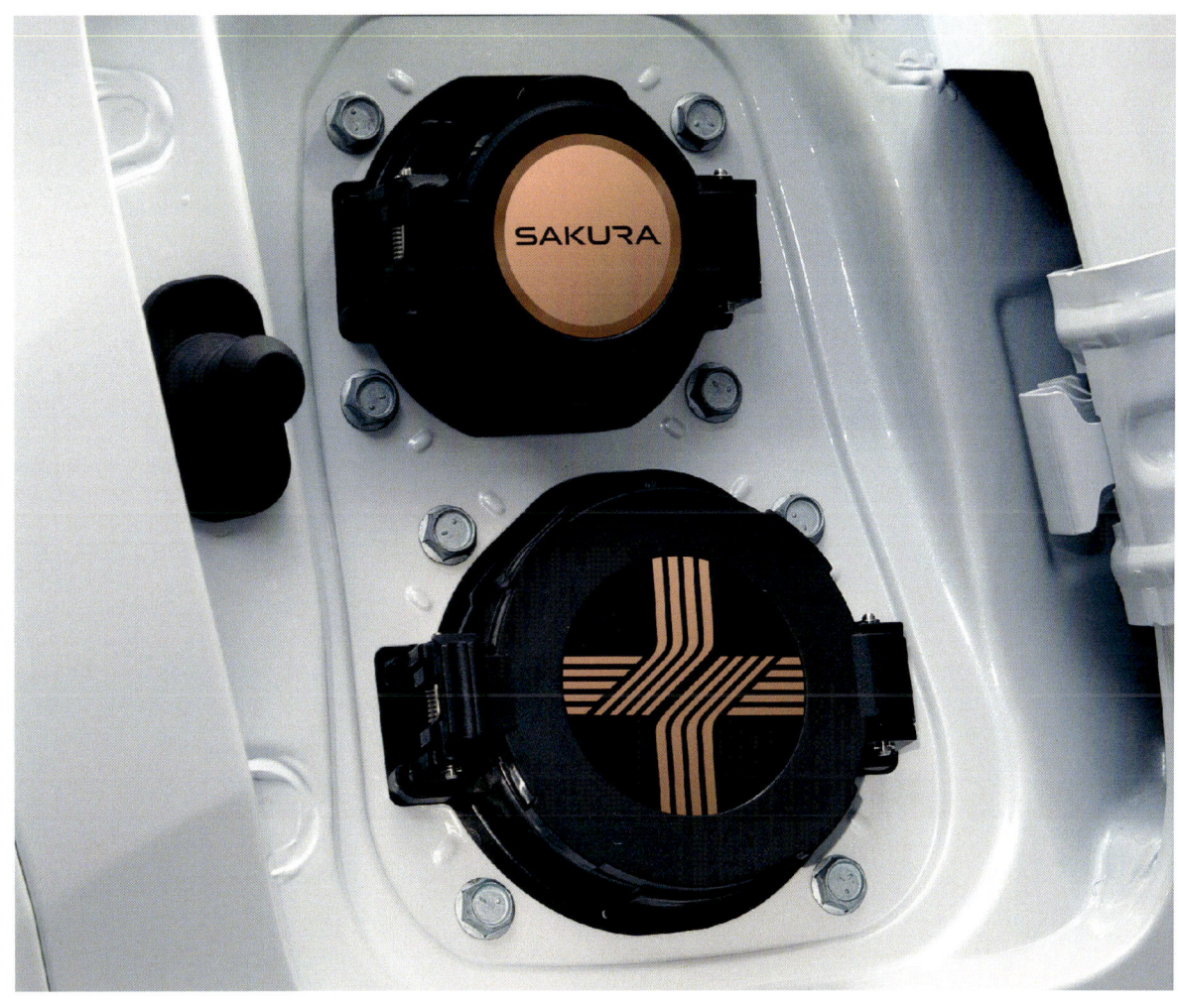

닛산 「B6」스펙
차량가격 약 53,900,000원

크기 : 전장4,595mm×전폭1,850mm×전고1,655m
휠베이스(mm) : 2,775mm
차량무게 : 1,920kg
전방 모터 형식 : AM67
정격출력 : 45kW
최고출력 : 160kW/5,950~13,000rpm
최대토크 : 300Nm/0~4,392rpm
배터리 총 전압 : 352V
총 전력량 : 66kWh
WLTC모드 전력소비율 : 166Wh/km
1회충전 WLTC모드 주행가능 거리 : 470km

닛산 「B6 Limited」스펙
차량가격 약 66,000,000원

크기 : 전장4,595mm×전폭1,850mm×전고1,655m
휠베이스(mm) : 2,775mm
차량무게 : 1,920kg
전방 모터 형식 : AM67
정격출력 : 45kW
최고출력 : 160kW/5,950~13,000rpm
최대토크 : 300Nm/0~4,392rpm
배터리 총 전압 : 352V
총 전력량 : 66kWh
WLTC모드 전력소비율 : 166Wh/km
1회충전 WLTC모드 주행가능 거리 : 470km

닛산 사쿠라는 경자동차 규격으로 개발된 전기자동차(BEV)다. 당연히 주요 타깃은 가솔린 경자동차를 타다가 전기차로 바꾸려는 고객층이다. 퍼스트 카로 사용하는 운전자도 있겠지만 메인으로 구상하는 것은 세컨드 경자동차의 대표로 사용하도록 하는 것이다. 즉 하루에 300~400km를 이동하기 위한 용도는 시야 밖이라는 의미다.

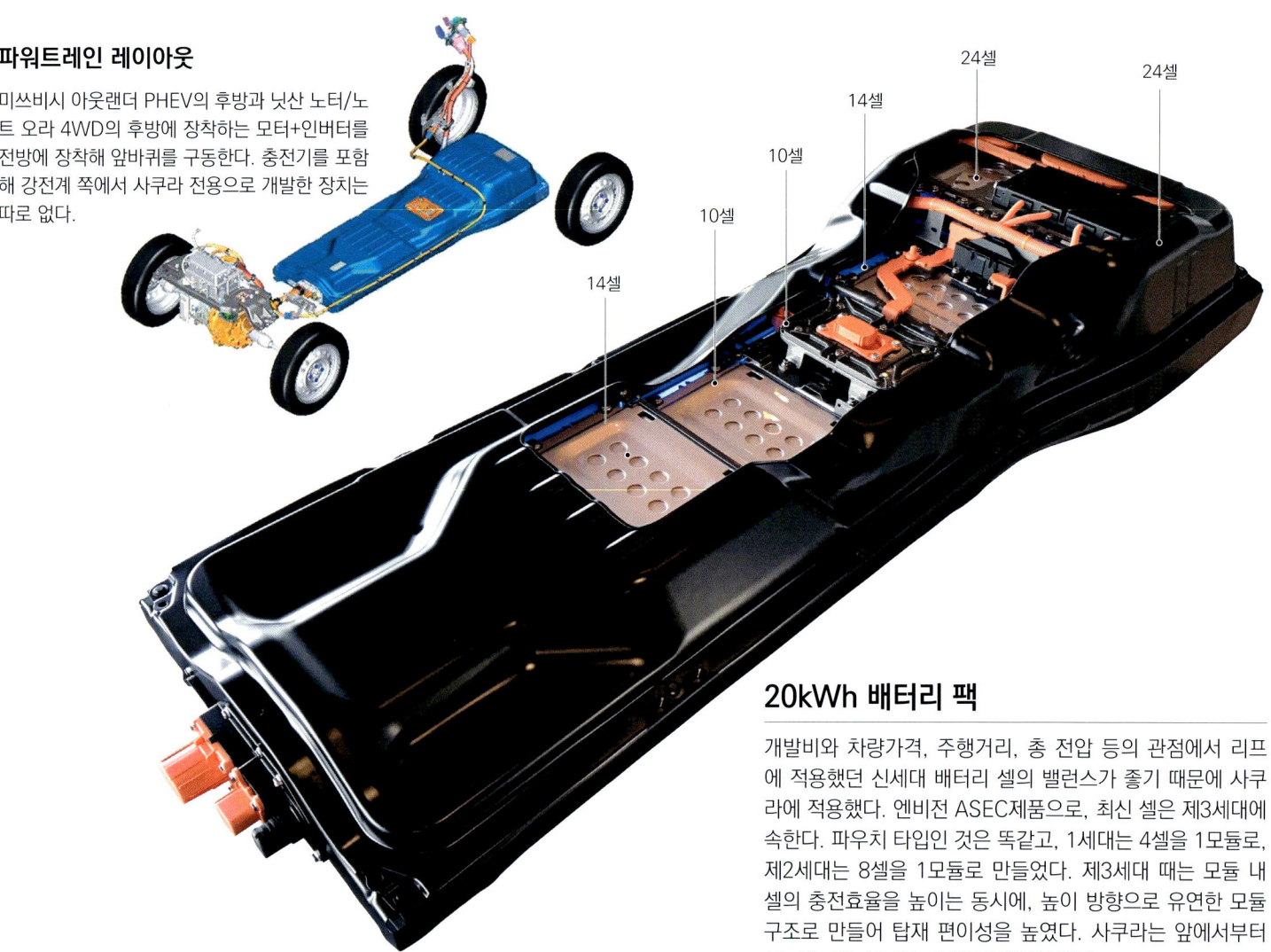

파워트레인 레이아웃

미쓰비시 아웃랜더 PHEV의 후방과 닛산 노트/노트 오라 4WD의 후방에 장착하는 모터+인버터를 전방에 장착해 앞바퀴를 구동한다. 충전기를 포함해 강전계 쪽에서 사쿠라 전용으로 개발한 장치는 따로 없다.

20kWh 배터리 팩

개발비와 차량가격, 주행거리, 총 전압 등의 관점에서 리프에 적용했던 신세대 배터리 셀의 밸런스가 좋기 때문에 사쿠라에 적용했다. 엔비전 ASEC제품으로, 최신 셀은 제3세대에 속한다. 파우치 타입인 것은 똑같고, 1세대는 4셀을 1모듈로, 제2세대는 8셀을 1모듈로 만들었다. 제3세대 때는 모듈 내 셀의 충전효율을 높이는 동시에, 높이 방향으로 유연한 모듈 구조로 만들어 탑재 편이성을 높였다. 사쿠라는 앞에서부터 14+10+10+14+24×2셀이 배치되어 있다.

닛산의 공식 설명은 「WLTC 모드로 1회 충전 당 주행거리를 180km라고 치면, 충전 없이 일상적인 업무 대부분을 커버할 수 있다」, 「하루 주행거리가 30km 정도면 5일에 한 번 충전하면 된다」는 것이다. 닛산자동차가 가솔린엔진을 사용하는 경자동차의 하루 주행거리를 조사했더니, 반 이상(53%)이 30km 이하고, 31%가 30~100km, 10%가 100~180km라는 조사가 나왔다. 1회충전 당 주행거리가 180km 정도면 94%는 사쿠라가 커버할 수 있는 것이다.

180km 주행거리를 담보하기 때문에 장착하는 리튬이온 배터리의 총 전력량을 20kWh로 정했다는 견해도 있을 수 있다. 반면에 총 개발비나 차량본체 가격을 낮추기 위한 측면이라고 보면 다른 배경도 눈에 들어온다.

「사쿠라의 상품계획을 세울 때는 리프(2010년~) 개발을 통해 배터리 용량이 차량가격에 큰 영향을 끼친다는 사실을 알고 있었죠. 그런 관점에서 최적의 주행거리를 선택해야 한다는 것이 상품기획을 하면서 가장 큰 논쟁거리였습니다」

사쿠라 차량개발 책임자였던 반 유키마사 씨는 본지 취재에 이렇게 답했다. 있는 그대로 말하면, 사쿠라에 장착한 배터리는 2019년에 마이너 체인지된 2세대 리프 때의 개량형 배터리를 적절하게 유용한 것이다. 리프의 40kWh 사양은 20kWh짜리 팩 2개를 병렬로 사용하고 있다. 60kWh 사양은 20kWh×병렬3 구성이다. 그 팩 1개분만 장착한 것이 사쿠라인 셈이다.

「계획 때부터 리프 배터리를 사용할 수 없을까 하는 이야기가 당연히 있었죠」

개발비 절약 관점이다.

「아리아처럼 전용 플랫폼을 만들 수 있다면 좋겠지만, 사쿠라는 (플랫폼을 공유하는 가솔린엔진 자동차인) 데이즈 기획단계서부터 한 가지 패키징으로 사용하기로 정해진 상태였죠. 그런 조건 하에서 리프 배터리를 사용하는 것이 좋다는 결론에 이른 겁니다」

무엇이 좋을까. 하나는 탑재성이 높다는 점이다. 파우치 타입의 셀을 사용하는 건 리프가 데뷔 때와 똑같지만, 2세대 리프 중간에 투입한 신형 셀은 탑재 편리성을 유연하게 바꿀 수 있도록 했다. 범용 스택으로 부르는 이 구조 덕분에 데이즈가 갖춘 거주성을 손상시키지 않으면서 20kWh 배터리를

배터리 냉각과 실내공조

내구성능 확보 측면과 급속충전성능 향상 측면에서 냉매냉각 시스템을 적용했다. 냉각시스템은 공조와 회로를 같이 쓴다(즉 배터리 전용의 독립적 시스템을 갖는 것이 아니다). 그림에서 황색 부분이 HVAC(Heating, Ventilation & Air Conditioning). 고전압 배터리 냉각을 단독으로 가동시킬 때, 실내 냉방을 단독으로 가동시킬 때, 배터리와 실내냉방을 동시에 가동시킬 때, 실내는 따뜻하지만 배터리는 차갑게 가동시키고 싶을 때도 대응할 수 있다.

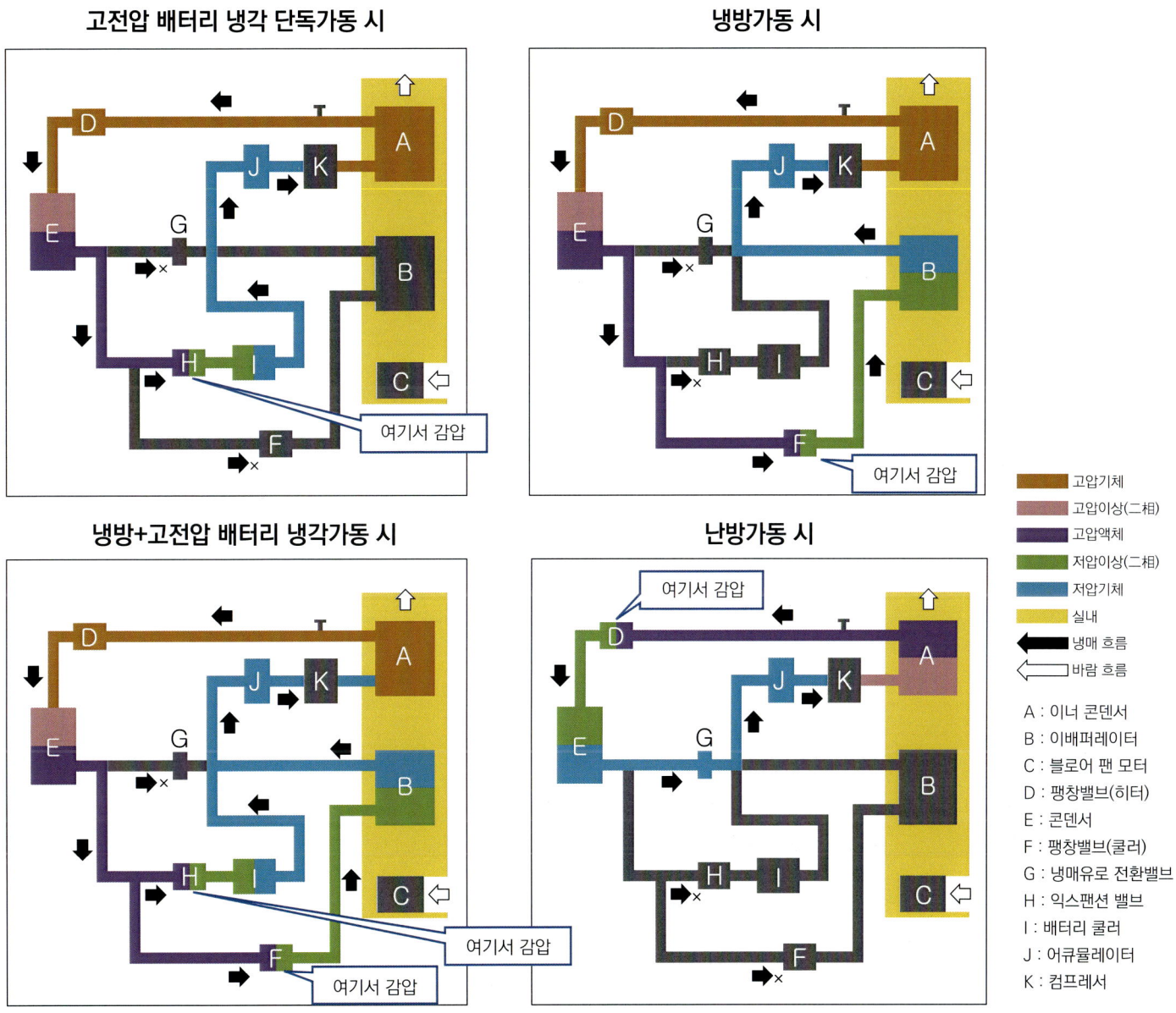

탑재할 수 있었다. 셀이 기존사양보다 에너지밀도가 훨씬 높다는 점도 패키징 측면에 기여했다.

뒤집어 말하면 리프 배터리를 사용하겠다고 결정한 시점에서, 총 전력량은 자동적으로 20kWh로 정해졌다고 할 수 있다. 시스템 총 전압은 350V다(당연히 리프도 동일. 아리아는 352V). 부품이나 기술을 같이 공유한다는 측면에서도 시스템 총 전압은 통일하는 것이 바람직하다. 리프 셀을 사용해 350V의 총 전압을 확보하기로 결정한 시점에서 총 전력량은 자동적으로 20kWh로 정해진 것이다.

예를 들어 차량가격을 낮추고 싶다고 해서 총 전력량을 15kWh로 낮췄을 경우, 셀 수는 72개로 줄어들어 총 전력량은 262V가 된다. 승압하는 선택지가 없는 건 아니지만, 그러면 10% 정도의 손실을 각오해야 하기 때문에 주행에 사용할 수 있는 전력량은 감소한다. 그것을 감안해 용량을 늘린다면 무엇을 위한 승압인지 길을 잃게 된다. 결론적으로 리프와 같은 배터리 셀을 사용한다고 결정한 시점에서 선택지는 없어졌다고 보는 것이 타당하다.

섀시구조와 레이아웃

플랫폼은 가솔린엔진 차인 데이즈(2019년 판매)가 바탕. 배터리 탑재로 인한 중량증가에 대응하는 한편, 충돌안전성을 확보하기 위해서는 보강을 추가하거나 강판 강도를 높였다. 가솔린차 때는 엔진음에 가려졌던 도로소음이나 바람소리, 워터펌프나 에어컨 작동음, 팬 모터 소리가 BEV로 바뀌면서 탑승객에게 잘 들리기 때문에 비용을 살펴가면서 소음을 줄이는데 힘썼다.

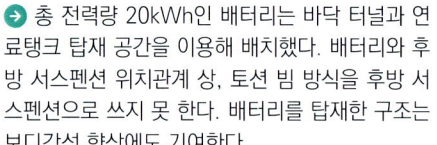

◀ 케이스를 일체화한 모터&인버터는 ㅁ자 형태의 유닛 멤버(적색부분)를 매개로 좌우 프런트 사이드 멤버와 강력히 체결한다. 모터 유닛은 고무 마운트를 사용해 유닛 멤버에 매단다.

▶ 총 전력량 20kWh인 배터리는 바닥 터널과 연료탱크 탑재 공간을 이용해 배치했다. 배터리와 후방 서스펜션 위치관계 상, 토션 빔 방식을 후방 서스펜션으로 쓰지 못 한다. 배터리를 탑재한 구조는 보디강성 향상에도 기여한다.

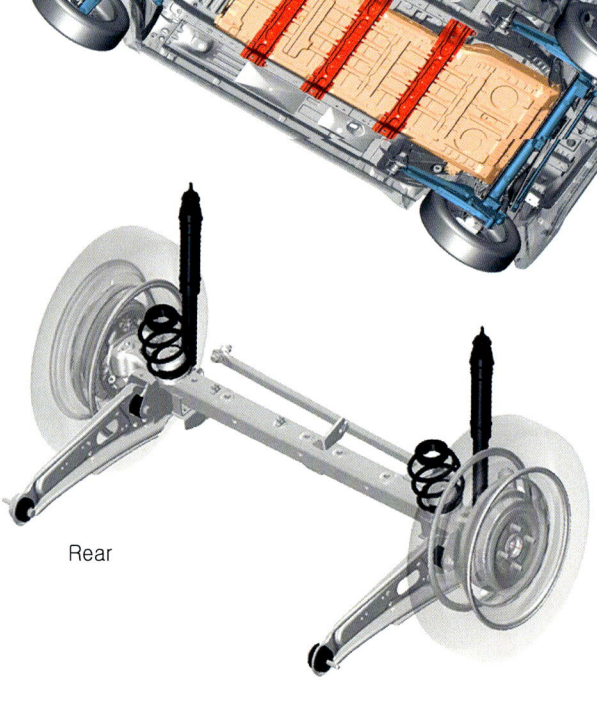

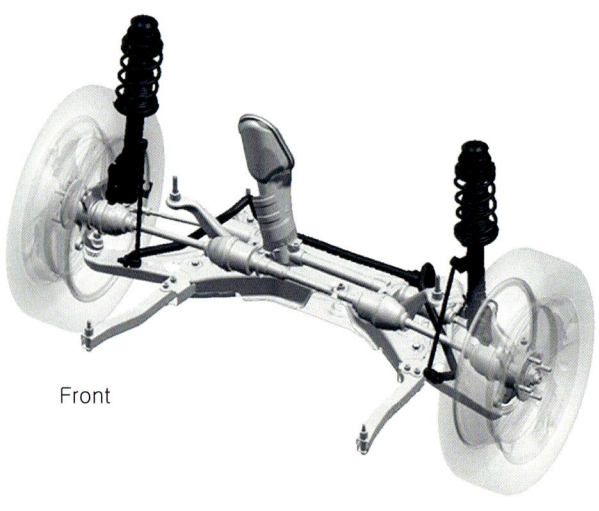

Front   Rear

스트럿 방식의 전방 서스펜션은 차량무게가 무거운 룩스(ROOX) 차량을 베이스로 전용 튜닝했다. 후방은 데이즈 2WD의 토션 빔 방식으로는 빔과 배터리가 간섭하기 때문에, 4WD와 같은 토크 암 방식의 3링크로 해서 전용으로 튜닝했다.

「자체개발 이외의 배터리를 사용하는 선택지도 있어서 검토는 해봤죠. 총 전압을 낮추지 않아야 하고 그러면서도 가격은 싸고 또 1셀 당 용량이 큰 걸로 하면 최고지만, 그런 걸 다 충족시켜주는 배터리는 아직 세상에 없습니다. 가장 좋았던 것이 리프 배터리였던 것이죠」

리프(110kW/320Nm)에 비해 최고출력과 최대토크가 적다고(47kW/195Nm) 해도 용량이 적으면 그만큼 배터리에 대한 부담은 커질 수밖에 없다.

「사쿠라는 리프보다 가볍습니다. 리프 무게가 1,520kg인데 반해 사쿠라는 1,070kg 밖에 안 되죠. 그래서 비슷하게 달렸다고 해도 자동차를 구동하는 전력량은 적게 들어갑니다. 다만 내구성을 비슷하게 가져가려면, 40kWh의 리프와 달리 사쿠라는 용량이 반 밖에 안 되기 때문에 구동하는 전력량도 반 정도만 쓰게 해야 같은 내구성능이 나온다는 계산이 되죠. 그런 보완측면의 목적까지 포함해서 냉매냉각 시스템을 적용했습니다. 배터리를 열화시키는 가장 큰 원인은 열이기 때문에 가능한 한 셀의 열이 올라가지 않도록 냉각으로 온도상승을 막는 겁니다」

급속충전 능력은 40kWh의 총 전력량을 가진 리프가 50kW 출력에 대응하는데 반해 사쿠라는 30kW다. 플러스 5kW의 여유는 리프가 냉각시스템을 갖추지 않은 자연냉각인데 반해 사쿠라는 냉각시스템을 갖추었기 때문이다. 덧붙이자면 66kWh 전력량을 가진 아리아(셀은 리프/사쿠라와 다르다)는 수냉시스템을 사용한다. 용량이 크면 열 물질도 커지기 때문에(온도가 상승하면 잘 냉각되지 않는다) 한 선택이다.

「리프로 경험을 쌓고 시장 데이터도 축적되었죠. 배터리 용량과 고객의 사용방법을 토대로, 어떤 수준의 냉각의 필요한지를 선택하는 판단이 쉬웠던 것은 사실입니다. 2010년에 리프를 내놓았을 때보다 배터리 내구성이 훨씬 좋아졌다는 점이 가장 큰 원인이었죠. 거기에 냉각시스템을 적용했기 때문에 사쿠라는 셀 수를 줄이고 용량을 줄였어도 내구성능을 확보할 수 있었던 겁니다」

전방에 탑재해 앞바퀴를 구동하는 모터는 2021년에 신형으로 바뀐 노트 4WD 사양에서 후방에 탑재하는 인버터 일체형 모터(50kW/100Nm)를 갖다 썼다. 더 설명하자면, 미쓰비시 아웃랜더 PHEV의 리어 모터(100kW/195Nm)와 같은 모터로, 정확하게는 이쪽이 기원이다.

구성요소 단독으로 보면 경자동차로서는 과도한 제원이지만, 사쿠라를 개발하면서 강전계 시스템을 새로 만든 건 아니다. 충전기도 아웃랜더 PHEV용을 유용하는 등, 동맹 회사의 자원을 최대한 활용한 좋은 사례라고 할 수 있다. 배터리와 모터, 인버터 등, 강전계 시스템 개발비를 낮춤으로써 익스테리어와 인테리어 개발에 비용을 돌릴 수 있었다.

자동차를 움직이는 에너지원을 가솔린에서 전기로만 바꾼 경자동차가 사쿠라라고 이해한다면, 그 정체를 잘못 본 것이다.

「아직 가솔린차보다 비싼 것은 사실입니다. 사용해 본 적도 없는 물건을 샀을 때, 지금까지 사용했던 것하고 다른 가치가 없으면 선택하는 의미가 없겠죠. 그런 의미에서 사쿠라를 개발할 때 기존의 경자동차 상식을 크게 바꿔야 한다고 의식했습니다. 주행성능, 소음, 내장, 외장 등등을 전부 새롭게 해서 보고 앉고 타고 사용하는 모든 것이 '경차답지 않구나' 하는 소리를 들어야 한다고요. 그것이 우리의 목적이었습니다」

가장 임팩트가 큰 것이 주행성능일 것이다. 모터를 사용한 뛰어난 주행성능은, BEV인 리프나 아리아, 가솔린엔진을 발전 전용으로 사용하는 e파워를 탑재한 노트나 킥스, 엑스트레일과 공통된 특징이다. 액셀러레이터 페달을 밟는 순간부터 상당히 큰 토크를 발휘하기 때문에 출발이 부드럽다. 아주 조용하고 호흡이 긴 가속이 계속 유지된다.

「또 한 가지 특징이 구동력 제어입니다. 우리는 진동억제제어(制振制御)라고 부르죠」

출발처럼 큰 토크를 걸었을 때, 드라이브 샤프트가 순간적으로 비틀리고 그것이 돌아올 때 진동이 발생한다. 그것을 해소하려면 토크가 급격히 상승하지 않도록 해야 하지만, 그러면 또 모터 잠재력을 다 살리지 못하게 된다. 또 다른 방법은 스틱 슬립 같은 진동을 방치해 두는 것이다.

닛산을 리프 때부터 1만분의 1초 단위의 뛰어난 연산능력을 자랑하는 ECU를 사용해 토크를 제어해 오고 있다. 그런 제어를 통해 드라이브 샤프트가 비틀리면서 생기는 토크가 나오지 않도록 하고 있다. 그 때문에 액셀러레이터 페달을 밟는 순간부터 부드럽게 치고나간다. 액셀러레이터를 밟으면 밟는 만큼 그대로 가속하는 것이다. 역행(力行) 쪽만 아니라 회생(回生) 쪽도 똑같이 제어한다. 그래서 액셀러레이터 조작만으로 인간의 감각에 맞는 가·감속을 할 수 있다.

그렇게 감춰진 맛이 드러나기 때문에 한 번 맛보면 멈출 수 없는 주행성능을 보여준다.

「사실 우리의 진짜 목적은 거기에 있습니다. 모터로 구동되는 성능을 한 번 체감하면 내연기관 자동차로 돌아가기는 힘들죠」

'그럼 다음에 구입할 차도 모터구동차로 해야겠네', 사용자가 이런 심리상태가 되도록 만드는 것이 사쿠라가 맡은 진짜 역할이다.

PROFILE

사카유키마코토
Yukimasa BAN

닛산자동차 주식회사
제2제품개발부 세그먼트CVE

CHAPTER 3   GAINS AND LOSSES FOR ELECTRIC VEHICLES | Interview – 취재

아리아의 비결

[닛산 아리아의 고효율 기술]

EV는 지금까지 주행거리 확보 등, 내연기관 차와 동등한 기능을 확보하는데 주력해 왔다.
하지만 현재 그 목표는 다음 단계로 옮겨가고 있다. 다음 목표는 더 뛰어난 성능과 효율을 양립시키는 것이다.

본문 : 다카하시 잇페이   그림 : 닛산

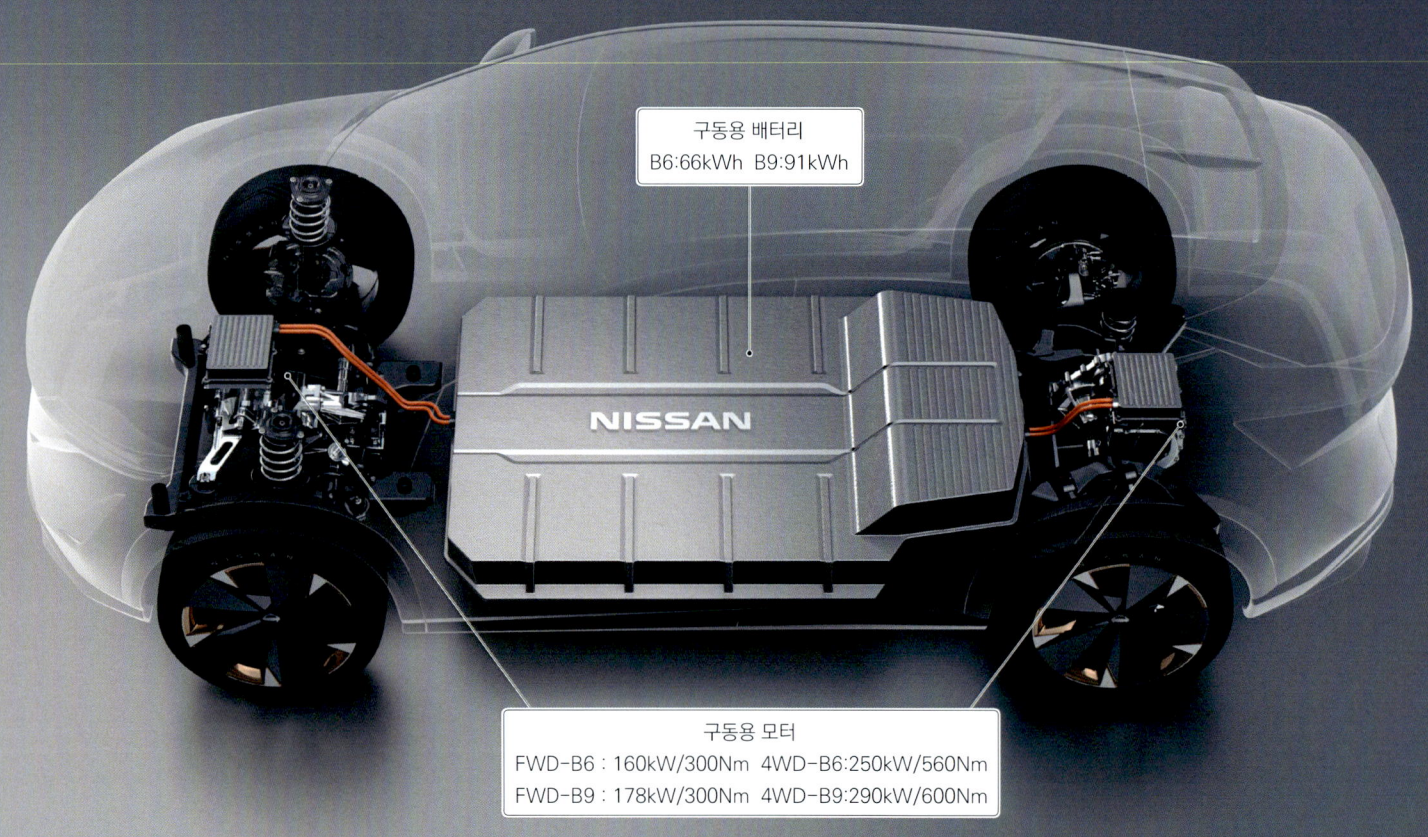

구동용 배터리
B6:66kWh   B9:91kWh

구동용 모터
FWD-B6 : 160kW/300Nm   4WD-B6:250kW/560Nm
FWD-B9 : 178kW/300Nm   4WD-B9:290kW/600Nm

「2WD 모델(B6 그레이드)은 최고속도 목표를 160km/h로 맞췄지만 B9인 e포스(e-4ORCE)는 200km/h입니다. 이 성능을 목표로 모터 (최고)회전속도와 기어비를 정했죠. 목표는 유럽시장에서도 통하는 성능이였습니다. 모터 회전속도를 상당히 높게 사용합니다」

B9이란 90kWh 대용량 배터리를 탑재하는 아리아의 상위 모델(B6는 66kWh)을 말한다. 이 B9에는 전륜구동인 2WD 외에 전동 4WD인 e포스를 탑재한 사양도 있다. 이 차의 전기 파워트레인 개발에 관여했던 이토 씨에 따르면, 단순히 4WD로만 바꾼 것이 아니라 성능을 크게 향상시켰다고 한다.

사실 200km/h라는 최고속도는 아리아를 발표할 때(2021년)부터 공식적으로 언급되던 수치였다. 대용량 배터리를 탑재하는 모델은 4WD 사양이 290kW, 2WD라도 178kW다. 배터리 용량 66kWh인 B6보다 출력이 높다고 언급했었기 때문에 이미 판매 중인 실제차량을 타볼 수 있는 현재, 이렇게 다시 들어보니 조금 인상이 달라 보인다. 어쨌든 그 정도 체격의 SUV가 200km/h로 달린다는 사실은 높이 살만한

다. 내연기관을 장착한 차량이라면 그럴 수 있겠구나 하겠지만, 아리아는 배터리와 모터로만 달리는 EV다. 적어도 지금까지의 EV, 특히 일본산 BEV와 확연히 구분되는 성능임에는 틀림없다.

그런 성능 차이에서 중요한 역할을 하는 것이 모터다. 덧붙이자면 e포스 기술을 이용한 4WD 모델은 B6에도 있지만 최고속 출력 250kW에 최고속도는 160km/h였다. 즉 최고속도 200km/h라는 성능에는 대용량 배터리가 세트로 필요하다는 뜻으로, 모터 운전상태가 고회전으로 바뀌는 최

구동용 배터리

지금까지 리프가 사용해 왔던 방법(배터리 셀 개수를 늘려서 1셀당 부담 전류량을 낮추는 식으로 발열을 낮게 유지하는 방법)에서 벗어나 냉각용 수로를 통해 셀에서 발생한 열을 회수하거나, 칠러(에어컨과 마찬가지로 열 교환 사이클을 가진 냉각기)를 통해 강제로 냉각하는 적극적인 냉각 시스템을 채택했다. 냉각뿐만 아니라 혹한지역 같은 곳에서 셀 온도가 심하게 떨어질 때는 히터를 사용해 가열하는 등 철저한 열 관리 대책을 세웠다. 유럽시장을 감안한 고속성능을 뒷받침하는 동시에 고출력 충전에도 대응한다. 차량 내 충전기는 130kW 충전에 대응할 수 있다.

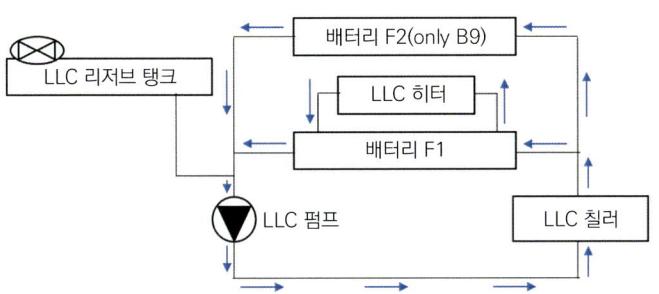

↑ 전용 펌프를 통해 배터리 팩 내부의 냉각용 수로를 LLC가 순환한다. 수로 안에 설치한 칠러나 히터의 운전상태 및 펌프 유량을 제어해 셀 온도가 항상 최적의 상태가 되도록 BMS와 연계하면서 능동적으로 통제한다.

→ LLC(냉각수) 출입구가 설치된 그림 좌측이 차량 앞 방향이다. 차량 후방 쪽인 우측의 배터리 유닛 끝부분에는 히터 장치를 탑재. 히터 발열체에는 PTC(Positive Temperature Coefficient)를 사용한다.

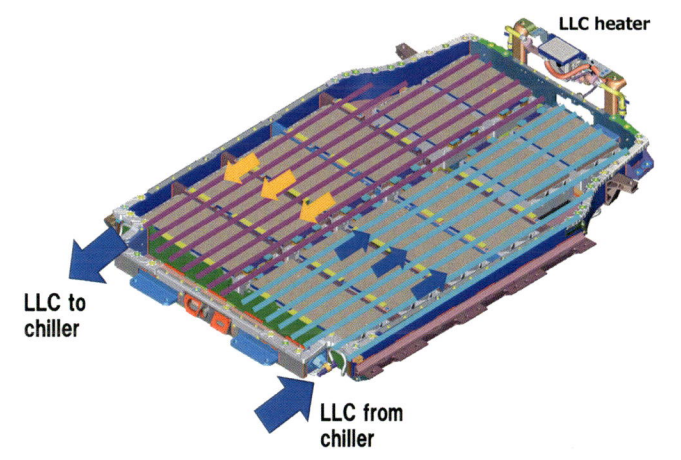

고속도 부근에서 모터 특성이 차이를 만든다고 생각해도 무방하다. 일반적으로 모터는 날카로운 스타트 대시(Start Dash)가 주목받는데 반해 고회전은 뛰어나다고 할 수 없는 측면이 있기 때문이다. 게다가 그런 측면이 현대적 EV에서 가장 사용하기 쉽다고 하는 삼상교류 동기모터에서 두드러진다.

닛산에서도 EV 리프부터 직렬 하이브리드 방식 파워트레인인 e파워를 탑재하는 차량까지 대부분에 이 삼상교류 동기모터를 사용해 오다가, 아리아에서는 이 모터 구조를 새롭게 했다. 삼상교류 동기방식이라는 틀에서 보면 공통이지만 로터 쪽에서 발생하는 계자력(界磁力)에 영구자석을 사용하지 않고 대신에 권선, 즉 코일을 이용한 전자석을 사용하는 권선계자 타입 삼상교류 동기모터를 적용한 것이다(이하 권선계자 모터로 호칭)

이 권선계자 모터는 희토류를 사용하는 영구자석이 필요 없다는 장점이 있다. 실제로 닛산도 적용하는데 있어서는 그런 점을 의식했다고 한다. 모두에서 언급한 성능측면에서 보면 그 매력은 고회전 성능에 있다고 해도 좋다. 권선계자 모터는 전자석에 인가하는 전류를 통제해 계자력을 자유롭게 제어할 수 있는데, 그것은 계자에 영구자석을 이용하는 삼상교류 동기모터(이하 영구자석계자 모터로 호칭)의 고회전 영역 운전 때 족쇄로 작용하는 "역기전력" 대처가 충분히 가능하기 때문이다. 엔진으로 설명하자면 VVT나 VVL 같은 가변밸브 기구에 해당한다.

목적은 현재 시장에 나와 있는 아리아 B6 사양의 모터 스펙에서도 알 수 있다. 160kW 모터의 최고출력은 5,950rpm부터 발생해 13,000rpm까지 계속된다. 그리고 이토씨에 따르면 이 13,000rpm은 B6 사양의 최고속도 160km 부근에 해당한다고 한다. 왕복 엔진 같이 왕복운동이 없고 복잡한 밸브 기구도 없는 모터이긴 하지만, 아리아에 탑재된 AM57형 모터 크기로 보면 13,000rpm은 상당한 고회전이 아닐 수 없다. B9 사양의 4WD 모델은 감속기어(리덕션 기구) 비율을 더 길게(고속용의 낮은 감속비) 하고, 후방에 탑재한 같은 모터의 구동력과 출력까지 추가함으로써 SUV 보디임에도 200km/h까지 끌어낸다. 권선계자를 적용한 이유는 이런 성능을 확보하기 위해서였던 것이다.

B9 모델의 2WD 사양에서는, 최대토크는 그대로 두고 모터 자체 출력을 높이는 방식으로 최고출력을 178k로 향상시켰다. 같은 AM67형 모터를 후방에도 배치한 B9 모

구동용 모터

아리아 파워트레인의 가장 큰 특징이라고 할 수 있는 것이 권선계자형 삼상교류 동기모터(AM67형)다. 로터에는 8극 분량의 코일(권선)을 감아 샤프트에 설치된 스프링 장치(아래 그림에서 왼쪽)를 매개로 전기를 공급한다. 로터 쪽 권선에 공급되는 전류는 최대 20A 정도의 직류로, 그 전류량은 운전상태에 따라 바로 제어한다. 로터 쪽 코일 발열에 대응하기 위해서 직접 유냉(油冷)이라고 부르는 오일 스프레이를 이용한 유냉 시스템을 채택. 그림 우측에 보이는 것이 로터 각도를 파악하는 리졸버(각도센서)다.

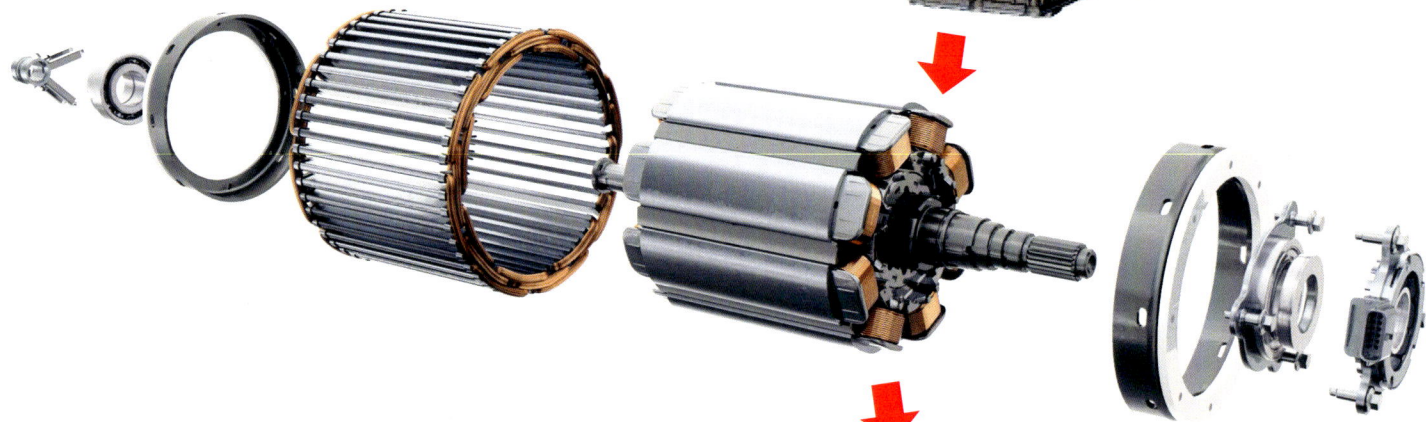

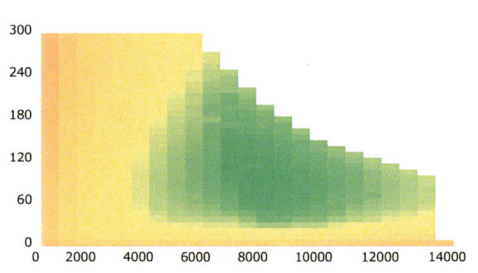

AM57형 모터의 효율 맵. 녹색 부분이 연비 중심에 해당하는 고효율 영역. 계자력을 제어해 역기전력에 대응하면서도 효율 저하를 최소한으로 억제한다. 회전한계에 해당하는 13,000rpm 부근까지 고효율 영역이 펼쳐진다.

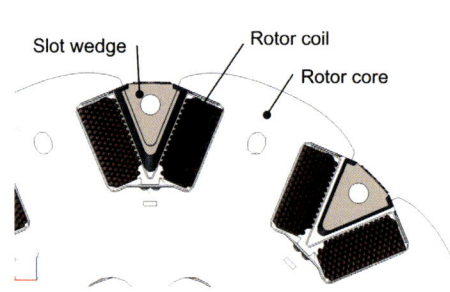

강력한 원심력이 가해지는 로터 쪽 코일에는 형상이 망가지지 않도록 "Slot Wedge"라고 하는 쐐기 모양의 부품으로 보강했다. 볼륨을 줄인 스테이터 코일 끝에도 주목. 둥근 선이면서도 구리손실을 억제하기 위한 방법이다.

델의 4WD 사양 최고출력은 290kW다. 앞뒤로 똑같은 모터 2개를 사용하면서도 출력이 단순하게 2배가 아니라는 점이 흥미롭다.

「B9 4WD 사양은 앞뒤로 같은 모터를 사용하지만 각각의 감속비(Reduction Ratio)가 다릅니다. 최고속도는 모터 최고출력과 기어비로 결정되는데요, 아리아(B9 모델의 4WD 사양)는 200km/h라는 성능목표를 명확히 정했기 때문에 거기에 맞춰서 최고출력을 정했죠. 같은 2WD 사양인데도 B9 쪽 출력을 높인 이유는 배터리 대형화로 인한 차량무게 증가에 대응하기 위해서입니다. 당연히 B9 쪽이 무거운데, 가속 같은 측면은 B6와 동등 이상의 성능을 발휘합니다」(이토씨)

이토씨에 의하면 배터리가 커지긴 했지만, AM67형 모터는 B6와 B9 모델 모두 하드웨어 측면에서는 기본적으로 동일하다고 한다. 각각의 최고출력 차이는 소프트웨어에 따른 것이다.

또 흥미로웠던 것이 앞뒤가 다른 모터 감속비였는데, 사실은 B9 4WD 사양에 앞서 판매된 엑스트레일의 전동 4WD 시스템(아리아와 마찬가지로 e포스 기술을 통한 제어)도 같은 구조다. 엑스트레일은 전방과 후방에 다른 크기의 모터를 탑재했기 때문이기도 하지만, 그런 조합이 가능했던 것도 제어를 통해 출력이나 회전속도를 자유롭게 통제할 수 있는 모터구동의 특징이라고 할 수 있다. 예전 4WD는 감속비부터 타이어 지름까지 앞뒤가 똑같아야 한다는 것이 철칙 가운데 하나였지만 이제는 과거 이야기일 뿐이다. 앞뒤바퀴가 기계적 연결 없이 각각 독립적으로 제어되는 전기 4WD에 그런 철칙은 적용되지 않는다(사족이지만 근래에는 앞뒤바퀴가 기계적으로 연결된 4WD 시스템이라도 앞뒤 감속비에 차이를 둔 모델도 있다. 이것도 제어기술이 발전하면서 가능해진 것인데, 그래도 앞뒤 감속비 설정에는 어느 정도 제약이 따른다).

아리아는 이 엑스트레일 사례와 달리 앞뒤 모두 똑같은 AM67형 모터를 사용하면서 감속비에만 차이를 둔 것이다. 감속비가 다르면 모터의 부하조건도 크게 바뀌기 때문에 앞뒤 모터의 최고출력도 다르다. 부하조건이 토크나 효율 등에 영향을 끼치는 것은 메커니즘 상으로는 다르지만 모터나 내연기관 모두 마찬가지다. 최고출력은 토크×회전속도의 최댓값이기 때문에 부하조건 차이로

실내에서 HVAC를 이전

차량실내에서 공기를 조절했던 공조 모듈(HVAC)을 엔진 룸으로 옮기는 대담한 시도를 했다. 내연엔진과 달리 발열과 진동이 매우 적은 전기 파워트레인이기 때문에 가능한 일이지만, 전례가 없던 시도였다. HVAC로 물이 들어가는데 따른 대책이 필요했을 정도로 어려운 작업이었다고 한다. 이런 이전 덕분에 대시보드 아래쪽은 지금까지 볼 수 없었을 정도로 넓고 평평한 공간이 확보되었다.

전기 파워트레인이라고 해도 엔진 룸 안에 여유가 없었기 때문에 HVAC 이전 공간을 확보하기가 쉽지 않았다. 해결책은 차량 내 충전기와 DC-DC 컨버터를 분리한 새로운 인버터 구조였다.

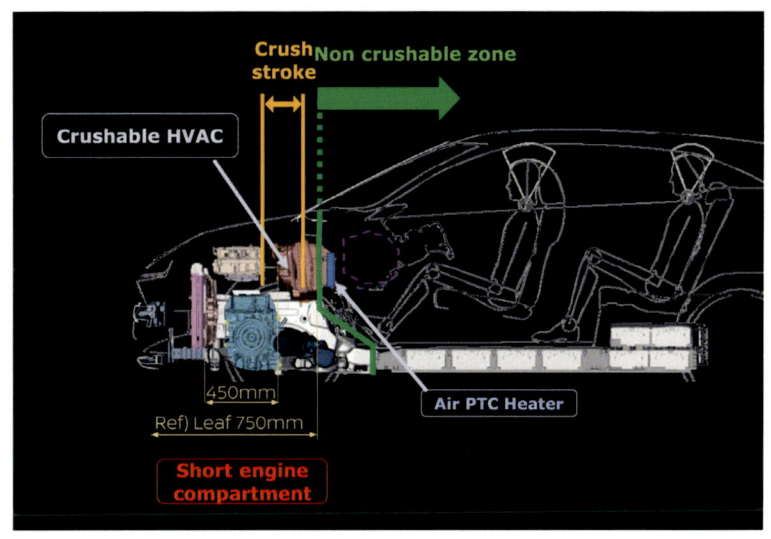

인해 토크 값과 그 회전수가 달라지면 최고출력도 당연히 바뀐다. 파워트레인 구성요소 차원에서 보면 2WD사양×2로 이루어진 4WD사양이 단순히 2배의 최고출력을 보이지 않는 이유는 이런 이유도 있는 것이다.

덧붙이자면 4WD 사양은 후방 구동이 불필요한 상황에서, 뒤쪽 모터로 가는 구동전류를 완전히 차단해 자유로운 상태로 만드는 제어도 하고 있다고 한다.

「EV는 회생전력을 활용해야 하기 때문에 기본적으로 공주(空走) 상태를 사용하지 않는다는 것이 닛산의 기본입장입니다. HEV는 물론이고 엔진차도 마찬가지인데 감속G를 중요한 요소로 취급하기 때문입니다. 2WD 사양 아리아에서도 마찬가지로 공주를 사용하는 일은 없습니다. 다만 4WD 사양에서는 일정한 속도로 달리는 장면 같이 극히 일부이기는 하지만 뒤쪽으로 가는 전류를 완전히 차단하는 제어를 적용했죠. 권선계자이기 때문에 전류를 끊으면 거의 저항이 없는 상태가 되는 것이죠」(이토씨)

그 목적은 물론 효율 향상, 즉 전비를 늘리려는데 있다. 여기서 모터 최고출력은 똑같고 배터리 용량도 거의 비슷한 리프(e⁺ : 최고출력 160kW, 배터리 총 전력량 62kWh)와 비교하면 리프가 161Wh/km인데 반해 아리아(B6 2WD)는 166Wh/km로, 1km 주행 당 소비전력량이 약간 높은 편이다.

「리프보다는 아리아가 훨씬 크기 때문에 숫자상으로만 보면 그럴 수 있지만, 반대로 그 정도 체격 차이가 있음에도 몇 kWh(정확하게는 4kWh) 용량을 더 얹은 것뿐이고 거의 비슷한 전비를 확보한 거죠. "실용전비"는 카탈로그 수치가 보여 주는 이상을 실감할 수 있습니다」(이토씨)

고속성능을 확보하기 쉬운 권선계자 모터는 동시에 고효율 영역을 넓게 확보할 수 있다. 그밖에도 배터리 팩에는 염원이라고까지도 할 수 있는 (리프는 일관되게 자연공랭 방식이었다) 냉각 시스템을 적용해 130kW의 고출력 급속충전 대응이 가능하다. 이런 아리아의 큰 발전은 제어 자유도의 향상임과 동시에 그것을 통제하는 소프트웨어가 복잡해진다는 의미이기도 하다. 그 중에서도 제어와 제어의 연계를 관할하고, 운전자나 탑승객 등 인간의 느낌을 조정하는 적합(캘리브레이션) 작업은 상당히 힘들었다고 한다. 거기서 큰 도움이 됐던 건 리프 때 키워온 EV개발 노하우였다고 한다.

PROFILE

이토 료스케
ITO Ryosuke

닛산자동차 주식회사
파워트레인·EV기술개발본부
파워트레인·EV프로젝트
  매니지먼트부
전기 파워트레인 프로젝트
  매니지먼트 그룹
파워트레인 주관

CHAPTER 3 GAINS AND LOSSES FOR ELECTRIC VEHICLES | Catalog – 목록

일본시장에서 현재 판매 중인 BEV
해외 메이커 편

[일본 메이커 이상으로 다양한 선택이 가능, 대용량 배터리의 풍부한 프리미엄 모델]

테슬라는 물론이고 유럽 메이커를 중심으로 적극적으로 BEV를 판매하고 있다. 여기에 중국 메이커와 한국의 현대도 뛰어들었다.
일본의 충전규격인 챠데모(CHAdeMO)에도 대응하는 등, 지역화도 진행 중이다.

본문 : MFi 사진&그림 : 메르세데스 벤츠·BMW·아우디·포르쉐·볼보·푸조·시트로엥·DS·피아트·재규어·테슬라·현대

메르세데스 벤츠 EQA(MERCEDES-BENZ EQA)

메르세데스 벤츠의 BEV 라인업 EQ시리즈의 제2세대 선두주자가 이 EQA다. 내연기관 자동차인 GLA를 베이스로 만든 C세그먼트 차량으로, 전방에 장착한 유도모터로 앞바퀴를 구동한다.

「250」스펙
차량가격 약 73,300,000원

크기 : 전장4,465mm × 전폭1,835mm × 전고1,610m
휠베이스(mm) : 2,730mm
차량무게 : 1,990kg
전방 모터 형식 : EM0021
정격출력 : 80kW
최고출력 : 140kW/3,600~10,300rpm
최대토크 : 370Nm/1,020rpm
배터리 총 전압 : 367V
총 전력량 : 66.5kWh
WLTC모드 전력소비율 : 180Wh/km
1회충전 WLTC모드 주행가능 거리 : 423km

메르세데스 벤츠 EQB(MERCEDES-BENZ EQB)

3열 시트에 7명이 탈 수 있는 소형 SUV. EQA와 마찬가지로 내연기관 자동차를 탑재한 모델인 GLB가 베이스다. 모터는 GLB도 유도식을 사용. 전륜구동 외에 후방에 장착한 동기모터로 뒷바퀴를 구동하는 AWD 사양도 있다.

「350 4MATIC」스펙
차량가격 약 87,000,000원

크기 : 전장4,685mm × 전폭1,835mm × 전고1,705m
휠베이스(mm) : 2,830mm
차량무게 : 2,160kg
전방 모터 형식 : EM0021   정격출력 : -
최고출력 : 143kW/5,800~7,600rpm
최대토크 : 370Nm/3,600rpm
후방 모터 형식 : EM0022   정격출력 : -
최고출력 : 72kW/4,500~14,100rpm
최대토크 : 150Nm/0~4,500rpm
배터리 총 전압 : 362V
총 전력량 : 66.5kWh
WLTC모드 전력소비율 : 163Wh/km
1회충전 WLTC모드 주행가능 거리 : 468km

메르세데스 벤츠 EQC(MERCEDES-BENZ EQC)

2019년부터 판매된 크로스오버 BEV. 앞뒤에 탑재한 모터 2개로 4륜을 구동하지만, 주행상황에 따라 전륜구동으로 전환해 전력소비를 낮출 수 있다. 최신 사양은 110kW 급속충전에도 대응한다.

「400 4MATIC」스펙
차량가격 약 96,000,000원

크기 : 전장4,770mm × 전폭1,885mm × 전고1,625m
휠베이스(mm) : 2,875mm
차량무게 : 2,470kg
전방 모터 형식 : E0016-E0021
정격출력 : 145kW
최고출력 : 300kW/4,160rpm
최대토크 : 765Nm/0~3,560rpm
배터리 총 전압 : 349V
총 전력량 : 80kWh
WLTC모드 전력소비율 : 236Wh/km
1회충전 WLTC모드 주행가능 거리 : 400km

BMW i4

BEV에는 SUV가 많지만 BMW는 4도어 쿠페 타입의 i4를 2022년에 일본시장에 투입했다. 후방에 장착한 모터로 후륜을 구동하는 타입이 기본이고, 전륜 구동용 모터를 추가한 고성능 「M50」도 있다.

「M Sport」스펙
차량가격 약 79,100,000원

크기 : 전장4,785mm × 전폭1,850mm × 전고1,455m
휠베이스(mm) : 2,855mm
차량무게 : 2,080kg
전방 모터 형식 : HA0001N0
정격출력 : 105kW
최고출력 : 250kW/8,000rpm
최대토크 : 430Nm/0~5,000rpm
배터리 총 전압 : 399V
총 전력량 : 83.9kWh
WLTC모드 전력소비율 : 157Wh/km
1회충전 WLTC모드 주행가능 거리 : 604km

BMW i7

7시리즈가 풀 모델 체인지되면서 BEV 모델까지 등장했다. i7은 7시리즈 최초의 BEV다. 100kWh를 넘는 대용량 배터리로 600km 이상을 주행할 수 있다.

「xDrive 60 Excellence」스펙
차량가격 약 167,000,000원

크기 : 전장5,391mm × 전폭1,950mm × 전고1,544m
휠베이스(mm) : 3,215mm
차량무게 : -
전방 모터 형식 : - 정격출력 : 70kW
최고출력 : 190kW/-
최대토크 : 365Nm/-
후방 모터 형식 : - 정격출력 : 95kW
최고출력 : 230kW/-
최대토크 : 380Nm/-
배터리 총 전압 : -
총 전력량 : 101.7kWh
WLTC모드 전력소비율 : -
1회충전 WLTC모드 주행가능 거리 : -

BMW iX3

크기는 iX와 비슷하지만 iX3는 BMW의 중추를 이루는 베스트셀러 모델인 X3의 파워트레인을 전기화한 모델이다. 인스트루먼트 패널 조형 등도 ICE차량과 거의 비슷한 레이아웃을 적용해 위화감을 느끼지 않도록 배려했다.

「M Sport」스펙
차량가격 약 86,200,000원

크기 : 전장4,740mm × 전폭1,890mm × 전고1,670m
휠베이스(mm) : 2,865mm
차량무게 : 2,200kg
전방 모터 형식 : HA0001N0
정격출력 : 80kW
최고출력 : 210kW/6,000rpm
최대토크 : 400Nm/0~4,500rpm
배터리 총 전압 : 345V
총 전력량 : 80kWh
WLTC모드 전력소비율 : 168Wh/km
1회충전 WLTC모드 주행가능 거리 : 508km

BMW iX

ICE 탑재 모델 없이 BEV 전용 플랫폼을 이용한 것이 가장 큰 특징이다. 카본이나 알루미늄을 많이 사용한 보디는 차량 크기 : 에 비해 가볍다는 점을 어필한다. 기존 방식과 달리 새롭게 만든 조작 시스템도 눈여겨 볼만하다.

「xDrive 40」스펙
차량가격 약 107,500,000원

크기 : 전장4,955mm × 전폭1,965mm × 전고1,695m
휠베이스(mm) : 3,000mm
차량무게 : 2,380kg
전방 모터 형식 : HA0002N0 정격출력 : 65kW
최고출력 : 190kW/7,000rpm
최대토크 : 290Nm/0~5,000rpm
후방 모터 형식 : HA0001N0 정격출력 : 85kW
최고출력 : 200kW/7,000rpm
최대토크 : 340Nm/0~5,000rpm
배터리 총 전압 : 330.3V
총 전력량 : 76.6kWh
WLTC모드 전력소비율 : 183Wh/km
1회충전 WLTC모드 주행가능 거리 : 450km

아우디 Q4(AUDI Q4)

BEV 모델 확장에 적극적인 아우디의 소형 전기차. 4,590mm의 전장(全長)이나 상대적으로 저렴한 약 59,900,000원의 차량가격은 일본시장 점유율을 높여가는 무기다. 구동방식은 전부 RWD다.

「40 e-tron」스펙
차량가격 약 59,900,000원

- 크기 : 전장4,590mm×전폭1,865mm×전고1,630m
- 휠베이스(mm) : 2,765mm
- 차량무게 : 2,100kg
- 전방 모터 형식 : EBJ
- 정격출력 : 70kW
- 최고출력 : 150kW/-
- 최대토크 : 310Nm/-
- 배터리 총 전압 : 352V
- 총 전력량 : 82kWh
- WLTC모드 전력소비율 : 150Wh/km
- 1회충전 WLTC모드 주행가능 거리 : 576km

아우디 e트론(AUDI e-tron)

앞뒤로 모터를 배치한 AWD 레이아웃의 BEV. 사진 속 표준 타입 외에 쿠페 SUV 타입인 스포츠백도 있다. Q4 e트론과 폼은 비슷하지만 크기는 조금 더 커서 전장이 4,900mm다.

「50 quattro」스펙
차량가격 약 93,500,000원

- 크기 : 전장4,900mm×전폭1,935mm×전고1,630m
- 휠베이스(mm) : 2,930mm
- 차량무게 : 2,400kg
- 전방 모터 형식 : EAS-EAW
- 정격출력 : 165kW
- 최고출력 : 230kW/-
- 최대토크 : 540Nm/-
- 배터리 총 전압 : 397V
- 총 전력량 : 71kWh
- WLTC모드 전력소비율 : 150Wh/km
- 1회충전 WLTC모드 주행가능 거리 : 335km

아우디 e트론 GT(AUDI e-tron GT)

포르쉐 타이칸과 형제차인 4도어 쿠페. 포르쉐가 주도해 개발한 J1 퍼포먼스 플랫폼에 93.4kWh의 대용량 배터리를 사용한다. 고성능 모델인 RS도 있다.

「quattro」스펙
차량가격 약 139,900,000원

- 크기 : 전장4,990mm×전폭1,965mm×전고1,415m
- 휠베이스(mm) : 2,900mm
- 차량무게 : 2,280kg
- 전방 모터 형식 : EBG-EBF
- 정격출력 : 200kW
- 최고출력 : 390kW/-
- 최대토크 : 640Nm/-
- 배터리 총 전압 : 723V
- 총 전력량 : 93.4kWh
- WLTC모드 전력소비율 : 200Wh/km
- 1회충전 WLTC모드 주행가능 거리 : 534km

포르쉐 타이칸(PORSCHE TAYCAN)

포르쉐 최초의 BEV인 타이칸은 AWD 모델을 기본으로 하면서 후륜구동 모델도 있다. 배터리 용량도 몇 가지가 있어서 소비자의 선택 폭을 넓혔다. 엔진은 없지만 상위 모델을 터보라고 이름 붙였다.

「Turbo」스펙
차량가격 약 208,600,000원

- 크기 : 전장4,963mm×전폭1,966mm×전고1,381m
- 휠베이스(mm) : 2,900mm
- 차량무게 : 2,305kg
- 전방 모터 형식 : -
- 정격출력 : 200kW
- 최고출력 : 460kW/-
- 최대토크 : 850Nm/-
- 배터리 총 전압 : 800V
- 총 전력량 : 93.4kWh
- WLTC모드 전력소비율 : 229~266Wh/km
- 1회충전 WLTC모드 주행가능 거리 : 383~452km

재규어 I페이스(JAGUAR I-PACE)

재규어 역사에서 최초의 BEV가 쿠페 타입인 SUV로 등장. 대용량 배터리, 앞뒤 2개의 모터를 통한 AWD 등 약 100,000,000원을 넘는 가격에 맞게 상당한 퍼포먼스를 자랑한다.

「EV400」스펙
차량가격 약 100,500,000원

크기 : 전장4,682mm×전폭1,966mm×전고1,565m
휠베이스(mm) : 2,900mm
차량무게 : 2,208kg
전방 모터 형식 : -
정격출력 : -
시스템 최고출력 : 294kW/-
시스템 최대토크 : 400Nm/-
배터리 총 전압 : -
총 전력량 : 90kWh
WLTC모드 전력소비율 : 220~248Wh/km
1회충전 WLTC모드 주행가능 거리 : 415~470km

현대 아이오닉 5(HYUNDAI IONIC 5)

일본시장에 재상륙한 현대의 BEV. 현재는 아이오닉 6까지 나온 상태다. RR 레이아웃 전용 플랫폼인 E-GMP의 주행성능은 유럽에서도 높은 평가를 받는 등, 완성도가 높다. 리모트 파킹 등 어시스티 기능도 풍부하다.

「Voyage」스펙
차량가격 약 51,900,000원

크기 : 전장4,635mm×전폭1,890mm×전고1,645m
휠베이스(mm) : 3,000mm
차량무게 : 1,950kg
전방 모터 형식 : EM17
정격출력 : -
최고출력 : 160kW/4,400~9,000rpm
최대토크 : 350Nm/0~4,200rpm
배터리 총 전압 : 653V
총 전력량 : 72.6kWh
WLTC모드 전력소비율 : 132Wh/km
1회충전 WLTC모드 주행가능 거리 : 618km

피아트 500e(FIAT 500e)

피아트 500은 풀 모델 체인지를 계기로 BEV 전용 모델로 다시 태어났다. 선대 모델의 이미지를 고스란히 간직한 엑스테리어 디자인에, 전방에 배치한 모터로 앞바퀴를 구동한다. 일본시장에서는 유일하게 오픈 톱 사양도 있다.

「ICON」스펙
차량가격 약 48,500,000원

크기 : 전장3,630mm×전폭1,685mm×전고1,530m
휠베이스(mm) : 2,320mm
차량무게 : 1,320kg
전방 모터 형식 : 46348460
정격출력 : 43kW
최고출력 : 87kW/4,000rpm
최대토크 : 220Nm/2,000rpm
배터리 총 전압 : 352V
총 전력량 : 42kWh
WLTC모드 전력소비율 : 128Wh/km
1회충전 WLTC모드 주행가능 거리 : 335km

푸조 e208(PEUGEOT e-208)

8년만에 풀 모델 체인지된 208은 내연기관 자동차와 BEV를 동시에 내놓았다. 트렁크 룸 같은 곳의 사용편의성도 내연기관 자동차와 동등하게 하고, 가격차이도 억제하는 등 세시한 판매전략을 펼치고 있다.

「Allure」스펙
차량가격 약 46,020,000원

크기 : 전장4,095mm×전폭1,745mm×전고1,445m
휠베이스(mm) : 2,540mm
차량무게 : 1,490kg
전방 모터 형식 : -
정격출력 : 57kW
최고출력 : 100kW/5,500rpm
최대토크 : 260Nm/300~3,674rpm
배터리 총 전압 : 395V
총 전력량 : 50kWh
WLTC모드 전력소비율 : 144Wh/km
1회충전 WLTC모드 주행가능 거리 : 395km

푸조 e2008(PEUGEOT e-2008)

208과 마찬가지로 내연기관 자동차와 플랫폼 디자인을 공유해 동등한 사용편리성을 지향한 BEV. 파워트레인은 208과 공통으로, 앞좌석 아래와 센터 터널 부분에 나눈 배터리 용량은 50kWh다.

크기 : 전장4,305mm×전폭1,770mm×전고1,550m
휠베이스(mm) : 2,610mm
차량무게 : 1,600kg
전방 모터 형식 : -
정격출력 : 57kW
최고출력 : 100kW/5,500rpm
최대토크 : 260Nm/300~3,674rpm
배터리 총 전압 : 395V
총 전력량 : 50kWh
WLTC모드 전력소비율 : 149Wh/km
1회충전 WLTC모드 주행가능 거리 : 380km

시트로엥 E-C4(CITROEN E-C4)

시트로엥 특유의 스타일을 엿볼 수 있는 C세그먼트 보디에, 푸조 208/2008과 공유하는 파워트레인·배터리를 탑재. 플랫폼은 소형차용 CMP의 휠베이스를 늘려서 사용한다.

「SHINE」스펙
차량가격 약 51,500,000원

크기 : 전장4,375mm×전폭1,800mm×전고1,530m
휠베이스(mm) : 2,665mm
차량무게 : 1,630kg
전방 모터 형식 : -
정격출력 : 57kW
최고출력 : 100kW/5,500rpm
최대토크 : 260Nm/300~3,674rpm
배터리 총 전압 : 400V
총 전력량 : 50kWh
WLTC모드 전력소비율 : 140Wh/km
1회충전 WLTC모드 주행가능 거리 : 405km

DS DS3 크로스백(DS DS3 CROSSBACK)

플러그인 하이브리드를 포함해 DS 전동차에 사용하는 E-TENSE라는 이름의 BEV. 파워트레인 같은 기본 장치는 DS그룹의 프조/시트로엥 각 모델과 공통이지만 내·외장 조립은 DS답게 강렬한 인상이다.

「E-TENSE」스펙
차량가격 약 54,200,000원

크기 : 전장4,120mm×전폭1,790mm×전고1,550m
휠베이스(mm) : 2,560mm
차량무게 : 1,580kg
전방 모터 형식 : -
정격출력 : 57kW
최고출력 : 100kW/5,500rpm
최대토크 : 260Nm/300~3,674rpm
배터리 총 전압 : 400V
총 전력량 : 50kWh
WLTC모드 전력소비율 : -
1회충전 WLTC모드 주행가능 거리 : 398km

볼보 C40 리차지(VOLVO C40 Recharge)

독자적인 쿠페 느낌의 스타일이 눈길을 끄는, 볼보 최초의 일본 수출 BEV. 스타트 버튼이 없고 스마트키를 갖고 있기만 하면 잠금이 해제되거나 시스템이 작동하는 등, 조작계통도 선진적이다.

「Twin」스펙
차량가격 약 71,900,000원

크기 : 전장4,440mm×전폭1,875mm×전고1,595m
휠베이스(mm) : 2,700mm
차량무게 : 2,160kg
전방 모터 형식 : EAD3-EAD3
정격출력 : 160kW
최고출력 : 300kW/4,350~13,900rpm
최대토크 : 660Nm/0~4,350rpm
배터리 총 전압 : 396V
총 전력량 : 78kWh
WLTC모드 전력소비율 : 187Wh/km
1회충전 WLTC모드 주행가능 거리 : 485km

볼보 XC40 리차지(VOLVO XC40 Recharge)

C40 리차지에 이은 볼보의 제2탄 BEV. 엔진탑재 차량인 XC40의 앞쪽 바닥 부분을 BEV 전용으로 변경해 만들었다. 구동방식은 AWD 외에 싱글 모터의 전륜구동 사양도 있다. 또 가죽을 사용하지 않은 인테리어도 선택가능하다.

「Plus Single Motor」스펙
차량가격 약 71,900,000원

크기 : 전장4,440mm × 전폭1,875mm × 전고1,650m
휠베이스(mm) : 2,700mm
차량무게 : 2,000kg
전방 모터 형식 : EAD3
정격출력 : 80kW
최고출력 : 170kW/4,919~11,000rpm
최대토크 : 330Nm/0~4,919rpm
배터리 총 전압 : 358V
총 전력량 : 69kWh
WLTC모드 전력소비율 : 159Wh/km
1회충전 WLTC모드 주행가능 거리 : 502km

테슬라 모델3(TESLA Model3)

BEV 전문 메이커로 전 세계 자동차 시장에서 높은 점유율을 자랑하는 테슬라의 프리미엄 세단. 후륜구동 방식의 기본 사양은 가격 경쟁력까지 갖추면서 테슬라가 약진하는 큰 힘으로 작용했다.

「RWD」스펙
차량가격 약 59,640,000원

크기 : 전장4,694mm × 전폭1,849mm × 전고1,443m
휠베이스(mm) : 2,875mm
차량무게 : 1,760kg
전방 모터 형식 : -
정격출력 : -
최고출력 : 208kW/-
최대토크 : 353Nm/-
배터리 총 전압 : -
총 전력량 : -
WLTC모드 전력소비율 : 127Wh/km
1회충전 WLTC모드 주행가능 거리 : 565km

테슬라 모델Y(TESLA Model Y)

모델3에 이어 발표된 중형급 SUV. 사이즈는 모델3보다 약간 큰 정도기 때문에 다루기도 쉽다. 전고 높이를 활용해 뒷자리 머리 위 공간을 넉넉하게 확보함으로써 거주성을 높였다.

「RWD」스펙
차량가격 약 64,380,000원

크기 : 전장4,760mm × 전폭1,925mm × 전고1,625m
휠베이스(mm) : 2,890mm
차량무게 : 1,930kg
전방 모터 형식 : -
정격출력 : -
최고출력 : 220kW/-
최대토크 : 350Nm/-
배터리 총 전압 : -
총 전력량 : -
WLTC모드 전력소비율 : 140Wh/km
1회충전 WLTC모드 주행가능 거리 : 507km

테슬라 모델S/모델X(TESLA Model S Model X)

전장이 5m나 되는 대형 세단 모델S. 3열 시트에 걸윙 도어를 갖춘 대형SUV인 모델X. 최근에는 미래영화에서도 볼 법한 사이버트럭까지 선보였다.

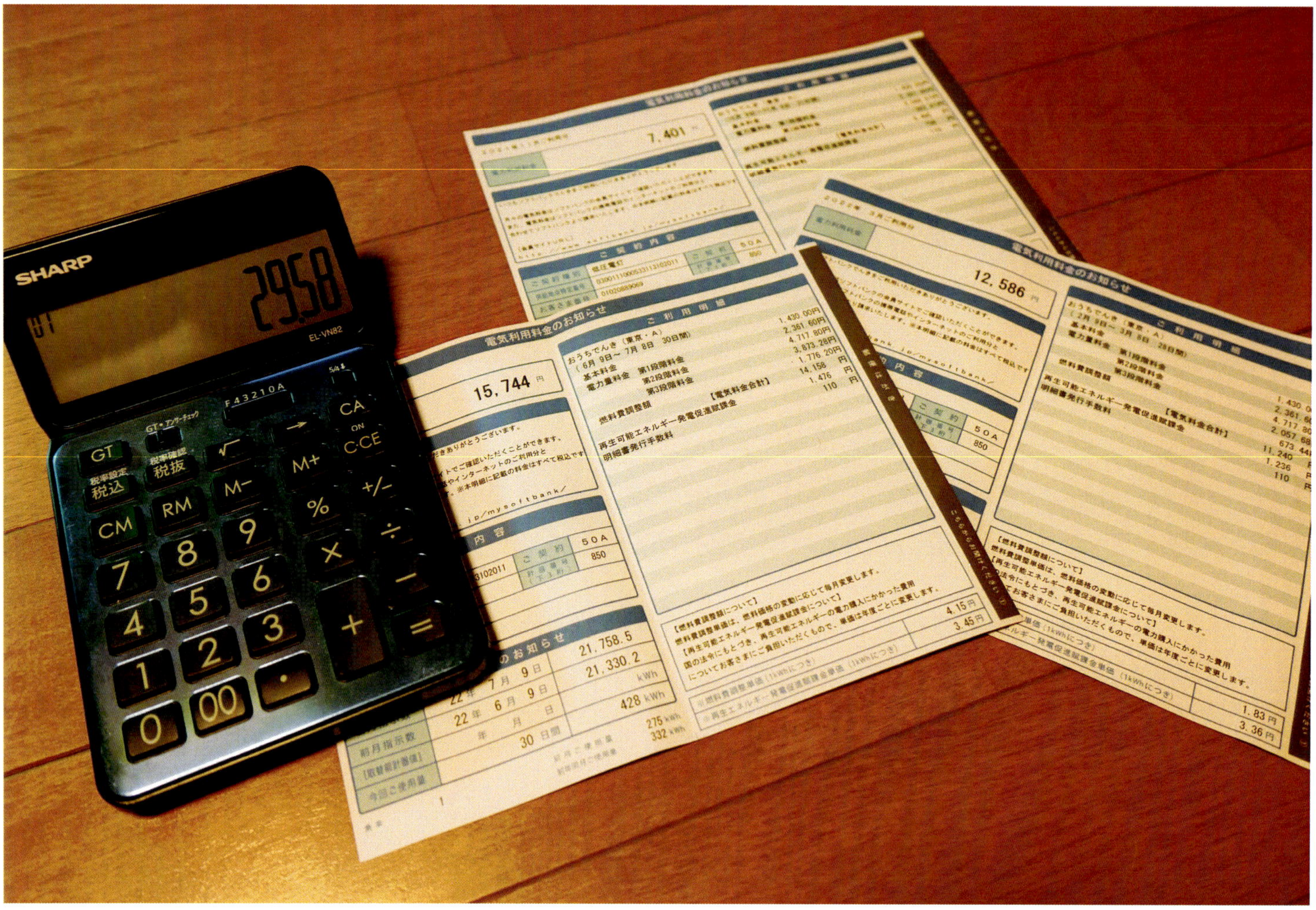

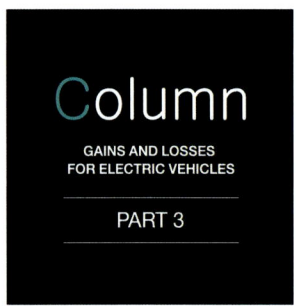

Column

GAINS AND LOSSES
FOR ELECTRIC VEHICLES

PART 3

전기자동차 가계부

[BEV는 과연 에코(Economy/Ecology)일까?]

연비는 신경이 많이 쓰이지만 과연 전비는 어떨까?
집에 200V 완속충전 콘센트를 설치한 MFi 직원이 가계부를 적어 봤다.
본문 : 스즈키 신이치(Motor-Fan)

먼저 BEV 완속충전 콘센트를 설치

자동차 메이커나 수입사로부터 홍보차량을 빌려서 시승할 때는, 대부분 반납하기 전에 의무적으로 세차하고 연료를 가득 채워놓는다. 그런데 BEV는 대개의 경우 반납할 때 최대충전을 하지 않는다. 더구나 차하고 급속충전용 카드를 같이 내주기 때문에 그 카드를 사용하는 한 전기료도 들지 않는다. 자동차 메이커나 수입사가 부담하는 셈이다. 때문에 'BEV 주행=충전'에 들어가는 금액에 관해서는 별로 신경 쓸 일이 없었다.

하지만 취재방향이 다르면 얘기는 달라진다. 가솔린차나 디젤차는 주유할 때 '리터 당 얼마', '전체 얼마'하는 식으로 비용을 지불하기 때문에 연비를 의식한다. BEV도 마찬가지여야 한다고 필자는 생각했다. 그리고 BEV는 충전편의성이나 성능도 중요한 포인트다.

그래서 집에 있는 창고에 BEV용 충전 콘센트를 설치하기로 했다. 덧붙이자면 필자가 타고 다니는 차는 디젤엔진을 사용하는 세단으로, 당분간은 BEV를 살 계획은 없다.

설치한 콘센트는 삼상200V·15A. 출력은 3kW다. 3kW로 1시간 완속충전(보통충전)을 하면 이론상으로는 3kWh의 전력량을 충전할 수 있다. 완속충전 콘센트에는 6kW 타입도 있다. 이 콘센트는 200V에 30A다. 출력이 올라가는 만큼 사용하는 케이블도 다른 타입이 필요하기 때문에 공사비도 3kW보다 비싸다. 필자 같은 경우는 본인 차가 BEV도 아니고 6kW를 설치하려면 전력회사와 기본계약 자체를 바꿔야 하기 때문에 3kW짜리를 선택했다. 또 200V·30A나 되는 큰 전력을 밤새 BEV에 충전한다는 것이 부담스러운 측면도 있었다.

삼상200V BEV 충전 콘센트 같은 경우 새로 지은 단독 주택에는 대부분 처음부터 설치된다. 또 지을 때 몇 십 만원이면 설치가 가능하다. 필자가 사는 집은 지은 지 20년이 다 됐기 때문에 약 120만원을 들여서 공사했다. 이렇게 BEV를 집에서 충전할 수 있는 환경을 갖췄다. 다만 밤 동안(12시간)에 충전할 수 있는 전력량은 3×12=36kWh (실제는 손실분이 있어서 수치 상 충전은 안 된다).

1kWh 전기료는 얼마?

이번에는 전기료 이야기를 해보겠다. 전기료는 계약에 따라 금액이 상당히 차이난다. 또 집에 태양광 발전이나 V2H(Vehicle to Home)가 될 때는 더 달라진다. 여기서는 필자처럼 특별한 조건 없는 경우를 전제로 살펴보겠다. 필자는 도쿄전력에서 소프트뱅크 전기로 전기계약을 변경했지만(휴대전화 계약과 세트) 도쿄전력을 예로 들어 전기료를 알아보겠다.

도쿄전력의 프리미엄S는 기본요금이 10A에 2,860원, 정액요금이 400kWh까지 98796.3원, 종량요금(401kWh~)이 295.8원/1kWh다. 집에서 하는 BEV 충전은 통상적인 전기소비에 추가되는 것이라 295.8원/1kWh로 계산한다. 전력회사는 다양한 요금제를 갖고 있는데, 예를 들면 '밤토크' 같은 요금제는 23시 이후에 사용하는 양의 단가가 약 210원/1kWh밖에 안 된다. 또 수력 100%(CO_2 프리) 요금제는 305.7원/1kWh로 더 비싸다(기본요금도 다르다).

닛산 아리아 B6를 1주일 동안 사용하면

이런 상황에서 닛산 아리아 B6(배터리 용량 66kWh WLTC모드 전비 166Wh/km)를 빌려서 756.6km를 달려 봤다. 평균전비는 6.6km/kWh(평균속도 48km/h)였다. 이 수치결과를 통해 756.6÷6.6=114.6kWh의 전력을 소비했음을 알 수 있다. 모든 것을 자택 완속충전(295.8원/1kWh)으로 충전했다고 치면, 114.6×295.8≒33,900원 쯤 된다. 1km 주행하는데 44원이 든 것이다.

그럼 토요타 해리어 HEV(FF 모델, WLTC 모드 연비 22.3km/ℓ)로 똑같이 달렸을 때는 어떤 결과가 나올까. 가솔린이 1,600원/ℓ이라고 치면 756.6÷22.3≒33.0ℓ, 33.9×1,600=54,240원이 들어간다. 72원/km인 셈이다. 이것을 보면 아리아 B6가 압도적으로 연료비가 적게 들어간다.

급속충전으로 충전하면

완속충전으로 충전하면 BEV 주행에 들어가는 연료비가 싸기 때문에 수지타산이 맞는다. 계약내용에서 약간의 차이는 있지만 300원/1kWh 전후로 생각하면 큰 차이는 없다.

문제는 급속충전이다.

급속충전기가 증가하면 BEV 충전에 관한 문제가 해결되는 것처럼 알고 있는 사람들이 많은데, 과연 그럴까? 연료비 측면에서 생각해 보겠다. 앞서의 아리아 B6를 완속충전이 아니라 급속충전만 해서 사용하면 어떻게 될까?

현재의 급속충전기 주류는 출력 50kWh다. 114.6kWh를 충전하려면 닛산은 3년 계약에 월정액 49,500원(세입)인 '프리미엄 20' 요금제에 가입할 필요가 있는데, 이 요금제는 10분 동안 급속충전을 20회 할 수 있다(그 이상은 3,300원/10분 동안). 출력

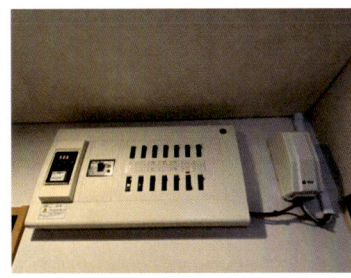

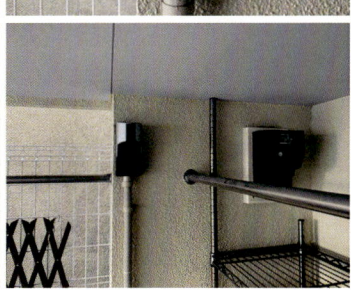

필자 집 창고에 200V 완속충전 콘센트를 설치

필자의 집(3층짜리 땅콩주택) 1층 창고에 삼상200V·15A 완속충전용 콘센트를 설치했다. 먼저 인터넷으로 공사를 해주는 업체를 검색한 다음, 몇 개 회사로부터 견적을 받았다. 그 가운데 한 곳의 실제 방문점검을 받은 다음에 공사를 의뢰했다. 보조금 같은 정책에 따라 공사 형태가 좌우되기 때문에 여유를 갖고 설치 일정을 잡는 것이 좋다. 필자 집 같은 경우는 약 120만원이 들었다.

2층에 있는 기존 분전판에서 단상 200V를 뺀 다음, 증설한 EV 충전용 배전판에 전원을 공급한다. 거기서 실외로 배선한 다음 창고에 파나소닉 제품의 콘센트를 설치했다. 공사자체는 반나절 정도 걸린다. 요새 짓는 신축 단독주택은 처음부터 BEV용 콘센트를 설치하는 경우가 많다고 한다. 사진처럼 차량의 우측 후방에 콘센트가 있기 때문에 혼다 e나 리프처럼 앞쪽에 플러그가 있는 BEV는 충전하기가 까다롭다.

구입하기 쉬운 BEV 보조금, 감세액

모델명	차량가격 (세전 가격)	구입 시 보조금		실제 구입가격	세액		환경성능 할증
		정부보조금	도쿄도 최대보조금		에코카 감세	그린화 특별자동차세· 경자동차세의 신청 다음연도 경감분	
닛산 사쿠라G	26,730,000원	5,500,000원	6,000,000원	15,230,000원	75,000원	81,000원	비과세
닛산 아리아B6	49,000,000원	8,500,000원	6,000,000원	34,500,000원	300,000원	185,000원	비과세
스바루 솔테라 ET-SS	54,000,000원	8,500,000원	6,000,000원	39,500,000원	374,000원	185,000원	비과세
혼다 Honda e	41,000,000원	7,110,000원	6,000,000원	27,890,000원	300,000원	185,000원	비과세
현대 아이오닉5	43,545,460원	8,500,000원	6,000,000원	29,000,000원	300,000원	185,000원	비과세
푸조 e208 ALLURE	41,836,360원	5,540,000원	6,000,000원	30,296,360원	300,000원	185,000원	비과세

※ 금액(원)은 엔×10으로 환산한 수치임.
※ 도쿄도 보조금은 「개인용 100% 에너지 전력 메뉴 계약 시」 지급

현재는 BEV를 구입할 때 정부 보조금(CEV 보조금)이 나온다. 기 예산이 소진되면 그 다음에는 보정예산으로 지급한다. 도쿄도 보조금을 최대로 받으려면 전력 계약을 「재생가능 에너지 100%」 요금제로 들어야 한다.

BEV 전기료, HEV 가솔린·디젤 비용

닛산 아리아 B6	WLTC모드 전비	실제 전비	1,000km 주행에 필요한 전력량	전기료	완속충전 시 전기료	1km 주행 금액
	166kW/km (=6.02km/kWh)	6.6km/kWh	151.5kWh	29.58kWh	44,810원	45원/km
	WLTC모드 연비	실제 연비	1,000km 주행에 필요한 가솔린 양	가솔린단가	가솔린요금	1km 주행 금액
닛산 엑스트레일(S FF)	19.7km/ℓ	19.7km/ℓ	50.8ℓ	1,600원/ℓ	81,280원	81원/km
토요타 해리어Z(하이브리드 FF)	22.3km/ℓ	22.3km/ℓ	44.8ℓ	1,600원/ℓ	71,680원	72원/km
마쯔다 CX-60 XD HD-하이브리드	21.2km/ℓ	21.2km/ℓ	47.2ℓ	1,400원/ℓ	66,080원	66원/km

「엑스트레일, 해리어, CX-60은 모드연비와 실제 연비를 같은 수치로 계산했다」

아리아의 완속충전용 충전구는 우측 전방에 있다. 구입할 BEV의 충전구가 어디에 있느냐는 콘센트를 설치할 때 중요한 포인트가 된다.

닛산 해리어를 필자의 집 주차장에서 충전할 때, 하룻밤(12시간)에 충전할 수 있는 양이 이론상으로는 3×12=36kWh지만 실제는 충전손실이 발생한다. 교류에서 직류 배터리로 충전될 때의 교환과정에서도 손실이 생긴다.

50kW 급속충전기로 실제로 충전할 수 있는 전력량은 대략 45kWh/1시간. 10분으로 환산하면 7.5kW고, 20회니까 150kWh가 된다.

150kWh 전력량이 49,500원이라면 330원/1kWh다. 완속충전의 10% 비싼 셈이다. BEV 주행 연료비를 복잡하게 하는 것은 충전 요금제만이 아니다. 인프라 쪽 급속충전기 성능에 따라서도 단가가 크게 차이난다. 만약 손실이 제로라고 치면 이론상으로는,

출력 90kW 급속충전기 15kWh/10분
출력 50kW 급속충전기 8.3kWh/10분
출력 30kW 급속충전기 5kWh/10분
출력 20kW 급속충전기 3.3kWh/10분

이 된다.

당연히 단가도 완전 다르다. 가솔린·경유 가격이 주유소에 따라 차이가 있다고는 하지만 ±15% 정도다. 급속충전 같은 경우는 급속충전기 출력에 따라서 3~4배 정도의 차이를 보인다. 더 어렵게 하는 건 차량 쪽, 즉 받아들이는 쪽의 충전기 성능도 크게 영향을 끼친다는 점이다.

예를 들어 닛산 아이라 B6(차량 충전기 성능 130kW)와 닛산 사쿠라(차량 충전기 성능 30kW)를 같은 전기충전소(수도고속도로 다이코쿠 주차장)에서 30분 동안 충전했을 경우 실제 충전은

닛산 아리아 : 29.2kWh
닛산 사쿠라 : 10kWh였다(표 참조). 충전된 전력량은 3배나 차이나지만 똑같은 요금제라면 비용은 같다.

충전에 사용한 다이코쿠 주차장의 급속충전기는 최신 제품으로, 최고 90kW 능력을 발휘한다. 충전할 때 다른 차가 없었기 때문에 충전기 능력을 최대로 사용할 수 있었다. 그래서 아리아라면 40kWh 정도는 충전할 수 있을 거라고 생각했는데, 실제로는 29.2kWh였다. 그 이유를 나중에 닛산 홍보실에 물었더니, 다음과 같은 대답이 돌아왔다.

「다이코쿠 주차장에 설치된 급속충전기 6대는 e모빌리티 파워 제품입니다. 이 충전기는 연속정격 125A, 단시간 정격(부스트)에서 200A의 능력을 보이는데, 충전 점유상황에 따라 출력이 각각 달라집니다. 이번에는 한 대만 충전하고 있다고 상정하고 답변하겠습니다. 부스트 시간은 15분, 평균 배터리 전압 360V로 충전한다고 가정하면, 15분씩 해서 360V×200A×1/4시간 +360V×125×1/4=29.2kWh가 된다. 온도영향이 없어도 충전량은 타당하다고 여겨집니다」

상당히 복잡한 대답이다. 주유소라면 리터 당 얼마, 하고 단가가 표시되어 있어서 쉽게 알 수 있지만, BEV 급속충전은 그렇지가 않기 때문이다. 모든 충전을 완속으로만 하면 틀림없이 주행에 들어가는 연료비가 가솔린·디젤차보다 싸지만, 급속충전이라는 요소가 조금이라고 끼어들면 연료비는 금방 상승한다. 문제는 급속충전 요금체계가 시간제이기 때문인데, 만약에 종량제가 되면 계산은 간단하다. 하지만 그렇게 되면 급속충전기를 설치하는 사업자는 완속충전의 300원/1kWh로는 전혀 이익이 나지 않는다. 아마 1,000원/1kWh 가격을 설정해도 나서지 않을 것이다(이에 관해서는 상세하게 계산한 것은 아니지만). 즉 충전 인프라는 현재상태 같이 다양한 보조금이나 지원제도가 없으면 성립되지 않을 뿐만 아니라 보급도 안 된다. 사업자 입장에서 비즈니스가 되지 않는 한 급속충전기 설치대수를 크게 늘리기는 힘들 것이다.

이런 이유로 현재의 전기자동차 가계부는 확정할 수 없는 요소가 크다. BEV 운행에 들어가는 비용을 낮추려면 완속충전이 기본이고 어쩔 수 없이 급속충전을 할 때는 본인 차의 충전기 능력과 인프라 쪽 충전기의 출력 그리고 자신이 가입한 충전 요금제를 비교해서 충전할 필요가 있다. 아직 전기료는 변동성이 있기 때문이다.

다이코쿠 주차장에 있는 챠데모(CHAdeMO) 급속충전기는 최대 90kW의 능력을 자랑하는 최신형이다. 현재 상태는 50kW, 30kW 또는 1세대 리프가 등장할 때 설치된 20kW 충전기도 있다. 30분에 충전할 수 있는 전력량도 제각각이다.

닛산 사쿠라 차량 쪽 충전기 능력은 30kW. 그래서 같은 다이코쿠 주차장의 90kW 급속충전기를 사용해도 30분 동안 10kW밖에 충전하지 못했다. 사쿠라 같은 경우는 급속충전을 이용하면 더 비싸게 먹힌다.

급속충전으로만 충전하는 경우

	닛산 사쿠라G	닛산 아리아B6
완속충전만 사용	전기료 36,980원	전기로 44,810원
	월회비 5,500원	월회비 5,500원
합계	42,480원	50,310원
1km 주행에 필요한 비용	42원/km	50원/km
급속충전만 사용	24kWh일 때	45kWh일 때
	프리미엄40	프리미엄20
	월회비 93,500원	월회비 49,500원
1km 주행에 필요한 비용	94원/km	50원/km

급속충전도 조건에 따라서 충전할 수 있는 양이 달라진다.

모델명	배터리 용량	차량 쪽 급속충전기	충전장소	급속충전기 최고출력	충전시간	출발 시	충전된 전력량
닛산 사쿠라G	20kWh	30kW	다이코쿠	90kW	30분	29%→85%	10kWh
닛산 아리아B6	66kWh	130kW	다이코쿠	90kW	30분	18%→66%	29.0kWh
닛산 리프 e⁺	62kWh	100kW	다이코쿠	90kW	30분	13%→65%	28.7kWh

주행 1,000km 당 CO_2 배출량

	CO_2 배출량 단가	1,000km 주행에 필요한 에너지 양	CO_2 배출량
닛산 사쿠라	452g/kWh	125kWh	56,500g
닛산 아리아 B6	452g/kWh	151.5kWh	68,478g
닛산 룩스(하이웨이스타 G 터보)	2,322g/ℓ	53.2ℓ	123,530g
닛산 엑스트레일 S(FF)	2,322g/ℓ	50.8ℓ	117,958g
닛산 해리어 Z(하이브리드 FF)	2,322g/ℓ	44.8ℓ	104,026g
마쯔다 CX-60 XD하이브리드	2,619g/ℓ	47.2ℓ	123,717g

CO_2 배출량은 역시나 BEV가 적다.

1,000km 주행할 때 배출되는 CO_2 양을 계산해 보았다. BEV는 도쿄전력이 발표한 452g/kWh(발전할 때 배출하는 CO_2)를 기준으로 했다. 가솔린, 경유는 각각 리터 당 배출하는 CO_2다. 현실적으로 보면 BEV를 제조할 때와 폐기할 때의 CO_2도 고려해야 하지만, 눈에 보이는 범위 내에서 계산해 보면 BEV의 CO_2 배출량이 적다는 것을 알 수 있다.